ドミニク・レスブロ
Dominique Lesbros
蔵持不三也 訳
Fumiya Kuramochi

パリ
歴史文化図鑑

パリの記念建造物の秘密と不思議

SECRETS ET CURIOSITÉS DES
MONUMENTS DE PARIS

原書房

母へ
私の愛と感謝の念をこめて

謝辞

（カッコ内はご教示いただいた主題）
ジャン＝ルイ・リコ氏（パレ＝ロワイヤル）
ファビエンヌ・リカール氏およびピエール＝ジャン・シャバリエ氏（ヴァンドーム広場）
ジャン＝ピエール・カルティエ氏およびロラン・プラド氏（ノートル＝ダム）
ニコラ＝イゴール・ピキュール氏（バスティーユ広場記念柱）
ジャン＝セバスティアン・ステイエール博士（国立自然史博物館）
ダニエル・エルグマン氏（元老院）
ミシェル・ルジェ氏およびリュシル・ヴィレ氏（サン＝シュルピス教会）
ルイ・ド・ジュヌイヤック氏（フランス学士院）
ミカエル・ブラセル氏（アンヴァリッド）
フランソワ・ルドン氏（コンコルド広場）
ステファヌ・ルサン氏およびステファヌ・デュ氏（エッフェル塔）
ジル・ジェラウアヌ氏（オペラ・ガルニエ宮）
シャンタル・ラヴィロレクス氏（シャイヨ宮）
ジャック・ブノワ神父（サクレ＝クール大聖堂）
ジル・トマ氏（同地下部分）
ジャン＝ミシェル・マトニエール氏（職人組合）
イヴ・オザナム氏およびサンディ・ジュラシ氏（司法宮）
そして、フィリップ・クリエフ氏（謝意が表される理由をご本人はわかっている）

凡例

1. 本書は、ドミニク・レスボス著『パリのモニュメントの秘密と不思議』（Dominique Lesbos：Secrets et curiosités des monuments de Paris, Parigramme, Paris, 2016年）の全訳である。ただし、原文中、明らかな誤記や繰り返しは訳者の判断において訂正・削除した。
2. 改行もまた訳者の判断で適宜おこなった。
3. 本文中【　】は訳注である。
4. 図版の多くはキャプションが付されていないが、これは原著者の意図を踏襲した。

目次

序文 …………………………………………… 4
ルーヴル宮殿 ………………………………… 7
サント＝シャペル …………………………… 27
司法宮（最高裁判所） ……………………… 35
コンシェルジュリ …………………………… 49
ポン＝ヌフ橋 ………………………………… 55
パレ＝ロワイヤルとその庭園 ……………… 65
ヴァンドーム広場 …………………………… 77
ノートル＝ダム ……………………………… 89
ヴォージュ広場 ……………………………… 103
バスティーユ広場 …………………………… 115
国立自然史博物館 …………………………… 125
パンテオン …………………………………… 145
リュクサンブール宮・公園 ………………… 153
サン＝シュルピス教会 ……………………… 167
フランス学士院宮殿 ………………………… 181
国立廃兵院 …………………………………… 195
エッフェル塔 ………………………………… 211
コンコルド広場 ……………………………… 227
凱旋門 ………………………………………… 241
オペラ・ガルニエ宮 ………………………… 251
シャイヨ宮とトロカデロ宮 ………………… 263
サクレ＝クール大聖堂 ……………………… 279

序文

　　鈍色の海に浮かぶなじみの船々〔メール・ド・ザンク〕【パリの標語は「たゆたえど沈まず」】。パリの歴史的記念建造物は、街に立体感をもたらす。威圧的で、荘厳もしくは崇高なそれらは、夢や歴史、そして記憶を紡ぎながら、街なみのなかにひときわきわだち、時を超えて存在しつづけている。これら記念建造物は、あらゆるアングルで写真におさめられ、しばしば表面的に感嘆される一方、パリ市民の日常的なランドマークとなっている。とすれば、あらためてそれらを訪れてみる、つねに目の前にあるものを訪ねることがいったいなにになるというのだろうか。その歴史を知るためか。おそらくすべては語られ、書きつくされてきたのではないか。

　　にもかかわらず…

　　本書は、首都の規範的な建造物に、新たな、そして視点をずらして光をあてることで、読者の好奇心を刺激しようとするものである。建物から建物へと飛びまわりながら、数多くの興味深い逸話、すなわち建築自体の独自性や用途の方向転換、残存物、形態論的な詳細などにかんする逸話をひろい集めている。

　　たとえば、それら建物の建設資金の調達法にはしばしば驚くべきものがある。ポン＝ヌフ橋【字義は「新橋」。畳語だが、以下では定訳にならってあえて「橋」をつけるものとする】はワイン税、エトワール広場の凱旋門は小麦税、パンテオンとサン＝シュルピス教会は宝くじ、さらにサクレ＝クール大聖堂は一般市民からの寄付金に負っているのだ。だが、予算はつねに超過した。当初の計画に割りあてられた資金は、旧採石場だらけの地下を補強するための工事に幾度となく文字通り飲みこまれた。

　　ひとたび予算が組まれれば、あとは工事をうまく進めるだけである。だが、ほとんどの場合、それは楽なことではなく、むしろ建築家の将来をあまり望ましくないものにする危険な企てだった。あるかあらぬか、建築家たちは数かぎりない辱めや批判、あるいは嘲笑を受けながら、しばしばみずからの作品が広く認められる前にこの世を去った。事実、サント＝ジュヌヴィエーヴ教会（パンテオン）

のドームをめぐる論争の辛辣さに憔悴したジャック＝ジェルマン・スフロ【146頁参照】は、建造物の完成を待たずに没している。サン＝シュルピス教会の建築をになったジョヴァンニ・ニコロ・セルヴァンドーニ【170頁参照】は、自作の鐘楼が破壊され、広場の計画が頓挫するという苦渋を味わい、シャルル・ガルニエ【252頁参照】は、オペラ座の落成式に招待さえされなかった。

　このような建造物の波乱にとんだ運命の物語には、具体的で確実、そしてはっきりと目にすることが可能な要素がくわわっている。ルーヴル宮殿の工事現場の日時計やコンシェルジュリ（旧パリ高等法院付属監獄）のエロティックな中世の彫刻群、パレ＝ロワイヤルにあるルイ16世時代の高層建築物、バスティーユ広場に刻まれた輝かしい、だがいつわりの痕跡、フランス学士院の透明な大時計、オベリスクにみられるブルターニュのヒキガエル、エトワール凱旋門の200個の「貝殻」、オペラ・ガルニエ宮のスライド式ついたて、シャイヨ宮の「間違い」などである。これらのことを知っている人はどれほどいるだろうか。

　植物園に埋められたランドゥリュ事件【「国立自然史博物館」の項参照】の犠牲者の遺灰、リュクサンブール公園の最後の自動台秤、元老院の入れ子式の書見台、サン＝シュルピス教会下の巨大な地下納骨堂などの存在を、はたしてだれが気づいているだろうか。

　本書でとりあげたこれらさまざまな事例が読者の興味をかきたて、問題の場に直接おもむいて確かめる気持ちになってもらえれば幸いである。各章における記述の順序は、現地での散策に便利なよう、歩行の自然な流れに沿わせてある。モニュメントに近づくにつれて、関心は高まる。まず外部、続いて内部という具合にである。博物館や美術館としてもちいられているモニュメントにかんしていえば、本書はコレクション（コンテンツ）――非常に数奇な運命をたどった作品を除いて――ではなく、建物の建築的・遺産的な側面（宝物庫）を扱っている。

アクセスに条件のある場所は、以下のアステリスクで示してある。
* 不定期公開（ヨーロッパ文化遺産の日、講演をともなった見学、イベントなど）。
** 一般公開不可。

パリ歴史文化図鑑──パリの記念建造物の秘密と不思議

ルーヴル宮殿
（1190-1865年）

- 創建者：尊厳王フィリップ2世、シャルル5世、フランソワ1世、アンリ4世、ルイ14世、ナポレオン1世、ナポレオン3世、共和国（フランソワ・ミッテラン任期中）
- 計画・目的：パリ居住を決めた際、フランソワ1世が、シャルル5世治下に補修されたフィリップ2世（国王在位 1190-1202）の古い要塞よりも近代的な宮殿の造営を考えた。
- 建築家：ピエール・レスコ、バティスト・アンドルエ・デュ・セルソー、ジャック・ル・メルシエ（17世紀）、ルイ・ル・ヴォー、クロード・ペロー
- 継起的用途：城塞、武器倉庫、王宮、芸術家たちのたまり場、造幣局、体育館、美術館、財務省本部、各種アカデミーなど。
- 有名因：パリの主要な防衛拠点だったこと、ついで、国際的に名高い美術館になる以前、巨大な宮殿だったことによる。
- 所在：リヴォリ通り99番地（1区）
  最寄駅：地下鉄パレ＝ロワイヤル＝ミュゼ＝デュ＝ルーヴル駅

　ルーヴル宮殿の歴史を要約するのは、いささか無謀な行為である。およそ8世紀にわたる設計・建設・補修・解体の歴史を、どうやって短いパラグラフに押しこめられるというのだろうか。そのことを留保していえば、すべては1190年に始まる。十字軍の遠征に出発する直前、尊厳王フィリップ2世【在位1180-23】は、ノルマンディ地方に駐屯していたイングランド軍がパリを攻撃するのを防ごうと考え、長さ5キロメートルを越す市壁ないし防壁で市街区の中心部（シテ島とカルティエ・ラタン）を囲った。この市壁を念入りに仕上げつつ、リュパラとよばれ、のちにルーヴル地区となる市外区【中世都市で市壁ないし城壁の外にある街区】が発達しつつあった北西部──敵がやって来そうな方角──に、要塞化した兵器廠を建設した。驚くべき規模のこの要塞は、深い堀、8基の塔、高さ32メートル、直径15メートルの主塔をそなえていた。当初の要塞のうち、現存するのはクール・カレ【ルーヴル宮殿内の方形中庭】の下にある土台のみである。

　1360年頃、ときの国王シャルル5世【在位1364-80。賢明王ともよばれる。王国内のイングランド領を大部分奪還した】がルーヴル宮殿を拡張し、図書館をそこに設けた。ルーヴルの要塞は王の別邸となったが、本拠はなおもシテ宮、すなわちシテ島の宮殿に置いていた。ただ、ロワール渓谷に点在する城のほうを好むヴァロワ朝の歴代王は、飾り気がなく、あまり快適とはいえないこの中世の要塞をほとんどもちいなかった。15世紀の国王たちの関心をひかなかったルーヴル宮殿は、それゆえ武器・大砲の倉庫および王の行政機関として使用された。

　ルーヴル宮殿の運命は1527年に急展開をみせる。1年の捕虜生活からもどったフランソワ1世【国王在位1515-47。イタリアの覇権をめぐってハプスブルク家とヴァロア家が争った、いわゆるイタリア戦争のひとつであるパヴィアの戦い（1592年）において捕虜となり、スペインに幽閉されていた】は、住人たちが自分の身代金の大部分を払ってくれたパリに居住することを約束した。防御に対する不安が小さくなったため、フランソワ1世は主塔をとりこわし、堀を埋めた。それから古い要塞を洗練された装飾の宮殿に改築した。それを請負ったピエール・レスコ【1510-78。パリを生没地とするフランス・ルネサンス様式の代表的な建築家】とジャン・グージョン【1510頃-68頃。フランス・ルネサンス期を代表する建築家・彫刻家で、その最高傑作は、今日ルーヴルにある『キリスト降架』】は、イタリアを出自とし、すでにロワールの城の建築に影響を与えていたルネサンス美術から影響を受けながら、この改修工事にあたった。

　夫王アンリ2世【在位1547-59】の死後、カトリーヌ・ド・メディシス【1519-89】は、ルーヴル宮殿の目と鼻の先に新しい宮殿を建てた。それがテュイルリー宮殿である。2つの宮殿を繋ぐというアイデアは、それ以来、魅力的なものとなった。

　夫王アンリ4世【在位1589-1610】が暗殺されて死去したのち、未亡人となったマリ・ド・メディシス【1575-1642。アンリ4世の2番目の妃で、カトリーヌ・ド・メディシスの遠縁】は、新しい王宮であるリュクサンブール宮に移るため、ルーヴル宮殿を後にした。

1678年にヴェルサイユに移る前、ルイ14世【国王在位1643-1715】はルーヴル宮殿に興味を示し、とりわけ東側にあるペロー【クロードゥ・ペロー（1613-1688）。建築家・医師・解剖学者。ルーヴル宮殿の東ファサードの建築で知られる】の列柱に装飾をほどこしたり、ほぼ現在のものに近い景観をつくりあげたりした。しかし、この拡張工事はうっとおしく、不快極まりないパリにうんざりしていた太陽王をつなぎとめるには十分ではなかった。こうして彼は、屋根がなく、ふきさらしの建物が数多いルーヴル宮殿を放棄した。

　しかし、宮廷人たちにふたたびないがしろにされたからといって、ルーヴル宮殿が忘れ去られたわけではない。そこは種々雑多な人々を受けいれた。皇太后や国王、さらにその側近たちが使用していた多様な広間に、フランス学士院（アカデミー・フランセーズ、碑文・文芸アカデミー、科学アカデミー、建築アカデミー、絵画・彫刻アカデミー）が設置されたのである。アンリ4世の治世以来、ルーヴル宮殿にすでに親しんでいた芸術家たちもまた、大ギャラリー【アンリ4世が建造させた、ルーヴル宮殿とテュイルリー宮殿を結ぶ長い通廊】にアトリエを設けた。

　宮殿の残りの部分は、社会から疎外された周縁者たち（借金を背負った者やおたずね者など）によって少しずつ占拠されていった。王宮であるはずのルーヴルが、教会と同様に、実際はだれであれ特別な許可なしには司直が手出しできない避難場所となったのである。

尊厳王フィリップ2世によって築かれたルーヴル要塞の名残であるタイユリの塔。

　これら多種多様な人々は競って宮殿の大広間を仕切り、中二階までつくって数多くの小さな部屋に変えた。それでもスペースは足りず、あばら屋はペローのファサードに隣接し、そのうちの10室ほどは「クール・カレ」まで進出した。この「街の中の街」に食料と気晴らしを供給するため、三流料理人はかまどを据え、飲み屋の主人は酒を提供し、娼婦も商売をはじめた。

　そして1793年、大ギャラリーは雑多な不法居住者たちを退去させることなく、中央美術館【王室コレクションを一般に公開するための施設。ルーヴル美術館の原型】につくり替えられた。そこでは鳥商人たちが列柱を背に店をかまえた（1840年頃にもまだ存在していた）。この風情のある混沌状態は、しかしぬかるみと汚物のなかを歩きまわって現場を視察したナポレオンが、あらゆる窓からストーブの煙突が突き出ているのを見て危機感をいだいたことにより終わりを迎えた。これらの場所の居住者によって、宮殿とみずからの征服で手に入れた貴重なコレクションが灰と化してしまうのではないか。そのことを危惧した皇帝が、1806年、彼らをすべて立ちのかせたのである。

　ナポレオン3世【皇帝在位1852-70。ボナパルトの甥】により、ルーヴル宮殿とテュイルリー宮殿の結合がついになしとげられた【1860年に工事が始まり、ナポレオン3世失脚後の71年に完成】。だが、この結合は長くはもたなかった。1871年のパリ・コミューン時に焼き討ちにあい、カトリーヌ・ド・メディシスが造営した宮殿が多大な損害をこうむったためである。その後、ルーヴル宮殿の両翼を大きく開かれた状態にしたまま、瓦礫を一掃する決定がなされ、これによりルーヴル宮殿の壮観さがまのあたりにできるようになった。

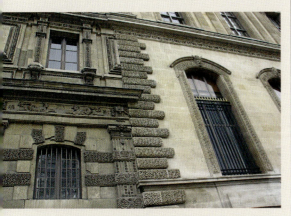

ルーヴル宮殿の外壁には幾度となく改修工事がなされた痕跡がみてとれる。写真は第2帝政期に再建された「水辺の通廊（ボール・ドゥ・ロー・ギャラリ）」【カトリーヌ・ド・メディシスが造営させたルーヴル宮殿とテュイルリー宮殿を結ぶ長い通廊】の、不揃いの接合部分である。

外部

以下の記述はつぎの順序で進む。散策者は地下鉄のルーヴル＝リヴォリ駅を起点に、アミラル＝ド＝コリニ通りを通ってルーヴル宮殿のクール・カレ【前出】に向かう。その南門を抜け、セーヌ河岸の翼棟に沿って進む。ついでフロール館を迂回しながら、カルーゼル凱旋門のそばを通って、ピラミッド広場のほうへもどる。それからルーヴル宮殿の「クール・ナポレオン」【字義は「ナポレオンの中庭」】を時計と反対まわりに一周し、リシュリュー小路（パッサージュ）を経てリヴォリ通りに出る。そしてリヴォリ通りを進行方向に進み、そのあと、ロアン館の下の小路を通って、カルーゼル・デュ・ルーヴル【ショッピング・モール】に入る。

まやかし

ナポレオンがセント＝ヘレナ島で無為の日々を送っているあいだ、ふたたび権力を掌握したルイ18世【国王在位1814-15、15-24】は、失脚した皇帝のあらゆる痕跡を消し去らせた。パリのいたるところにみられたナポレオンの肖像と名前を締め出したり、覆い隠したりする任務が職人たちに課された。とくにルーヴルの列柱棟のペディメント（三角破風）にあった皇帝の胸像を見えないようにしなければならなかった（ルイ18世が美術館のこの部分の竣工を急がせたからである）。空白ができることで全体の審美的なバランスが失われないよう、彫刻家たちは如才なくごまかすことを選んだ。月桂樹の冠を巻き毛のかつらに変えて、ナポレオン1世を太陽王に早変わり（！）させたのである。あとは下部の銘文を変えるだけである。ただ、細部は無視した。たとえばミネルヴァの盾は、皇帝の鷲とナポレオンの愛したミツバチの装飾がほどこされたままだった。

サン＝ジェルマン＝ロセロワ教会に面するペローの列柱廊。

ミネルヴァやミューズたち、さらに勝利の女神から王冠を授けられるナポレオンの頭は、復古王政期に太陽王のそれに変えられた。しかしながら、ナポレオン1世はルーヴル内に再度現れることになる。シュリー翼のペディメントの1か所に、一切の飾りを除かれ、寓意でとりかこまれた胸像としてである（クール・ナポレオンから見ることができる）。これはナポレオン1世の甥であるナポレオン3世の命を受けた彫刻家アントワヌ＝ルイ・バリ【1796-1875。パリ植物園の動物たちをモデルにした作品を数多く遺した動物画家としても知られる】の作だが、太陽王とナポレオンの顔は明らかに似ている。

ルーヴルにみられるアルファベット

建築集合体としてのルーヴル宮殿は、何人かの為政者たちによる相乗的作品といえる。それぞれが多少とも特徴のあるやり方でそこに痕跡を残している。みずからの功績をだれひとりとして見逃さないように、さまざまな刻印がほどこされたのである。たとえば王家のモノグラム（組み合わせ文字）や皇帝のエンブレム、共和政を表わす文字は、外壁のみならず、鉄柵や錠、木工品、さらには床にまでみられる。そして、これらかなり明白なモノグラムに、より暗示的な徴、すなわち略号や（題銘付きの）装飾図案、オブジェ、ユリの花、寓意、紋章などがくわえられている。

しかし、ここで注意しなければならないことがある。王家のモノグラムが流行したのが17世紀以降だという事実で、そのいくつかは創建者であるしかじかの君主をたたえるため、19世紀に彫られているのだ。たとえば、アンリ2世によって造営された箇所にみられるHの組み合わせ文字がそうで、それらの大部分は復古王政の時代である1815年以降のものなのである。こうしたモノグラムはクール・カレに数多い。

H──アンリ2世（クール・カレ内）、またはアンリ4世（「水辺の通廊」ファサード）

Hと2つのDが組み合わされたもの──アンリ2世と愛妾ディアヌ・ド・ポワティエ【1499-1566。パリ南西部のアネット城はアンリ2世がディアヌのために築城したもの】

KまたはKが2つ組み合わされたもの──シャルル9世（シャルルはラテン語でKarolus）

HDB──ブルボン朝のアンリ（アンリ4世）

Hと2つのGが組み合わされたもの──アンリ4世と愛妾ガブリエル・デストレ【1573-99。カトリックだった彼女は、宗教対立を解決する策として、プロテスタントだった王にカトリックへの改宗を勧めた】

LとAが組み合わされたもの──ルイ13世【国王在位1610-43】と王妃アンヌ・ドートリシュ【1601-66。スペイン王フェリペ3世の娘で、息子ルイ14世が実権を握るまで、摂政として政治をおこなった。夫王が逝去してまもなく、マザラン枢機卿と極秘に結婚したとされる】

LまたはΛ・λ【ラムダ、ギリシア字母の第11字】（1ないし2文字）──ルイ13世

LLMT──ルイ14世と王妃マリ＝テレーズ・ドートリシュ【1638-83。スペイン王フェリペ4世の王女】

渦巻装飾と組み合わされたLL──ルイ14世

背中合わせのLL──ルイ18世

LB──ルイ・ド・ブルボン。ブルボン家のすべてのルイに共通。復古王政期の君主たちによってくわえられた「複数の機能を持つ」モノグラムで、アンリ2世のHやシャルル9世のKと組み合わされた。

L単独──この事例はまれである。これは1848年にルーヴルのロゴとなった。

N──ナポレオン1世（蜂とともに、レディギエール館の門扉の上）ないしナポレオン3世（随所）

LとNが組み合わされたもの──ルイ＝ナポレオン（ナポレオン3世）

NとEが組み合わされたもの──ナポレオン3世と妃ウジェニー【1826-1920】（ドゥノン翼、セーヌ側）

R──共和国（マルサン館の暖炉の上）

RF──フランス共和国（1871年以降。マルサン館2階のフリーズ【装飾水平帯】および暖炉の上）

ルーヴル美術館のセーヌ側チケット売り場前の歩道。他のものより大きな舗石に組みこまれた、アンリ4世とナポレオン3世をたたえる巨大な2つのHと2つのN（フランソワ＝ミッテラン河岸通り10番地と12番地）。

パリ歴史文化図鑑——パリの記念建造物の秘密と不思議

その気があれば理解して

モノグラムの向こうには、愛の物語がかいまみられる。アンリ2世と愛妾ディアヌ・ド・ポワティエのそれは、2つの三日月をともなうHで表現されている。これらの三日月は、2つのD——2つの三日月とHを構成する横線による——、2つのCまたはDとCひとつずつを構成している。ディアヌ・ド・ポワティエは、三日月を紋章としていた。このモノグラムには彼女の暗示と同様、王妃カトリーヌ・ド・メディシスへの敬意もみてとれる。このようにして、国王はさほど礼節を欠くことなく愛人のイニシャルを示すことができたのである。

「ほぼ女王」

もうひとりのアンリもまた、みずからの愛を白日のもとにさらすのに、やはり石の判じ物を選んだ。結婚を暗示する松明に囲まれたHと2つのGの組み合わせ（大ギャラリーのファサード東側）は、アンリ4世とガブリエル・デストレを指し示す。予定されていた婚礼を待たず、国王はみずからの頭文字と、彼の3人の非嫡出子の母となる彼女のそれを結びつけたのである。

しかし、教皇はアンリと「王妃マルゴ」ことマルグリト・ド・フランスの婚姻の解消を認めなかった【マルグリト・ド・フランス（1553-1615）は、カトリックとプロテスタントの和解を画策した母后カトリーヌ・ド・メディシスによって、ナバラ王だったのちのアンリ4世と政略結婚をさせられたが、1572年のその挙式の夜、サン＝バルテルミの虐殺が起きた。最終的に教皇によってアンリ4世との結婚が無効とされ、1599年に離婚が成立した】。やがて待ちに待った結婚式の直前、当時妊娠4か月であったガブリエルは、1599年の聖土曜日【復活の主日前日】に突然死去した（毒殺？）【翌1600年、アンリ4世はマリ・ド・メディシスと再婚する】

万難を排して

ルーヴル宮殿の建築計画に打ちこむようになったルイ＝ナポレオンは、

みずからのイニシャルを刻ませた。たとえば、LNの組み合わせ文字はロアン館【リヴォリ通り沿い】、テュルゴ翼近くの拱廊の要石にみられる。1853年のウジェニーとの結婚後、ルイを表わすLはモノグラムのNEにとってかわられた（これはリヴォリ通りから見ることができる）。これらの組み合わせ文字により、皇帝はその婚姻を好ましく思わないボナパルト家の人々、すなわちこの多情との悪評をえていたスペインの伯爵夫人ではなく、支配王家の跡取り娘と結婚するのを期待していた一族に立ち向かい、みずからの愛を誇らしげに喧伝したのだった。

井戸と貯水槽

クール・カレの南側にある、美しい細工をほどこした柵で保護された2つの開口部は、中世のルーヴル要塞を想いおこさせる。1977年の発掘作業の際に発見された井戸（円形）と貯水槽（角形）である。これらの開口部は、中庭に現存する石敷のなかに保持されている。この井戸と貯水槽がルーヴル要塞の水の自給を保証し、攻囲戦にたえることを可能にした。

クール・カレ

鑿と槌による介入

　フランス革命期、公共の建物に散見される王室あるいは宗教にかかわる標章はすべて削除を命じられた。ルーヴル宮殿はその最大の対象だった。だが、消さなくてはならないモノグラムとシンボルがあまりに多く、槌職人はどこに鑿をあててよいのかわからないほどだった。いうまでもなく、処理し忘れられたり、アクセスがあまりにもむずかしいため、そのまま残されたりしたものも多少あった（クール・カレのフリーズにみられる、ブルボン家のルイを表わすLBのように）。たとえばクール・カレのセーヌ側入口上部にみられるこの装飾のない紋章は、奇妙な空白部分が残されているが、水平の縞模様状のかぎ裂は、かつてそこにユリの花【フランス王家を象徴する】があらわされていたことを示している。1814年に玉座についたとき、ルイ18世は革命家たちによって破壊された王家のシンボルを復元させようとした。だが、作業が慌ただしくおこなわれたことにより、ここでも再び修正のし忘れがおこった。さらには、王家のモノグラムが皇帝のシンボル（第1、ついで第2帝政のシンボルであるミツバチ）にとなりあう例もみられる。

——
クール・カレのセーヌ側入口

ミイラ事件

　ナポレオン1世はエジプト遠征から大量のミイラを手に入れ、それらをルーヴル美術館に送った。そのなかには、王侯や将軍から何世紀も前の死者まで、さらに無名のファラオやセソストリス1世の同時代人である大祭司ペンタメヌー【ギリシア語名】もふくまれていた。だが、地中海の航行のみならず、セーヌ河岸の湿気の高い気候もミイラに適しておらず、損傷が急速に進んだ。そのため、1827年7月にはそれらを処分しなければならなくなった。そこでこれら腐敗したミイラは、セーヌ川側の小ギャラリーのそばの小ぢんまりしたアンファント公園【従兄ルイ15世の束の間の婚約者としてルーヴル宮殿に住むことになったスペイン皇女マリアナ・ヴィクトリアのために整備された公園】に埋められた。

　それから3年後の1830年、7月革命が勃発する。「栄光の三日間」【シャルル10世の反動政治に対してパリ市民が決起し、復古王政を崩壊させた7月27日から29日にかけての3日間の市街戦】の戦闘により、多くの革命派が命を落とした。暑さのせいで犠牲者は大急ぎで埋葬された。亡くなったまさにその場所に埋められることもあった。彼らのうち32人は、ルーヴル宮殿の列柱の前の、ミイラたちのすぐ横に葬られた。この「連続ドラマ」の続きは、本書後段の「バスティーユ広場」の章を参照されたい。

——
アンファント公園（クー

ル・カレとフランソワ・ミッテラン河岸通りのあいだ）

工事現場の日時計

　ルーヴル宮殿の建設に従事していた労働者たちは、いうまでもなくタイムレコーダを知らなかった。そのため、彼らは現場監督がてっとりばやく石に刻んだ簡単な日時計に目を配っていた。このタイプの時計ははっきり見えるように設置されていて、しばしばサンギーヌ【赤色顔料】で強調されていた（赤の痕跡はす

べて消え去ってしまったが）。それは、比較的正確な午後用の傾斜日時計である。専門家によれば、昼食の時間が遵守されたなら、「放蕩」の時間はだいぶ早められたという。寛大な現場監督の仕事は、じつはそこにあったのだろうか？

——
フランソワ・ミッテラン河岸通り側3階、クール・ルフュエル入口の左側、3つ目の窓枠（下の角）

逆さのサイン

　穏やかで落ち着いた様子のライオンのブロンズ像2体が、獅子門【ドゥノン翼東端】の両脇に左右対称に鎮座している。一方には、この像を製作した彫刻家アントワヌ＝ルイ・バリ（Barye）の署名がみられる。もう一方には、あきらかに同じサインが、しかし鏡文字状（eyraB）に刻まれて

いる。このことは、これがもともとテュイルリー宮殿のひとつの扉を装飾するために尊厳王フィリップ2世が1836年にバリに依頼したライオン像の、忠実だが反転されたレプリカ（1867年制作）であることを示している。

フランソワ・ミッテラン河岸通り、獅子門

市庁舎と同じような小窓

　ルーヴル宮殿のフロール館をふくむ西側全体はナポレオン3世治下に破壊され、ルイ（ルドヴィコ）・ヴィスコンティ【1791-1853。ローマに生まれ、パリで没した建築家。サン＝シュルピス広場の噴水などを手がけた】のプランに沿って、エクトール＝マルタン・ルフュエル【1810-80。パリ高等美術学校（ボザール）出身の建築家で、1839年、建築部門のローマ大賞受賞者】によって再建された【1852年、ヴィスコンティはルーヴル宮殿とテュイルリー宮殿を結びつける仕事を請負ったが、その完成をみる前に他界し、最終的にルフュエルがこれをなしとげた】。

　一方、別のふたりの建築家、すなわちシャルル・ペルシエ【1764-1838】とピエール＝フランソワ＝レオナール・フォンテーヌ【1762-1853】は、北翼棟を建てることによって、アンリ4世の古い計画を補完した。これら19世紀の建築家たちは、皇妃の趣味にかなうよう装飾に装飾を重ね、当時の市庁舎を想起させる大きな邸館の下に天井の高い拱廊を設け、これにより、馬車が支障なく通過できるようになった。これらの拱廊（きょうろう）はセキュリティ上の理由から夜間は閉められていた。

フランソワ・ミッテラン河岸通り

落ちる？落ちない？

　ルーヴル宮殿の装飾のうちでもっとも有名なもののひとつとして、第2帝政下にジャン＝バティスト・カルポー【1827-75。彫刻家・画家。代表作はオペラ・ガルニエ座のファサードを飾ってい

る「ラ・ダンス」の影像群（1869年）】がフロール館を飾るために制作した浅浮彫りがある。だが、その作品『フロールの凱旋門』は激しい論争を引きおこした。当時のテュイルリー宮殿の建築家たちは、そんなに高いところに重い彫刻を設置したら、確実に落ちだろうとこぞって反対したのである。

　これにかんしては逸話がひとつ残っている。ある日 カルポーがその作品を現場で仕上げていたとき、自分の下をシルクハットをかぶった人物が、組んだ足場を苦労しながらよじのぼってくるのに気づいた。カルポーはそれをとがめた。この人物は皇帝だった。上までのぼった皇帝は浮き彫りを細部にいたるまで調べ、こう言ったという。「すべてがこの状態のままにしておくように」。建築家たちの懸念はたしかに杞憂であった。

フランソワ・ミッテラン河岸通り

自慢話をしたがる工兵マリオル

ナポレオン軍の工兵ドミニク・ガユ＝マリオルは、抜け目のない妙な男だった。「マリオルをする」（自分をひけらかす、人目を引こうとする）という表現は彼に由来する。この身長2メートルの力持ちの大男は、何度も負傷し、その都度回復した。1807年のある日、皇帝による閲兵式で、彼は武器とともに、大胆にも30キロある大砲を腕の先でかかえてみせた。そしてそのまま兵舎を一巡した。この腕力のデモンストレーションはマリオルを伝説化し、多くのアーティストが彼を作品の題材としてとりあげた。こうしてカルーゼルの凱旋門の先頂に、毛で覆われた縁なし帽に工兵の前掛け【一般に革製で】をしたマリオル像がみられることになった（ルーヴル宮殿に面して右側）。

カルーゼル凱旋門

銃痕

1944年8月、フランス解放【フランスの国土のうち、第2次世界大戦中ドイツ軍によって占領されていた地域の解放】が始まった頃、フィリップ・ド・オートクロック、通称ルクレール将軍【1902-47。1944年にノルマンディ上陸作戦を指揮し、有名な第2機甲師団の先頭に立って最初にパリ入城を果たした】率いる機甲師団の最初の戦車が近づいていた時、街にはバリケードが築かれていた。人々は戦い、銃声が鳴り響いていた。銃弾はさまざまな建物の外壁を襲い、そこに消すことのできない痕跡を残した。その銃痕は、たとえば1867年にオーギュスト・カイン【1822-94。動物彫刻家。作品の一部はテュイルリー公園や市庁舎にある。トロカデロ宮殿の滝を飾る雄牛像も彼の作】が制作し、エコール・デュ・ルーヴル【美術館と同じルーヴル宮殿内にある、美術史・考古学史・博物館学などの高等教育専門機関】の外付け階段の左右に置かれた、サハラの雌ライオンの像の一方にみられる。くっきりとして丸いこの銃痕はフランス解放時のものでしかありえない。パリ・コミューンの際にもちいられた弾は鉛製だからである。しかも、それらは石材の表面を傷つけることはあっても、ブロンズまではそこなわない。雌ライオン像の銃弾はその腹部を貫通しているのである。

ドゥノン翼にある獅子門近くのジョジャール門

巨大な日時計

この日時計を見つけるのに、凱旋門の支柱をじっくり探してもむだである。地面に横たわっているからである。時刻線は凱旋門の基部を起点として一列にならべられ、ツゲの垣根がある芝生に延ばされ敷石によって示されている。この垣根は彫刻家アリスティド・マイヨール【1861-1944。カルーゼル庭園には彼の18点の作品がある】の作品にふれそうなほどである。この日時計にかんしてはいかなる情報もない。かろうじて1990年代に実施されたテュイルリー公園の再整備時に設置されたであろうと推測できるだけである。

カルーゼルの凱旋門

嫌悪のN？

　レディギエール館とロアン館のバルコニーには、皇帝の冠をいただいた金色のNの装飾がほどこされている。ルーヴル宮殿のこの部分がナポレオン3世の統治下だった1866年頃に整備し直されたことを考えると、なにも驚くにはあたらない。レディギエール館にみられるNが逆向きになっていることを除いては、である。長いあいだ金属の汚れのせいで気づかれなかったこの反転は、歴史家たちを困惑させている。そのイニシャルを意図的に反転することで、皇帝への敵意をあらわしたと推測する説もあるが、より説得力に富んでいると思えるのは、反転されたNを象徴とす

る、若き皇太子ルイ＝ナポレオン（1856-18。ナポレオ3世とウジェニーの子）をたたえるものとする解釈である。修復が待たれるラ・トレモワイユ館の小鐘楼にも、同じ裏返しのNが複数みられる。

レディギエール館、ラ・トレモワイユ館、ロアン館など

ロシア人形

　ルーヴル美術館からラ・デファンスのグラン・ダルシュ【デファンス地区にあるアーチ状の高層ビル】まで、大東西軸とよばれるラインが8キロメートルにわたって続いている。それは名高い歴史的建造物を点として、それらを結んだ想像上のラインを引いたものである。こうしたパリの都市構造が、同じ熱情をもって首都を美化することに腐心してきた歴代の国王や国家元首たちによって考えられ、望まれ、実現され続けてきたということを考えると、いっそう感嘆に値する。時の権力者たちは何世紀にもわたってこの軸の威厳とこれを延長する必要性を認識しており、それぞれがそこにみずからの足跡をくわえてきた。一群の建物は建築的な配慮によりすばらしいハーモニーを演出している。

　大東西軸につらなる主要な建造物をへだてる距離は、1区間ごとに倍増する。カルーゼル凱旋門とコンコルド広場のオベリスクのあいだはほぼ1キロメートル、オベリスクとエトワール凱旋門間は2キロメートル、エトワール凱旋門とラ・デファンスのグラン・ダルシュのあいだは4キロメートル、という具合にである。それにくわえ、建造物のサイズも1区間ごとに2倍以上になっている。カルーゼル凱旋門（高さ20メートル）はエトワール凱旋門（同50メートル）のなかに、そして後者もまたラ・デファンスのグラン・ダルシュ（同110メートル）のなかにぴったりおさまる。さながらロシア人形のマトリョーシカのようにである。

ピラミッド論争

　ルーヴル美術館の全面的な再編は、フランソワ・ミッテランが大統領となった翌年【1982年】に着手された、大規模な「パリ改造計画」の最初の事業である。地上に現れているガラスと金属による多面体の部分が、文字どおり氷山の一角にすぎない巨大な建造物の斬新なデザインは、政治的対立もあって物議を醸した。新旧勢力の論争が新聞の一面をにぎわせることと

なったのである。「寒々しい幾何学的形状」が景観をそこねる。これが非難の理由であった。反対派はそのうえこれを「公権力の専制的行為」だとして糾弾し、新しく選出されたばかりの大統領が、コンペティションも競争入札もおこなわずにこのプロジェクトを始動させたことを認めなかった。

　第2期ミッテラン政権【1988-95年】の7年の任期中【第5共和制における大統領の任期は7年であったが、2000年9月の国民投票をへて5年に短縮され、2002年の大統領選挙より適用されている】、壮大な考古学的発掘作業と、リシュリュー翼【1871年より財務省が使用していた】からベルシー【パリ12区】への移転をためらう財務省との熾烈戦の混乱を経て、中国系アメリカ人の建築家イオ・ミン・ペイ

ルーヴルのピラミッドは、ギザにあるクフ王【古代エジプト第4王朝の2代目ファラオ】のそれと、高さ、底面、勾配ともに同じである。3つの小さなピラミッドが大きなそれをとりかこんでいる。それに対し、5つめは逆さピラミッドであり、カルーゼル・デュ・ルーヴル【ルーヴル美術館の地下にあるショッピング・モール】に突き出ている【採光窓の役目もしている】。

【1917-】によって構想されたピラミッドが建設された。この論争にもかかわらず（もしくはそのせいで）、人々は我先にこのピラミッドを見に出かけ、大ルーヴルの見学者数はうなぎのぼりとなった。ルーヴル美術館の年間来場者は1千万を越える。これは1989年に予想されていた2倍の数にあたる【2016年の来場者数は740万】。

イロクォイ人の救援

ピラミッドのガラス面は、多くの実際的な次元においての批判に見舞われることになる。これほどの広いガラスのメンテナンスをどのようにおこなうのか。だれが雑巾を手にそれによじのぼるのか。その際、イロクォイ人【アメリカ先住民】の人々を雇う可能性が言及されもした。たしかに彼らは眩暈を引きおこしにくい内耳のおかげで、高層ビルの建設や眩暈を引きおこすような外壁の掃除のスペシャリストとされていた。だが、最終的にアメリカ先住民ほどエキゾティックでないメンテナンスの方法が選ばれた。ゴンドラを備えた高所用作業車がやってきて、先頂にフックをとりつけることになったのだ。それぞれピラミッドの一面を手作業で清掃する4人の鳶職人の安全確保のためである。

さらに2003年には、自動で大ガラス壁を掃除する精巧なロボットが特別に考案された。他に例がほとんどないこの珍しいロボットは、ピラミッドの前の広場からたったひとりの技術者によって遠隔操作される。この作業は毎月おこなわれる。

内側のガラスについては、動程の大きなシンプルなゴンドラに乗った清掃者によって、半年に1度実施されるメンテナンスで十分だという【このピラミッドは全体で673枚ガラスからなるが、かつては666枚とされ、そこからこれは反キリスト＝悪魔の暗喩とみなされていた】。

柔軟性のある構造

ケーブルの交差部にとりつけられているセンサーは、伸び計またはひずみ計である。全部で200個あるこれらのセンサーは、建築物の力学的変化に対する恒常的なモニタリングにかかわっている。たしかに建築物は日々そして季節ごとの気温の変化を受けてサイズが変わるが、伸び計の柔

軟な構造は、大きな歪みを生じさせることなくそれらの変動を吸収できる。そして、センサーによって記録されたデータは、1時間に4回モニタリング・センターに遠隔送信されている。

ナポレオン3世とその息子

　ドゥノン館のペディメントにみられるものが、パリで知られている唯一のナポレオン3世像である。彫刻家ピエール＝シャルル・シマール【1806-57。彫刻部門のローマ大賞受賞者（1833年）。1840年にパリ市庁舎のために浅浮彫りの寓意像である『建築』と『彫刻』を制作している】は、彼を擬人化された「平和」と「芸術」の像に囲まれた立派な口ひげをたくわえた姿で表した。このナポレオン3世の像は、中庭の反対側に位置するコルベール館のペディメントの中央に、子どもの姿で表現された皇太子ナポレオン・ウジェーヌ・ルイ・ボナパルト【1856-79】と相対している。

クール・ナポレオン。ドゥフン館とコルベール館

エリートの消防隊

　ルーヴル宮殿には、「ルーヴル＝カルーゼル専門部隊」と命名された60人ほどの消防士からなる分遣隊が常備され、年中無休の24時間態勢で、来場者の救援や水漏れの未然の防止、火災の初期段階での消火などにあたっている。その任務を遂行するため、彼らは地下から屋根裏まで16ヘクタールにおよぶすべての迷路を記憶し、1600個の消火器と6000個のきわめて高感度の火災探知機を検査・確認しなければならない。

クール・ナポレオン

標高の基準点

　全仏水準測量（NGF）は、フランス全土に散在する水準測量の基準点（ないし水準点）のネットワークを拠り所としている。これらの基準点システムは、19世紀のなかば、水の供給網と下水道の建設がまさにはじめられようとしている頃、パリにおいて普及した。重力による排水に必要な勾配を計算するのにベンチマークを知らなければならなかったからである（さらに詳しい説明にかんしては、「ポン＝ヌフ橋」の章を参照されたい）。基準点は、永存が期待される建造物（橋、役所、学校、プラットフォームなど）の低い部分、地上から1メートルほどのところに固定された。その整理番号は標高のある正確な一点を示しており、それは今もなおあらゆる種類の工事にNGF基準点を使用する測量師にとって貴重な助けとなっている。リシュ

リュー小路【1区。パレ＝ロワイヤル西側】に現存する代表的なものは、地上約1.7メートルに位置するという珍しい特徴をもっている。おそらく工事の際に例外的に場所を移されたことによる特例だろう。

「オマージュ・ア・アラゴ」

　「オマージュ・ア・アラゴ（アラゴへのオマージュ）」とは、パリ市内に数珠状に点在する、直径12センチメートルのブロンズ製メダイヨン135個の公式名称である。パリの子午線（1884年にグリニッジのそれにとってかわられるまで、子午線の国際基準であった）に沿って正確に地面に埋めこまれたこのメダイヨンには、アラゴ【フランソワ・アラゴ（1786-1853）。天文学者・物理学者・数学者・政治家

で、パリ天文台長をつとめた。1848年、海軍・植民大臣と陸軍大臣に任命されたが、ナポレオン3世をこばみ、政界から完全に引退して、翌年他界する。大臣在任中、植民地における奴隷制の廃止に尽力したことでも知

られる】という名前と、NとS（北と南を表わす）の文字が刻まれている。これらは、地球子午線軸の測定に参加したこの学者の業績に敬意を表するものである。

この作品はアラゴの生誕200周年を記念して、オランダ人アーティストのヤン・ディベットが1994年に制作したものである。パリの子午線はクール・ナポレオンのピラミッドの後ろを通る。そこでは3枚の「アラゴ」が、リシュリュー

口とダリュ門を結ぶ1本の対角線に沿って子午線を示している。さらに2000年のフランス子午線記念祭では、巨大な銅のメダイヨンを支える柱がリヴォリ通り側のリシュリュー門近くに建てられた。

クール・ナポレオンとリヴォリ通り

テュイルリー宮殿の名残

1871年5月のパリ・コミューン時に、コミューン兵たちの放火によって破壊されたテュイルリー宮殿（皇帝が住んでいた宮殿）には、はたしてなにが残っているのだろう。焼け焦げ、その場所に10年以上も留まり続けた廃墟のイメージは、記憶に痕跡を残す。テュイルリー宮は、フロール館（セーヌ川側）とマサラン館（リヴォリ通り側）を結びながらセーヌ川に直角にそびえたっていた。その輪郭は、ルーヴル宮殿のさまざまな翼棟の開口部越しに透かし状に浮き出て見えた。前庭の入口は今も残っている。1806年にナポレオン1世の依頼で建てられたカルーゼル凱旋門がそれである。テュイルリー宮の面影をしのばせるものはもう1か所ある。パリ装飾芸術美術館（セーヌ川沿い）のファサードにみられる不格好な【？】段差である。

ナポレオン1世時代に建設されたもっとも引っこんだ、しかしもっとも調和のとれた部分は、セーヌに面した「水辺の通廊」からインスピレーションをえたもので、それはテュイルリー宮の左翼を構成し、新しく建設されたリヴォリ通りに沿っていた。この翼棟の半分は前述の放火で大損害をこうむったが、第3共和政下に再建されている。その際、水辺の通廊は1階に広い廠舎を設けるため、ナポレオン3世時代に横幅が拡張され、左右が対称となった（25頁参照）。

マサラン館とロアン館のあいだに位置するパリ装飾芸術美術館（セーヌ川沿い）の外壁

JCDCの天使たち

チョークで描かれたつつましやかで軽やかな天使たちのシルエットが、暗い壁や木々、歩道の端などに見え隠れする。これはデザイナーのジャン＝シャルル・ド・カステルバジャック【1949生】のグラフィティ（落書き）であり、存命または亡くなった家族、友人、散歩の途中で出会った人々に捧げられたものである。こうしてふたりの天使が、リヴォリ通りとルーヴル宮殿をつなぐロアン館の小路を住まいに選んだことになる。

ロアン館の下の車両専用小路

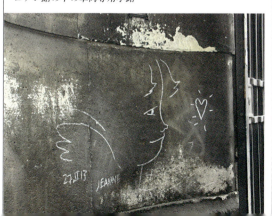

内部

カルーゼル・デュ・ルーヴル

内壁と外壁

カルーゼル・デュ・ルーヴルの地下の2か所には、シャルル5世時代に建設された城壁の名残である長い壁がみられる。1991年の発掘作業によって出土したそれは、長さ200メートルにおよぶ内壁と外壁の一部で、市街側に位置する低い内壁は、セーヌ川からの水で満たされた幅29メートルの堀を見下ろしていた。城壁は木の梁(地中梁)の上に建てられており、円形の砲座をいただいていた。やがて城壁は補修され、城郭外を向いた外壁は、1600年にテュイルリー宮の東側にアンリ4世によって設けられた庭園の土止め壁となった。

カルーゼル、シャルル5世の広間

右側が外壁(市街側)、左側が内壁(市外区側)

シュリー翼、ルーヴル中世部門

書庫の塔

組積の床、とくに国王シャルル5世が愛した書庫の塔の跡地に、黒い帯状のラインが複数みられる。1367年、彼は、ルーヴル宮殿の北西角に位置する「鷹狩りの塔」【北西塔】に、それまでシテ宮に保管してあった蔵書を移した。文芸の庇護者であり、理知的で教養のあるこの国王は、3層にわたる自分の書棚(「書庫」とよばれていた)を最大限の心配りをもって整えた。壁はイトスギの材木(虫除け効果があるとされている)で覆われ、窓には鳥の侵入を防ぐため、真鍮製の金網が張りめぐらされていた。照明には銀の燭台とランプがもちいられ、書物は水平にならべられた。しかし1425年、これら1000冊ほどの蔵書はベッドフォード公爵ジョン・オヴ・ランカスター【1389-1435。初代ベッドフォード公でイングランド王ヘンリー5世の弟。百年戦争で活躍し、ジャンヌ・ダルクを処刑したことでも知られる】に売却され、やがて彼の死後四散した。

シュリー翼中2階、ルーヴル中世部門への入口となっている地下室

シャルル5世の橋柱

軍事的機能を考慮されたシャルル5世のルーヴル宮殿には、1364年頃、堀の上にかかった跳ね橋で結ばれた観賞用の庭があった。1本の石造の橋柱がこの跳ね橋の最後の名残である。庭園はルイ13世とルイ14世による相つぐ整備により撤去された。その跡地の一部がルーヴル宮殿の方形中庭、つまりクール・カレとなっている。

シュリー翼中2階、ルーヴル中世部門

石工たちのハート形と仕事

かつて尊厳王フィリップ2世によって造営されたルーヴル宮殿の4隅には、高さ25メートルの4基の防御塔がそびえていた。だが、現在残っているのは、国王の石工たち（タイユール）が働いていた北東のタイユリ【字義は「石材加工仕上場」】の塔のみである。その壁面は入念に寸法を測って切られた長さの異なる石塊で形づくられ、みごとなまでによく保存されてきた。1670年にルイ14世の命で堀が埋め立てられた際、防御塔と主塔の基部がまた地中に埋められ、風雨や汚染、腐食から保護されていたからである。

その数多くの積み石には、当時出来高制で報酬をえていた石工たちのサインがみられる。彼らはより多くの仕事をすれば、より多くの賃金が支払われた。それゆえ、週末には仕事量がカウントされ、労働に見合った報酬が懐に入るよう、みずからが切削した石に自分の「サイン」を刻みつけなければならなかった。これらのサインとしては文字やハート形（正位置もしくは逆位置）などの記号が選ばれた。こうしたサインはさらに城壁の石の上にもみられる。

シュリー翼中2階、ルーヴル中世部門

国の象徴

12世紀末にフィリップ2世の市壁の外側に築かれた強力な城塞のうちで、いったいなにが残っているのだろうか。城塞は幾度も手直しされたため、地上にはなにもみられない。それに反して、地下には建造物のもっとも強靭な土台が残っている。1983年から85年にかけておこなわれた発掘作業により、1190年から1202年のあいだにフィリップ2世によって築造され、さらに1365年頃にシャルル5世によって補修された、城塞の3分の1と主塔が掘り起こされた。「ルーヴルのグロス・トール（巨塔）」とよばれた高さ30メートルあまりの主塔には、武器庫や食糧貯蔵庫、古文書館、そしてとりわけ

王家の宝物庫があった。その厚さ4メートルの壁は、あらゆる砲撃に耐えることができたという。王国のなかでもっとも安全な場所とみなされたここは、こうして王権のシンボルとなった。しかし、この主塔は、1527年にフランソワ1世によってとりこわされ、ルネサンス様式の宮殿に姿を変えた。

シュリー翼中2階、ルーヴル中世部門

汚物の移動

　城塞の考古学的発掘の際、13世から16世紀にかけての数万点にもおよぶ日用品が、堀と井戸の中から出土した。この城塞の居住者たちは、習慣としてごみや鶏骨、割れた食器、お丸の排泄物などを掘りや井戸に捨てていたのだ。だが、幅が10メートルほどある堀がたっぷりな容量をもっているとはいっても、時々は飽和状態に達した。そこで、浚渫をおこなわなくてはならなかった。通常は年に1度、聖ヨハネの祝日【6月24日。夏至の祭りとして、前夜に火を焚いて祝う風習が今もあり、かつては市庁舎前広場に巨大な火塚がたてられ、先端では袋に入れられた黒猫が焼かれた】の頃に実施されていた。

　ただ、その作業がひどい悪臭を放ったため、ルーヴルのすべての住人は3週間のあいだ城を離れ、他の王宮（フォンテーヌブロー、サン=ジェルマン=アン=レなど）で過ごさなくてはならないほどだった。出土した残骸の堆積物（幸いなことに無臭である）はもともとあった主塔の乾いた堀に残された。おそらくそれは、1527年にグロス・トゥールがとりこわされる前、この場所が使用されていた最後の時期のものだろう。

シュリー翼中2階、ルーヴル中世部門

音響の超常現象

　半円筒のヴォールト（穹窿）の存在により、「カリアティド（女像柱）の間」【シュリー翼の1階のピエール・レスコが1540年代に建てたルネサンス様式の広間。呼称はピエール・グージョン作の4体の女像柱に由来する】では不思議な音響現象が起こる。この部屋の一角で発せられたささやき声が、建物自体の独特な形状によって、本来なら音が伝わることが不可能な距離である対角の隅でもはっきりと聞きとれるのだ。しかも、この現象が生じるとき、中間に位置する人物にはなにも聞こえない。フランス国立工芸院の通称「こだまの間」でも同様に不思議な現象がみられる。

シュリー翼1階、古代ギリシア・エトルリア・ローマ美術部門、カリアティドの間（第17展示室）

ドゥノン翼

秘密の通路

ルーヴル宮殿のサイマ【軒蛇腹の上部を飾る反曲線の波形（S字形）刳り形】はなにを隠しているのだろう。室内装飾の裏側、とりわけ秘密の通路とよばれていた通廊は多くの幻想をかきたてる。たしかに王宮の厚い壁のなかに設けられたこれらの通廊は、おそらく淫らな目的で使用されることもあっただろうが、日常的にはよりありきたりな役目をになっていた。使用人たちが利用していたこれらの通廊は、彼らの往来を隠すこと、そして部屋と部屋とのあいだの近道という、二重の優れた点を帯びていた。それぞれの階には職務用の通廊網が張りめぐらされており、彼らは小さな背の低い扉を通ってそこにアクセスしていた。

こうした通廊の一部は今でも見分けがつく。たとえば、「セット＝シュミネ（7基の暖炉）の間」と「アンリ2世の間」の仕切りは3メートルを越えるが、これは内側に通廊があることを示唆する壁の厚さである。もうひとつの例としては、アンリ2世の階段に沿った手すり（一部が回転するようになっている）の裏側左手にみられる扉である。この扉は舞踏会場となるカリアティドの間に突き出した、音楽家たちのバルコニー席に通じる螺旋階段に面している。

ドゥノン翼2階、「セット＝シュミネの間」（第74展示室）と「アンリ2世の間」（第33展示室）

長方形で三重に歴史的な「サロン・カレ」

1661年に起きた火災のあと、ルイ・ル・ルヴォー【1612-70。1653年に王室建築物監督官となり、ヴァンセンヌ城に兵舎用の翼棟を建て、1660年にはルーヴル宮殿内部玄関の工事を手がけている】は、大ギャラリーの東の末端に、長方形でありながら「サロン・カレ（正方形の応接間）」と名づけられた広い客間を整備した。王立絵画彫刻アカデミーに与えられたこの広間において、1725年から93年にかけて会員たちの作品展覧会が開かれていた。サロン・ド・パリという呼称はここからきている。

当初、広間には窓がひとつもなかった（現在のものは1947年につけられたものである）。だが、1789年、作品の展示照明を改善するため、大ガラス窓が天井に設けられた。これは天窓採光の初めての試みであった。1810年、ナポレオン1世とオーストリアのマリ＝ルイーズ・ドートリシュ【1791-1847。マリア＝ルイザ。神聖ローマ皇帝フランツ2世の娘】の婚礼が執りおこなわれたのが、礼拝堂に改造されたこの広間だった。

ドゥノン翼2階、「サロン・カレ」、第3室

「モナリザ」の盗難

　ルーヴル宮殿の「国家の間」（賞賛者の大群を受けいれることができる唯一の部屋）に展示される以前、「モナ・リザ（ラ・ジョコンダ）」は、主要な傑作が集められた宝石箱ともいえるサロン・カレに安置されていた。そこからこの作品が盗まれたのは1911年8月21日のことだった。その消失と事件の経緯は、世界中の新聞・雑誌を賑した。窃盗犯のひとりビンチェンツォ・ペルッジャ【1881-1925】は、塗装や作品保護用のガラス・ケースをとりつける作業のため、ルーヴル美術館に雇われていたイタリア人労働者だった。彼は共犯者であるランチェロッティ兄弟とともに、日曜日の混雑を利用して、扉が壁掛けで隠され、模写を認められた画家たちの必需品を収納するのにもちいられていた小部屋に入りこんだ。そして、戸棚にうずくまったまま、閉館を待った。

　夜の帳が下りると、3人はそこから出て、「モナ・リザ」の絵を彫刻がほどこされた木枠から外し、小部屋にもどって夜明けを待った。あけて8月21日月曜日、美術館はメンテナンス作業のために閉館だった。3人のイタリア人はそこでメンテナンスの作業員に扮し、展示室で忙しく働く労働者たちにまぎれ、気づかれることなく美術館を抜け出すことができた。

　2年にわたっておこなわれた捜査は、連載小説の題材にもなった。そして1913年末、追いつめられ、金銭的にも困窮したペルッジャは、フィレンツェの古美術商に「モナ・リザ」を売ろうとした。だが、それがきっかけとなって逮捕され、ついに自白するにいたった【こうして逮捕された彼は7か月後に獄舎から釈放され、第1次世界大戦ではイタリア軍兵士として従軍している。のちにフランスにもどり、塗料商を営んだ】。「モナ・リザ」は特別仕立ての車両でパリのリヨン駅まで輸送され、そこで国家元首に迎えられた。1913年12月31日のことであった。

側面の壁上、十字架の右側の絵画の展示される位置に、非常につつましやかに扉が組みこまれている。

キツネ、ラクダ、瘰癧（るいれき）

　「水辺の通廊」ともよばれる大ギャラリーは、ルーヴルとテュイルリーの両宮殿を結んでいた470メートルに及ぶ長い通廊である。この通廊は上の階にあり、突飛な、なによりも動物にかかわる行事の舞台となっていた。たとえばアンリ4世は自分の犬たちを駆けまわらせていた。一度などはキツネ狩りをおこなったりもした。彼の王子、のちのルイ13世は、贈られたラクダをそこで疾走させて楽しんでいた。

　この同じ通廊において、年4回、すなわち復活祭、聖霊降臨の主日（ペンテコステ）【復活祭後の第7日曜日。聖霊が使徒に降臨したこ

とを祝う】、諸聖人の祝日【11月1日】、そしてクリスマスには、瘰癧（結核に起因し、頸部リンパ腺を冒す疾病）の治療儀礼も営まれていた。伝承によれば、フランスのアンリ4世からシャルル10世までの歴代王たち【およびイングランド王の一部】は、病者の傷を1度触れるだけで快癒させる力をもっていたという。こうして1200-1500人もの病者が国王のもとを訪れ、その按手を願った【この「王の按手」では、国王が「朕が汝の頭上に手を置き、神が癒す」という唱え言をしたとされる】。ただし、彼らはあらかじめ医学的な検査を受けており、国王の健康に危険を及ぼさないよう、もっとも感染が疑われる者ははぶかれていた。

ドゥノン翼2階、「大ギャラリー」絵画部門2階、第

5・8・12室

4つ星の高級厩舎

1860年、ナポレオン3世はルーヴル宮殿内に、

乗馬用と繋駕用の馬150頭と40台あまりの4輪馬車を常置させるための厩舎数棟を建てた。これらの厩舎は秣置き場や蹄鉄場、馬具置き場、鍛冶工房、さらに御者や係員、主馬頭の使用人の宿泊所などを併設していた。そこは機能的であると同時に、慎重に管理された贅沢な空間でもあった。その中央を走る小路の両側には、コナラの板で仕切られた家畜用の単独房も設けられていた。床面は舗装され、飼料槽には大理石、秣棚にはブロンズ色の銅、照明にはガス灯がもちいられていた。使用期間はたかだか10年にすぎなかったこれらの厩舎は、現在の「クール・ヴィスコンティ（ヴィスコンティの中庭）」と「クール・ルヒュエル」を囲むようにたっていた。やがてそれらは美術館の展示会ホールに変えられている（現ドナテッロ・ギャラリーと古代ギリシア・ギャラリー）。

ドゥノン翼2階、彫刻部門中2階、第1・2室

馬たちのためのスロープ

皇太子の調教馬術訓練場が厩舎のすぐ下にあったため、馬たちはそこにおもむくには上階にのぼらなければならなかった。階段は不向きだったので、中庭のクール・ルヒュエルに馬蹄形の二重階段が整備された。これはフォンテーヌブロー宮のそれから着想をえたものだった。訓練の前後、馬たちはこの階段の窪みにある水飲み場で一息ついた。訓練場の扉の破風は、ギャロップする3頭の馬を表したピエール=ルイ・ルイヤール【1820-81。とくに動物像で知られる彫刻家。クール・

「サル・デュ・マネージュ」

厩舎群よりさらに壮大な「サル・デュ・マネージュ（厩舎ホール）」では、皇太子たちの乗馬訓練がおこなわれていた。石とレンガでできたそのヴォールトは、エマニュエル・フレミエ【1824-1910。代表作にピラミッド広場の金箔をほどこしたブロンズ製のジャンヌ・ダルク像（1874年）などがある。作曲家ガブリエル・フォーレの義父】とルイヤールの作である、動物をかたどった柱頭をもつ高い円柱に支えられている。馬たちは西側の大きな扉からこのホールに入った。ホールの南側には木製の観覧席が設けられ──のちにパリ北東方コンピエーニュ城に移転──、見物人たちはそこから皇太子の例外的なまでに上達した馬術を見ることができた。1879年に美術館に譲渡されたこの空間は、それ以来サル・ド・マネージュとよばれるようになっている。

ドゥノン翼、古代ギリシア・エトルリア・ローマ部門、中2階、第1室

ルフエルにはブロンズ製の作品『雌犬と雌オオカミ』（1878年）もある】の彫刻で飾られている。これは皇帝厩舎の責任者である主馬頭が住んでいたアパルトマンと向かいあっている。

ドゥノン翼、クール・ルヒュエル

26

パリ歴史文化図鑑──パリの記念建造物の秘密と不思議

サント＝シャペル
（1242-48年頃）

- 創建者：ルイ9世
- 計画・目的：キリストの受難のレプリカをおさめるのにふさわしい礼拝堂の建設。
- 建築家：ピエール・ド・モントルイユ（ド・モントゥロー）またはジャン・ド・シェル（不確実）
- 革新的特徴：ステンドグラスが壁代わりとなっているサント＝シャペルは、ゴシック・レイヨナン様式【13世紀なかばから14世紀後半までのフランス盛期ゴシック建築、またその時代の美術様式。放射状の装飾を特徴とする】の最高峰とみなされている。
- 継起的用途：小麦粉倉庫（フランス革命期）、ついで古文書庫（執政政府時代）。
- 有名因：着想の斬新さ、みごとな均衡、ステンドグラス、聖遺物庫としての役割による。
- 修復：建築家のジャン＝バティスト・ラシュ（ス）により、1834年から67年にわたって修復された。
- 所在：パレ大通り8番地（1区）
  最寄駅：地下鉄シテ駅

礼拝堂の南側面のガーゴイル【ゴシック建築などにみられる動物や怪物などの彫刻をほどこした雨水の排水口】

ギリシア人からみずからの帝国を守るための財源を確保する必要に迫られていた、コンスタンティノポリス皇帝のボードゥアン2世【ラテン帝国最後の皇帝（在位

←2基の小塔はそれぞれ王冠と荊冠の装飾がほどこされており、訪れる者にサント＝シャペルがそもそもは巨大な聖遺物庫であったことを想いおこさせる。

↘礼拝堂の高いポーチ。
↑旧鋳造所に隣接した主要なファサード。
↙南側のファサードに張り出したルイ11世専用の小礼拝堂。

1240-61）。その治世下で領土の減少と財政破綻を招き、侵攻したニカイア帝国の共同皇帝ミカエル２世によって首都が陥落し、イタリアに亡命を余儀なくされた】は、ヴェネツィアのある裕福な商人にキリストの聖荊冠と十字架の一片を抵当に入れていた。1239年、聖王ルイ９世【在位1226-70。イングランドからノルマンディやポワトゥー地方を割譲させて王領を拡大する一方、２度の十字軍に参加するが、チュニスで病没した】が、それを高額（13万5000トゥール・リーヴル。現在の数百万ユーロ相当）で買いとった【トゥール・リーヴルは13世紀までフランス中部のトゥールで鋳造されていた貨幣】。

聖王はまたボードゥアン２世からキリストの他の受難の聖遺物も入手した。エルサレムから墓石を運ぶことはできなかったものの、キリスト教徒である彼はフランス王国の首都パリを、ローマやサンティアゴ＝デ＝コンポステーラと同様の聖都にしようとした。そこで彼は数百万人の巡礼者を引き寄せることができるよう、もっとも威信のある一連の聖遺物をそろえた。聖荊冠の一部【1656年の四旬節最中、パリのポール＝ロワイヤル女子修道院で、パスカルの幼い姪で誓願修道女だったマルグリト・ペリエ（1646-1733）が、この聖棘冠にふれ、宿痾の涙瘻炎が奇跡的に治ったとされる。詳細は蔵持著『奇蹟と痙攣──近代フランスの宗教対立と民衆文化』（言叢社、2019年、第４章）を参照されたい】、十字架片の大部分、【イエスを突き刺した】槍先、緋の衣、葦、海綿、手錠、勝利の十字架、イエス・キリストの聖血、幼少時の産着、洗足の際に使用した布、聖母の乳と何本かの髪、そのヴェールの一端、洗礼者ヨハネの頭頂骨、聖骸布の一片、モーセの杖などである。

ただ、これらの聖遺物を保護するためにはなみはずれた聖遺物箱が不可欠であった。シテ宮の小さな聖ニコラ礼拝室ではとてもその用をなさなかった。そのため、聖王は新しい礼拝堂を建立しなければならなかった。聖ニコラ礼拝室を解体して新たに建てたサント＝シャペル礼拝堂【シャペルは「礼拝堂・礼拝室・小聖堂」の意】は、記録的な短期間で竣工した。最初の礎石をすえてから（正確な日は不明）1248年の献堂まで、かかったのはせいぜい４年から６年である。この巨大な聖遺物庫は贅をつくしたものではあったが、その建設費用はこれが収容しなければならない聖遺物の３分の１程度だったという。だが、これらの聖遺物は革命時に四散し、見つかったのは一部のみで、それはノートル＝ダム司教座聖堂の宝物庫に所蔵されている（100頁参照）。

外部

最高裁判所が入っている司法宮の「商人の回廊」南端は、かつては王とその従者たち専用であったサント＝シャペル礼拝堂に通じている。

礼拝堂へのアクセス

サント＝シャペルでは礼拝堂が２層になっている。小教区の信者たちと宮殿の従僕たちのための下層のそれと、聖遺物が安置され、君主とその側近、そして聖務に従事する司教座聖堂参事会員専用の上層の礼拝堂である。後者はもともとそれがつながっていた宮殿の階からしか入れなかった。そのポーチは北側で王宮の通廊と連絡しており、同じ階にある教会ともども、屋根付きの広大なバルコニーのような形状を呈していた。この礼拝堂は今もなお１枚のガラス扉によって王宮からへだてられていて、日中は閉められている。だが、夜のコンサートがあるときは開かれる。

天使像は2013年、修復されてもとの場所にすえられた。

先頂の聖遺物

鉛で覆われたヒマラヤスギ製の尖塔が、地上75メートルの高さにそびえたっている。この尖塔は3度破損し（経年劣化、火災、そして革命によって）、3度建て替えられた——最後の修復は1854年、建築家のジャン＝バティスト・ラシュ【1807-57。ルーヴル宮殿やそれに隣接するサン＝ジェルマン＝ロセロワ教会、さらにノートル＝ダム司教座聖堂、その対岸にあるサン＝セヴラン教会などの修復も手がけた】の指揮下でなされ

風見の大天使

地上45メートルに位置する後陣の外構えに、大天使聖ミカエルの像がたっている【制作者は彫刻家・金銀細工師のヴィクトル・ジョフロワ＝デショーム（1816-92）】。鉛でできた高さ3メートルのこの天使像は、1855年におこなわれたサント＝シャペルの修復時に設置された。これにかんしてはある伝説が残っている。かつてミカエル像は大時計の歯車によって規則的に動かされ、東西南北に十字架を示していた。朝は日の出の方角に向き、一日の終わりには夕日に敬意を表したというのである。

しかし、2004年12月17日の暴風雨で損傷したミカエル像【大気汚染によって、その素材の鉛が酸化したことにもよる】は、それを支えていた長い支柱とともにクレーンによって屋根からとりはずす必要があった。ところが、支柱は予想以上に長く、持ち上げてとりはずすことができなかったため、のこぎりで切断しなければならなかった。こうして支柱がとりのぞかれたことよって、「風見の大天使」の伝説はだいなしになった。サント＝シャペルの屋根組に、風見にかかわるいかなる装置もみられなくなったからである。この大

サント=シャペル

た——。その側面には、キリストの受難具を手にした天使たちが配されている。さらに尖塔の先頂には、ヴェネツィアから運ばれてきた聖遺物の一部をおさめた宝球【十字架がのっている球体】がある。尖塔にはまた聖遺物のレプリカも重要度の順にならべられている。

請負人の使徒たち

尖塔の基部には12使徒の像がとりつけられている。その表情は、修復作業に携わった請負人たちをモデルとしたという。これら彫像のうち、聖トマスの「役柄」には、1840年から57年にかけておこなわれた修復をとりしきった、建築家ジャン=バティスト・ラシュの顔つきが採用されている。インドのある王のために教会を建立したとする故事により、使徒トマスは建築家と建築業の守護聖人とみなされているからである。彼は建築家の象徴である定規を手にしている。とすれば、これらの表情がラシュのものであることに間違いないだろう。現在の位置（尖塔の南側面）に引き上げられる以前、聖トマス像は1855年の万国博で展示された。そこではモデルとの驚くほどの類似が来場者の目をとらえたという。

一方、聖フィリポ像は画家のアドルフ・ステネイル【1850-1908。サント=シャペルやストラスブール司教座聖堂のステンドグラス修復者】の顔つきをしている。1909年、歴史の奇妙ないたずらで、彼の妻は夫殺害の廉で司法宮の重罪院に召喚された【のちに証拠不十分として釈放】。これら彫像のための装飾は繊細かつ正確である。高所に設置されるため、間近で見るほどの細心さを求められていなかったことを考えると、この事実は一層感嘆に値する。

鋳造所と鐘つき人たちの住居

サント=シャペルの中庭の北側に、豪華な彫刻の装飾とユリの花の散らし模様が目立つ、傾斜屋根のファサードがある。このルネサンス様式の建物は、サント=シャペルの古くからある付属建造物の唯一の残存物である。1550年または1600年頃、そこには礼拝堂の鐘とステンドグラスの窓枠用の鉛をつくる鋳造所が入っていた。やがてそこは鐘つき人の、のちには中庭の守衛の住居となった。このファサードは一部控訴院の回廊の陰となっているが、めずらしい装飾や中央部に刻まれた控訴院の略称CA【控訴院（Cour d'Appel）】のモノグラムはみえる。

内部

必要なつつしみ深さ

人の目に触れることなくミサに参加し、より良い状態で黙想できるよう、ルイ11世【国王在位1461-83】は扶壁のあいだ、南側ファサードの上に張り出した専用の小礼拝室を建てた。ここへは上層の礼拝堂から細い通廊を経て入ることができた。こうして国王は人にみられることなく小礼拝室におもむき、階下の格子のはめられた祭壇へ向かう出入口を通ってミサに出席したのである。

小教区の墓

小教区民と王宮の使用人たちは、一階にある下層の礼拝堂でミサにあずかっていた。この礼拝堂にみられる金と群青のユリの花【フランス王家の紋章】で飾られたヴォールトは、第2帝政期の修復家たちの作品である。他界した彼らの一部が16世紀と17世紀に埋葬されたのもまたこの場所だった。1690年、洪水によってその墓は被害を受け、水がひいたのち、改めて彼らの墓のために、礼拝堂に沿って地下納骨所がつくられた。これに対し、小教区民たちの墓所は身廊の地下、聖堂参事会員や宝物庫管理人、さらに貴人たちのそれは内陣の地下にある埋葬所に特権的に設けられた。今もなお地下には大部分が14・15世紀のものである墓石が20基あまりみられる。粗雑に手直しされた、あるいは傷んだままのこれら墓石の縁は、1690年の洪水後に移動作業がおこなわれたことを物語っている。

聖遺物の開陳

年に1度、復活祭直前の聖金曜日に、聖王ルイ9世はその鍵を自分だけがもっている聖遺物箱から聖荊冠をとりだしていた。そして、身廊に参集した側近や3つ目の張り間の両側にある2つの広いアルコーブ【壁の窪み箇所】に身を置いた高官たちにこれを掲げ、崇敬させた。それから聖王はこの聖遺物を一般大衆に見せた。上層の礼拝堂に立ち入ることが許されていなかったため、彼らは中庭につめかけ、ファサードで聖遺物箱のガラス板が開くのをみつめていた。天蓋つきの聖遺物箱の上にのぼった聖王の目には、眼下に蝟集したすべての者が自分にひざまずいているようにも見えたはずである。

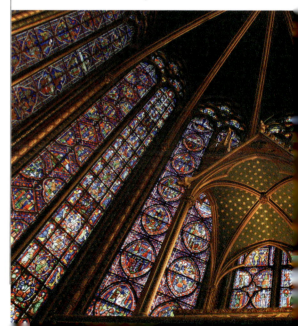

極彩色のステンドグラス

聖王ルイ9世は、自分の聖遺物箱が半透明で色のついた宝石箱に似るよう望んだ。この願いは内壁の大部分を占める750平方メートルのステンドグラスのおかげで叶えられた。石造りの部分は最小限の表現に抑制され、飛び梁の技術はその極限まで押し進められた。支柱の代わりに鉄の骨組みで全体を補強する。鍛冶の親方たちはそれをみごとになしとげた。炭素量を可能なかぎり減らし、錆びつきにくくなった鉄を加工できるよう工夫をこらしたのである。それから8世紀たった今日でも、ステンドグラスの70パーセントがなおもオリジナルであり、鉄の骨組みもしっかりしている。これは敬意に値する。上層の礼拝堂の白い大理石の床面には、ステンドグラスが投影する色彩の閃光が踊る。

犂耕体は読めますか？

サント＝シャペルのステンドグラスには、礼拝堂出口の階段の上にある15番目のものを例外として、左から右、下から上へと読める聖書の113もの場面が描かれている。この15番目は犂耕体書式（ブーストロフェドン）【文章を横書きにする際、畑を耕す牛の歩みのように、左から右へ、右から左へと、1行ずつ交互に逆向きに書く古代の書式】、別の言い方をすれば「S字状」（右目が左から右へ蛇行し、つぎに右から左へと、一行ずつ向きを変える）の構成となっており、つねに下から上へと読まれる。このboustrophédonという語のギリシア語源【boûs + stréphein】は、畑の端までゆき、ついで方向を変えながら畝を掘り続ける勤勉な牛の動きを意味する。こうした古代の書法は、しかし紀元前457年頃に放棄されている。それがサント＝シャペルにみられるというのは、じつに興味をそそられることである。

ちなみに、イスラエルの王たちの物語に続くステンドグラスの15番目は、キリスト受難の聖遺物の叙事詩を物語っている。皇帝コンスタンティヌス【在位306-337】の母である聖女ヘレナ【246／50-330】による、エルサレムでの聖遺物の発見、そのビザンティンへの移送、聖王ルイ9世による入手、そしてサント＝シャペルへの安置までである。

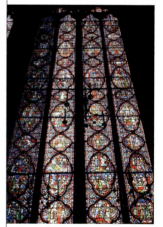

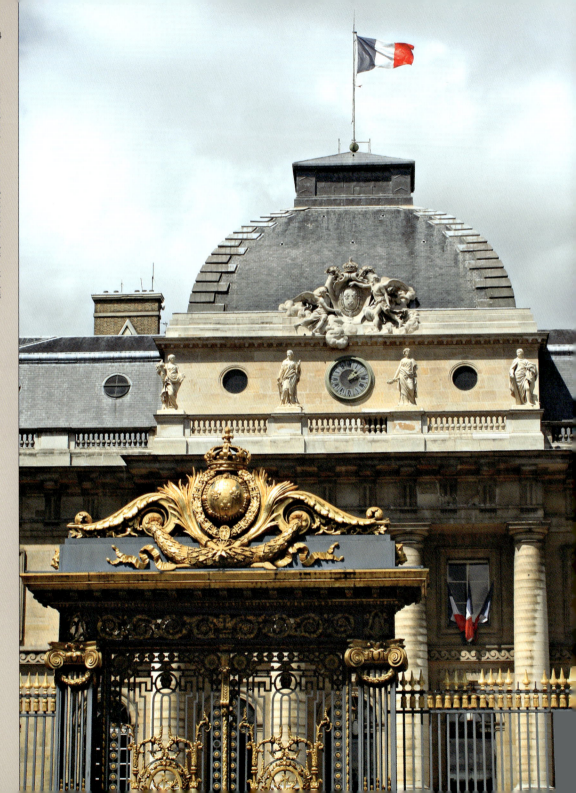

パリ歴史文化図鑑——パリの記念建造物の秘密と不思議

司法宮
（最高裁判所）
（1776-80年）

- 創建者：パリ高等法院
- 計画・目的：旧ローマ総督の宮殿跡地に、司法の総合施設を建設する。
- 建築家：ピエール・デメゾン【1711-95】、ギヨーム゠マルタン・クテュール【1732-99】、ジャック゠ドニ・アントワヌ【1733-1801】
- 革新的特徴：「クール・デュ・メ（5月の中庭）」にある鍛造された鉄柵は、この種のものとしてパリではじめての作例である。
- 住所：パレ大通り4番地（1区）
  最寄駅：地下鉄シテ駅

「クール・デュ・メ」にある金箔のほどこされた鉄柵には、フランス軍の記章がとりつけられている。

外部

　古代ローマ政府は今日より狭かったシテ島を選んで、そこに宮殿を建てた。当時はセーヌの支流が現在のアルレ通りを流れていた。その向こうには無住の小島が2か所あり、のちにそれらは整備されて、ドーフィヌ広場とヴェール=ガラン広場となった。三方を川で囲まれた最初期の宮殿は、東向きに建っていた。ローマ総督のあと、メロヴィング朝とカペー朝がこのシテ宮を受け継ぎ、王宮と王権の本拠となった。親授権をとなえた国王は法権と執行権だけでなく、司法権もまた一手に掌握した。

　だが、1358年、エティエンヌ・マルセルは宮殿を攻撃し、王太子、のちのシャルル5世の居室に侵入して、側近の諮問官ふたりを殺害した【エティエンヌ・マルセル（1310-58年）は羅紗商出身で、1355年にパリの商人頭（市長に相当）となり、パリの真の主として町を要塞化し、イングランド軍の攻撃に備えて、ブルジョワジーや一般市民からなる民兵隊を組織する。そして、本格的な徴兵をおこない、議会政体や王室財政を管理する体制の基盤を確立しようとした。しかし、パリの独裁者として振舞い、1358年のフランス北部で起きたジャクリーの叛徒たちと手を握って貴族たちの反発を買い、ナバラ王国の邪悪王カルロス2世（在位1349-87）との親しい関係も、彼に対するパリ市民たちの反感を煽った。こうして1358年7月31日夜、王太子シャルルの教唆によって、かつて自分の側近だった参事会員のジャン・マイヤールに斧の一撃で暗殺された】。

　この出来事のあと、王太子はパリ右岸のマレ地区にあったサン=ポル館に移り住んだ。王権の管理機構（高等法院、大法官府、会計法院）は、こうして無住となった国王の旧邸に入り、旧王宮が司法宮となった。

銃弾の衝撃

　1944年8月19日から25日にかけて、シテ島は戦闘の中心地となった。数多くの記念板にくわえて、建物の壁に残る弾痕がそれを物語っている。8月19日朝、パリ警視庁はFFI【ドイツ占領下におけるレジスタンス国内兵たち】に包囲された。彼らの使命は元老院の守備隊を南からの攻撃から守り、パリを西から東に移動するドイツ軍の車両を遮断するところにあった。この蜂起の拠点は激戦の場となり、軽罪裁判所（パレ大通りとオルフェーヴル河岸通りの

角）の切断された軸組には、銃弾が深く食いこんだ痕がみられる。近年その修復がなされたが、銃痕だけは記憶のために手をつけないほうがよいとの判断がなされた。

若鳥の家

1679年まで、パリの家禽市場はオルフェーヴル河岸通りにあった。やがて王令によって、家禽商やロースト肉店はセーヌ川の対岸、現在のヴォルテール河岸通りに移るよう強制された。この記憶は、警視庁が1875年頃にシテ島の兵舎の北翼に入ったときもなお生々しく残っていた。新しい居住者、つまりパリ警視庁を民衆語で「若鳥の家」とよぶのは、そのことに由来する。警視庁から300メートルほど離れた、ルイ＝レピヌ広場とコルス河岸通りに1808年に開設された家禽市場は、往時の市場の衣鉢を継ぐものといえる。

裸体の真理

1904年から14年にかけて、建築家のジョゼフ・アルベール・トゥルネール【1862-1958。1892年から1901年にかけて、デルフォイ遺跡の発掘とその復元作業を指揮し、1931年にはパリ東郊のヴァンセンヌで開かれた植民地博覧会の主任建築家に任命された】によって建てられた司法宮のファサードには、セーヌ川を向いた4体の女性像がそれぞれ壁龕に置かれている。このファサードに沿って西に進むと、まず「寛大さ」像（興味深いことに、死刑執行人のものと似た剣を手にしている）、ついで「雄弁」像（胸に手をあてている）、さらに「法」像（本を持ち、剣に支えられている）、そして裸体の「真理」像（鏡を高くかざしている）に出会う。

毎月21日

司法宮は19世紀末から20世紀初頭まで、幾度となく拡張されている。1911年には、オルフェーヴル河岸通りに沿ってネオ＝ゴシック様式の新しい翼棟が建てられた。中央の塔には午後用の傾斜日時計があり、そこには「時は去り、正義はとどまる」というラテン語の銘文とともに、時間と正義を表わす浅浮彫りの寓意像がみられる。時間の寓意像は長柄の鎌にもたれて眠り、正義のそれは当惑した面持ちで、剣先で天秤を握っている手を今にも切り落とすかのようでもある…。

この日時計は時刻を示す溝と重なる日周弧を見せるという特殊性を帯びている。そこでは指針の影の端が日周弧の端に触れるときが、毎月21日となる。日周弧の先には黄道十二宮の記号が刻まれており、その最上段、時間の寓意像のふくらはぎの下には磨羯宮（やぎ座）、最下段には巨蟹宮（かに座）が位置する。一方、中央部は白羊宮（おひつじ座）と天秤宮（てんびん座）が点刻されている。

棒打ち刑と死刑

尖塔の陰には「スルシエール（女性水脈占い師）」の入り口がある（アルレ通り32番地）。その厳めしい黒の門扉は、しばしば列をなし、けたたましくサイレンを鳴らしながら、護衛付きの囚人護送車が着くたびに開けられる。内側には、予審判事のもとに出頭する、もしくは裁判にかけられるため、一時的に獄舎から出された被告人たちがいる。彼らは一般人に開かれている建物の箇所を通ることなく、特別な通廊や階段を通って直接判事のもとや法廷に行くことができる。

門扉の唯一装飾であるリクトル（束桿）の束は、司法宮の随所にみられるモチーフである。古代ローマではリクトル（先導警吏）たちが法官たちを護衛していた。前者はこのリクトルを左肩にかけていたが、それは犯罪者を打擲するための鞭の束だった。装飾の中央には死刑囚を斬首するための斧も表されている。

アルレ通り【司法宮西側】

ペルタを探せ

ペルタとは、写真にみられるように、リクトルの束とともに司法宮の内側と外側を問わず、あらゆる個所――ファサード、舗装された床面、フリーズ、門扉――にみられる装飾モチーフである。このモチーフは半月状の盾に似ている。詩人たちがアマゾネスのものとしていた軽くて使い勝手のよいペルタ、つまり半月盾は、古代の装飾に競ってもちいられた。それはまた悪運をしりぞけ、邪悪な力を回避させてくれると考えられてもいた。この象徴的な造形は今もなおみられ、とくにフランス共和国のエンブレムを形作る要素のひ

とつとなっている。

（見せかけの）ファサード玄関

控訴院が修復され、オスマン男爵【1809-91。第2帝政下のセーヌ県知事】の大規模なパリ改造事業によってシテ島の中心部が混乱していたとき、建築家のジョゼフ＝ルイ・デュク【1802-79。バスティーユ広場の7月革命柱を建てる工事

に携わり（1833-34年）、1850年にはパリ最高裁判所の大時計を修復してもいる】は、1867年、司法宮の西側ファサードの建設を請負った。そこには正面玄関が設けられるはずだった。彼はギリシア・エジプト様式をとりまぜた巨大で定型外のファサードを考えた。裁判にかかわる象徴物、たとえば円形の盾（庇護の象徴）や剣（懲罰と同義）、コナラの枝（力の暗喩）、オリーヴの小枝（平和）なども大量にもちいようとした。

だが、パレ大通りに向いたファサード玄関に固執した建築家の野望は、運命によって妨げられた。そんな彼の夢を偲ばせる唯一の名残は、ファサードの中央に刻まれた「Palais de Justice（司法宮）」という文言だけである。こうした事例は他に類がない。

建築家デュクが考えたベランダのファサードは、古代エジプトのデンデラ神殿に着想をえている。

最後の瞬間に救われたドーフィヌ広場

傑作とみなされるデュクのファサードを際立たせるため、ドーフィヌ広場を撤去し、跡地に法の巨大な寓意像を配した柱廊つきの遊歩道を設ける計画がなされた。そうすれば、司法宮の壮大な入口が遠くからでも見えるようになるというのである。その計画に従って、1872年、宮殿にもっとも近い家々が解体された。だが、不動産危機とオスマンの改造計画【1853-70年】の終焉によって、宮殿の他の2面の家屋群は解体をまぬかれた。そして、撤去された屋並みの空き地には並木が植えられ、そのファサードが宮殿の付随的な入口となった。

歴史の皮肉

シテ島を走るアルレ通りには、「アルレの玄関」と暗喩的に命名された建物がある。建築家のジョゼフ＝ルイ・デュクが建てたもので、その名祖となったアシル・ド・アルレ1世【1536-1616】は、1582年から1611年までパリ高等法院の院長をつとめた人物である。国王

アンリ4世がのちにドーフィヌ広場となるものを建設するよう託したのが彼だった。だが、運命の皮肉というべきか、デュクの「アルレの玄関」をいかすため、1872年、アルレの広場は撤去されることになった。

正義と公正を混同しないこと

　司法宮のファサード中央部、8本の円柱のあいだには寓意像がならんでいる。左から右に「賢明」（柄に蛇が1匹まきついた鏡とともに）、「真理」（火のついた松明とともに）、「懲罰」（剣とともに）、「庇護」（子どもとともに）、「力」（槌とともに）である。これら寓意像のうち、最後のそれはもっとも驚くに値する。きわめて珍しい公正さの表現のひとつだからである。その属性は控訴院での裁判官たちの投票を暗示する壺と、「正義」像のように前面に張り出しておらず、折られて、腕のあいだにはさまっている天秤である。公正さのもうひとつの表現は、「アルレの玄関」の内側にある。

ナポレオンの横顔

　アルレ通りに面したファサードを際立たせているペルタの上には、皇帝の鷲が2羽みられる。これはこの建物がナポレオン3世の時代に計画・建設されたということを想いおこさせる。鷲は2つのメダイヨンをともなっており、左手のそれはナポレオン1世にかんする珍しい表現となっている。その飾り枠にナポレオン法典という文字が刻まれ、もうひとりの偉大な立法家であるユスティニアヌス帝【東ローマ皇帝 在位527-565。通称「ユスティニアヌス法典」の編纂者】を描いた、左手の浅浮彫と対をなしているのである。戴冠式の着衣に身を固めた皇帝ナポレオンの彫像はまた、「アルレの玄関」を飾っている。

三面記事の登場

　ドーフィヌ広場12番地の家は、1689年、広場建設者の孫で、祖父同様、パリ高等法院院長をつとめたアシル・ド・アルレ3世【1639-1712】が所有者となった。1878年以来、この家は《ガゼット・デ・トリビュノー（裁判雑誌）》の本拠となっていた。これは専門的な裁判報告誌で、ジャーナリズムの新しいジャンルを開拓した。裁判欄というジャンルである。法曹家組合は必ずしもその主たる講読層ではなかったが、好奇心のある一般大衆はこの雑誌を介して当時の状況を熱心に知ろうとした。そこには三面記事的な出来事が「でた

らめなニュース」という形で盛りこまれていたが、それはまだ新聞を脅かすものではなかった。
　この雑誌が廃刊になると、パリや地方、さらに外国で起きたさまざまな、しかしささやかな出来事にかんする記事のすべてが、「時評」ないし「事件」という見出しでまとめられた。ただ、《ガゼット・デ・トリビュノ

司法宮（最高裁判所）

《一》は、数多くの記事に「三面記事」という呼称をあててはいなかった。この呼称が生まれたのは19世紀末だった。それはこうした多少とも下世話な出来事によって営業資金をつくっていた民衆紙による。

街灯点灯人の支え棒

オルロージュ河岸通りの1・3・7番地にある各建物の入り口を照らす街灯は、消え去った職業の記憶を宿している。街灯点灯人という職業である。19世紀における彼らの仕事はガス灯の点灯と消灯だった。夜の帳がおりたときや払暁、彼らは梯子と長い竿を手に、25メートルごとに立ちどまりながら担当地区を巡回していた。ランタンのメンテナンスが必要な場合は梯子に上った（単なる点灯と消灯なら、竿だけで十分だった）。今もなおパリの7基の街灯——4基はオルロージュ河岸通り、3基はポン=マリ橋——は、梯子を安定させるための支え棒を備えている。これら点灯人たちは1950年代に姿を消したが、彼らは電気キャビネットの設置やメンテナンスの作業人として再生している。

最初の公共大時計

パレ大通りとオルフェーヴル河岸通りの角にある司法宮の大時計は、1371年、ときの国王シャルル5世がパリ市民に贈ったものである。そのおかげで、市民たちは日時計が使えない曇天はもとより、夜間ですら時間を知ることができた。この大時計は15分ごとに鐘を鳴らしたが、遠くからやってきた人々は口々にそれをほめそやしたものだった。大時計は2体の寓意像で飾られている。「法」（左側）と「正義」（右側）の像である。それらは幾度か修理・修復されてきたが、その時期（1742年、1585年、1685年、1852年、1909年、そして2012年）は日時計の下方に記されている。こうしてよく保存されてきたということ自体、ささやかな奇跡といえるだろう。それが最初の公共大時計であるだけでなく、ごく最初期のものでもあるからだ。

樽の製造所

ある表示板の説明では、パレ大通りがバリユリ通りを吸収したという。後者はパリ最古の通りのひとつで、グラン=ポン橋（のちのポン=トー=シャンジュ橋）が再建された12世紀に敷設されている。この通りには樽や大樽を扱う店が立ちならんでいた（バリユリは樽製造業（トネルリ）と同義）。

クール・ド・メ

「クール・ド・メ」とよばれる司法宮の中庭は、その呼称をアンシャン・レジームの時代にやったある伝統行事に負っている。毎年5月1日、バゾシュたち（司法宮の書記組合）が、そこに花や紋章で飾った高さ50ピエ【約16メートル】あまりのコナラの木【5月柱（メイ・ポール）】を植えていたのである【「バゾシュの後継者たち」の項参照】。樹種の選択は場当たり的なものではなかった。コナラが大地と空、人間の正義と神のそれの結合を象徴すると考えられていたからだ。しばしばオリーヴの小枝と結びつけられたコナラの葉は、宮殿の随所にみられる装飾でもある。

メゾン・ボスク

法曹界の本格的な資料館ともいえるメゾン・ボスクは、フランス内外の法曹家や大学人の「衣装屋」をもって任じている。1845年に裁判所内に設けられたそれは通りの反対側、すなわちパレ大通りの3番地に移転している。司法官の正式な衣服はナポレオン自身によって形と色が規定され

た。オーダーメイドのそれは折り目が巧みにつけられて（襟裏と肩の部分）、たっぷりとしたゆとりを生み、弁護士たちの有名な「袖効果」【弁論の際に袖を振り乱しながらおこなう大仰な身振り】を演出している。その色は、付属品と同様、極端なまでにコード化されている。裁判所の書記官、検事、破毀院調査官、院長という職位に応じて、縁なし帽のブレード【テープ状の縁飾り】の本数や左肩につける毛皮の垂れ布が決められているのである。大学人も同様で、その専門領域ごとに式服の色が決まっている。文学の場合は黄色、科学は深紅、医学は淡紅色といったようにである。

司法宮（最高裁判所）

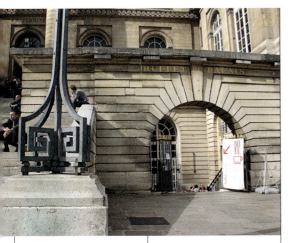

内部

中に入る際は「パ゠ペルデュの間」にある受付で地図を求めること。

ダイダロスの宮殿

司法宮は4ヘクタール以上もの広さを占め、迷路状【ダイダロスはギリシア神話でクレタ島の迷宮をつくったとされる建築家・彫刻家】の通廊24キロメートルに7000の扉を有している。そこでは4000人もの司法官と公務員が定期的に働いているが、さらに法学者や弁護士、警官、憲兵、被告人、観光客、そして好奇心から宮殿を訪れる人々をくわえれば、平均で1日当たり1万5000人が司法官に出入りしていることになる。フランスの歴代国王までさかのぼる歴史的な特例により、その警備は、他所の司法官同様、警察ではなく、軍隊があたっている。

ギロチンの控えの間

革命法廷によって死刑を宣告された囚人はまず洗面所に連行され、服をはぎとられ、髪を剃られた。それから、ビュフェ・デュ・パレ【レストラン・バー】入口の階段右手からなおもみえるアーケードを通って、クール・ド・メに出る。1825年まで、そこはコンシェルジュリ（パリ高等法院付属監獄）の唯一の出入り口だった。階段の下には1頭の馬がひく荷車が待っている。囚人たちで荷台がいっぱいになると、荷車は柵の近くに進み、続く数台の荷車が同様に囚人たちを乗せるのを待つ。やがて荷車は一列となって処刑台へと向かうのだった。この処刑台はコンコルド広場（13か月間）、バスティーユ広場（3日間）、ナシオン広場（1か月半）と移転している。

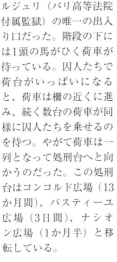

万能のシャンブル

　アンシャン・レジーム（旧体制）の時代、フランス国王は神の恩寵によって地上における裁判権の受託者だった。彼は個人的に臣下たちを裁くことができたが、それはなかなか容易なことではなかったため、一般的にはその任務を身近な諮問官たちに託していた。やがてこれら諮問官たちは徐々に専門化して、ついには特殊な団体を組織していく。こうしてそれは13世紀に高等法院となった。端麗王フィリップ4世【在位1268-1314。王国基本法の整備や三部会の組織など、統一国家としてのフランスの確立につとめた】は、この高等法院を宮殿内に設け、やがてそこは王宮と同時に司法の建物となった。以後、裁判は続きの間やシャンブル（部屋）でなされた。今日もなお、法廷は「シャンブル」とよばれている。

もっとも滑稽な行列

　1900年のパリ万国博にむけて出されたアシェット社のガイドブックは、博覧会にかかわるさまざまなアトラクションやパヴィリオンのほかに、上機嫌でパリにやってきた訪問客が「財布の紐をほどくことなく見られる」ものを要約している。たとえば、「名所と娯楽」と題した章には、裁判のことが紹介されている。「月曜日と祝祭日を除く毎日11時から、司法宮で違警法廷を傍聴すること。現行犯や自転車を破壊し、富裕市民を痛めつけた、もしくは警吏に口答えしたために科された罰金5フランを払いにやってきた御者たち、11時過ぎに窓から絨毯をゆすってゴミを払った下女、泥酔のため逮捕された男たちなど。これはもっとも滑稽な行列である」。

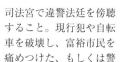

商売する宮殿

　「商人の通廊（ギャルリ・マルシャンド）」、旧「小間物商の通廊（ギャルリ・メルシエール）」は、司法宮の巡回路における主要な動脈といえる。そこでは中世から商人たちが店を構えて商売をしていた。小間物商や靴（修理）店、さらに下着や手袋、扇子などの販台である。そこにはまた書籍商や代書人も数多くいた。これらの店はここや巡回路にある他の通廊の柱を背にしており、大ホールの壁や外部のクール・ド・メ、さらにサント＝シャペルの中庭までも植民地化していた。ルイ16世階段（法律家たちの出入り口で、パレ大通り4番地に出る）の壁になおもみえる店名は、かつてそこに書籍・雑誌商がいたことを示している。だが、店主たちは1776年の宮殿火災で被害を受けた。やがてそれらは再建されたが、革命の動乱のために、ふたたびもどることはかなわなかった。最後の商人が店をたたんだのは19世紀中葉だった。

　今も「マルシャンド」とよばれる通廊には、裁判中の事件を取材するジャーナリストたちを受けいれる裁判新聞協会や看護室、弁護士たちのクロークなどが入っている。しかし、郵便局は少し前に撤退し、今はその扉の前に郵便ポストが残っているだけである。

グルフィンたちは革命の証人か？

　火災で荒廃した小間物商／商人の通廊は、ルイ16世の時代【在位1774-92】に再建された。脚がグリフィンとなっている鋳鉄製のベンチはこの時代のものであり、それゆえフランス革命を目の当たりにしている。一部の人々は好んでそう考えている。グリフィンのきわめて強い象徴性は、ライオン（獣たちの王）の特性と鷲（天空の王）のそれを合体させているところにあるが、この幻想怪獣はそれゆえ天と地、神の正義と人間のそれの合体を具現するものといえる。

パ＝ペルデュの間

　かつて「大理石の間」ないし「グラン＝サル（大ホール）」とよばれていた「パ＝ペルデュの間」【字義は「失われたあゆみ」。転じて「ロビー」】は、司法宮最大のホールである。奥行き73メートル、幅28メートル、高さは10メートル。荘厳かつ堂々たるこのホールは、人がひっきりなしに行き来している。外部の世界と裁判空間の橋渡しとでもいうべきそこは、法廷に入る前の弁護士と顧客たちの最終的な密談の場であり、さらに、ジャーナリストたちが事件の当事者たちにインタビューをする場でもある。

囚人たちの通廊

　1793年3月から95年5月にかけて、2700人の囚人が迅速な裁判のあと、処刑台に送られている。革命期の法廷の名残はなにひとつないが、法

廷を行き来した被告人たちに踏みつけられた、「囚人たちの通廊（ギャルリ・デ・プリゾニエ）」をぶらつくことはできる。たしかにこの通廊はかつてコンシェルジュリと司法宮の法廷を結んでいた。しかし、のちにこのふたつの空間は、さながら水も漏らさぬようにしっかりと区切られている。

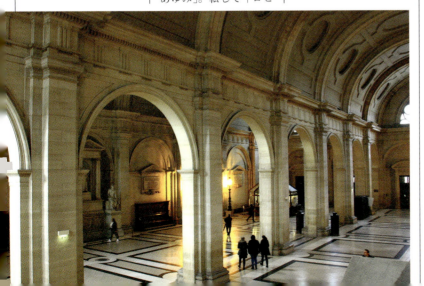

司法宮（最高裁判所）

パリ歴史文化図鑑──パリの記念建造物の秘密と不思議

「ピエロはニネットを愛している」

パ＝ペルデュの間の階段手すりに1931年に刻まれた、この「ピエロはニネットを愛している」という優しいグラフィティは、軽罪裁判所に沿った通廊の壁に残る数百ものグラフィティとはきわめて異質なものである。法廷でもほとんど怖気づくことのなかった軽犯罪者の書き手たちは、ここにその足跡を残すことで、みずから釈放の期待を裏切っているようである。

のろのろと

パ＝ペルデュの間にはルイ16世の擁護者だったギヨーム・ド・ラモワニョン・ド・マルゼルブ【1721-94。パリを生没地とする開明的な政治家・法曹家。パリ高等法院評定官（1744年）、租税院長と同時に出版監督長官（1750年）となった彼は、『百科全書』の編纂を支援したが、1793年、反革命分子として逮捕され、革命裁判所で死刑を宣せられたのち、無実を弁明することなく処刑された】に捧げられた影像【制作者は彫刻家ジャック・エドメ・デュモン（1761-1844）。1826年作】が立っており、アンリ＝ミシェル＝アントワヌ・シャピュ【1833-91】が1879年に制作した、偉大な弁護士ピエール＝アントワヌ・ベリエ【1790-1868。正統王朝主義者で、ナポレオン3世の第2帝政に反対した】の影像と向かい合っている。悪戯好きのシャピュはのろのろとベリエ像の右手に座る正義の寓意像の足元に近づいたという。それは正義がなかなか実現しないことを象徴的に表現するためだった。

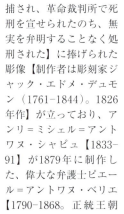

集中暖房装置

司法宮のような建物を温め、通風をよくするには、アクロバティックな手法が求められる。広いホールや通廊は独自に換気できるが、暖房は必ずしも思う通りにはいかないからである。一方、中程度の部屋の場合は、数多くの人々が行き来するおかげで暖房に困難さはともなわないが、換気に

は最大限の配慮が求められる。1860年頃に管理当局がとりくんでいた問題については数多くの報告がなされている。技術者たちは、ローマ時代の

ハイポコースト【古代ローマの建築で、床下と壁体内に燃焼空気を対流させる暖房システム】からヒントをえて、集中暖房装置の設置を勧めた。だが、この装置は温度を自由に調整できず、熱気を出す口から大量の埃も放出するという不都合さを抱えていた。

こうして司法宮は、1943年からパリ都市暖房会社（CPCU）による蒸気暖房を採用するようになっている。ただ、それは法廷だけであり、通廊は財政的な措置として、その恩恵にあずかっていない。一般人は無関心だが、この鋳鉄製の装置は、いずれ無用の長物となるにしても、目下のところ宮殿の主要な動脈の守護者としての役割を演じている。

バゾシュの後継者たち

司法宮はその背後に謹厳実直な教皇といったイメージを引きずっている。しかし、実際のところは、興味深い伝統が示しているようにさほど厳格な存在ではない。まず、15世紀から17世紀まで続いたバゾシュの伝統である【42頁参照】。端麗王フィリップ4世の時代、高等法院の書記たちはその娯楽として、自分たち自身や宮殿の状況を揶揄するささやかな芝居を演じていた。彼らは完全な表現の自由を享受しており、いかなる主題であれ、雄弁家ないし代弁者としての資質を開陳することが許されていた。

彼らは啓蒙時代に一時影が薄くなるが、1850年頃、多少異なる形で再生した。実地研修会議である。これは弁護士協議会【現在は1878年に創設されたパリ弁護士会】が主催する公的な選抜試験で、研修課程に組みこまれ、弁論力が試験される。志願者に課される設問は、以下のようにつねに微妙な、ときには哲学的でこみいった、そして特殊な問題である。
—真実は愛に対する薬であるか？
—猫が通り過ぎるのは、どちらかといえば庭なのか？
—誤字は判決の誤りを招くか？
—獣のように働くことは、人間として生きることか？

この実地研修会議にはいささかいびつな姉妹がある。ベリエ会議【1871年創設】とよばれたもので、これは同様の原理原則を掲げているが、それは課題もなければ選抜試験もない、より気ままないし自由なものである。そこではいわば趣味的に弁論が競われるだけで、居間での楽しい語らいというより、むしろサーカスの出し物に似ている。弁論者たちは論争の場で、自分の身体的欠点（話し方の癖や容貌）に対する手厳しい攻撃に仮借なく反論する。こうしたベリエ会議は、いわば殺戮ゲームと通過儀礼の中間に位置する、礼儀をわきまえないストレス解消の場といえる。毎回そこには政治や芸術の世界で名を馳せた来賓が招待され、その人物や参加のありようによって弁論の主題が決められる。それは一見するかぎり奇抜ないし埒もない、だが両義にとれる主題が意図的に選ばれている。滑稽で辛辣かつ愉しい集まりは、月に1回、水曜日の21時に一般公開されている。

司法宮（最高裁判所）

弁護士用図書館内にある会議室の長椅子の後ろに、有名な雄弁コンクールの審査員が座る。

パリ歴史文化図鑑——パリの記念建造物の秘密と不思議

コンシェル
ジュリ

- 創建者：端麗王フィリップ4世、善良王ジャン2世
- 計画・目的：アヴィニョンの教皇宮殿を意識してのシテ宮の美化と拡張。
- 建築家：アンゲラン・ド・マリニ
- 有名因：中世の世俗建築物のうちでもっとも美しいもののひとつであるため。
- 所在：オルロージュ河岸通り1番地（1区）
  最寄駅：地下鉄シテ駅

コンシェルジュリの塔の基部はかつてセーヌ川に浸かっていた。

　シテ宮の主要な名残であるコンシェルジュリ (Conciergerie) は、その呼称を王吏の称号、すなわち王宮の護衛をになうコント・デ・シエルジュ (Cierges)【字義は「大ロウソク伯」】ないしコンシェルジュ (concierge)【字義は「守衛」】に負っている。コント・デ・シエルジュとは、警備のために巡回する際、各所に明かりをつけるためのロウソクを携える者を指した。この役をになうのは重要な人物で、さまざまな特権を享受していた有力な貴族たちだった。彼らはとりわけ王宮の1階に入っていた店の家賃を徴収したり、国王不在の際は、王宮内での司法権を行使したりした。やがてコンシェルジュリは広義でコンシェルジュが囚人たちを閉じこめ捕らえておく場【つまりパリ高等法院付属監獄】となった。この語は、今日では拘留場所の一角——かつての女性用監獄——とゴシック様式の広間——「兵士たちの間 (サル・デ・ジャン＝ダルム)」、「衛兵たちの間 (サル・デ・ガルド)」、厨房——を指している。

　恐怖政治の時期【1793年5月-94年7月】、コンシェルジュリは釈放された者か死刑囚しか外に出られない監獄であった。歴史を復元すれば、ここで起きた血なまぐさいエピソードが明確になる。それだけに、このコンシェルジュリが歴史的記念建造物として指定され、一般に公開されるようになった1914年まで監獄として使われていたことを忘れるべきではないだろう。ただし、司法行政機関によって回収されたいくつかの場所、とくに裁判中の囚人と現行犯逮捕された軽犯罪者が一時拘束されていた、オルロージュ河岸通り3番地の留置所【控訴院のとなりで、現在は科学警察研究所】などは例外である。

(パリ女の) 舌にはかなわない

　4つの塔がコンシェルジュリの北側の外壁にアクセントをもたらしている。パリ最古の公共時計を備えた時計塔、王室財産が保管されていた「銀の塔」、さらにローマ人がそこにいたことや古代ローマ時代の基礎の上に塔が建っていることを想起させる「セザール (シーザー) の塔」、そして「ボンベックの塔」【ボンベックとは「口達者な者」の意】である。ボンベックの塔には囚人たちが拷問をうけ、多弁になる尋問の間があった。そののこぎり壁【凹部をもつ銃眼壁】によって見分けがつくこの塔には、19世紀のなかば、セザールの塔や銀の塔と同じ高さになるよう階がひとつくわえられた【見出しの文言はフランソワ・ヴィヨン『遺言の書』(1461年) 所収の詩「パリ女のバラード」から】

基部は水の中

　1611年にオルロージュ河岸通りが建設される以前、セーヌ川はコンシェルジュリの塔の基部を流れていた。今日地階にある諸広間は、地上1階に位置していた。つまり、シテ島全体がこの高さにあったのだ。床面の嵩上げはなされたが、宮殿の建物、とくに同じ高さに位置していた監獄を定期的に水浸しにしていた増水を食いとめることはできなかった。何本もの支柱には1910年1月の洪水の際に水の達した最高点が記録されている。

壁でふさがれた窓

「兵士たちの間」はもともと大広間（のちにパ＝ペルデュの間となる）より低い位置にあった。使用人たちはそこに控え、上方のホールに従者たちとともにいる国王の

命にそなえていた。北東の角にあるのと同じような螺旋階段が、上下の階を結んでいた。12世紀に登場したリブ・ヴォールトは、ヴォールト全体に等しく圧力を分散する。これによりアーチの負担が軽減され、それを支える柱は細くでき、壁にもより大きな窓を開けることができる。クール・ド・メのなかに建物が建てられて、南側のそれを化粧窓にしてしまうまで、ここには陽光が広間の四方から入りこんで

いた。その壁にはふさがれた窓の輪郭がはっきりとみてとれる。

有力者か貧者かにより…

　有力者か貧者かにより、コンシェルジュリはそれぞれの状況にふさわしい独房を有していた。懐具合が暖かければ、囚人はベッドやろうそく、筆記用具一式を備えた（当然のことながら、回想録を書くために）個室という恩恵にあずかることができた。「ピストリエ」ないし中流階級の囚人は、金貨数ピストル【1ピストルは10リーヴル】を支払うことによって、ベッドのみが備わっている独房を借りた。だが、「パイユー」とよばれたもっとも貧しい囚人たちは、雑居房の藁の寝床に甘んじなければならなかった。

ムッシュー・ド・パリ

　パリ通りはコンシェルジュリ内の長い通廊で、中世からある鉄格子によって「兵士たちの間」と仕切られていた。革命期に監獄に転用されたここは、死刑執行人の一族のなかで卓越した人物であるシャルル＝アンリ・サンソン（1739-1806）【詳細は蔵持著『英雄の表徴』（新評論、2011年、第11章）参照】の陰鬱なシルエットを浮かび上がらせる。その40年のキャリアにおいて、彼は3000人あまりの死刑囚を処刑したという。地方の同輩たちがムッシュー・ド・リヨンやムッシュー・ド・シャルトル、ムッシュー・ド・シャンベリなどとよばれていたように、彼もまたムッシュー・ド・パリの異名をとっていた。

パリ歴史文化図鑑――パリの記念建造物の秘密と不思議

中世のエロティシズム

「衛兵たちの間」は、中世の宮殿の最後の名残のひとつである。この広間は1830年にコンシェルジュリ監獄の玄関広間に変えられた。そこは男性囚人たちの拘留区域とつながっていた。今日、この区域は警察施設として使われるようになっているため、アクセスはできないが、その3本のゴシック様式の円柱の柱頭を注意深く観察すると、いくつか驚かされる点がある。

たとえば、中央の支柱にほどこされた彫刻に、エロイーズとアベラールの不幸な物語が奇妙な方法で表現されている【エロイーズ（1101-64）とアベラール（1079-1142）は有名な禁断の恋に生きた恋人たち。アベラールはパリのノートル=ダム司教座聖堂付属学校で教えていたが、そこで若い弟子のエロイーズの心をとらえ、ともに暮らすようになる。だが、それに怒ったエロイーズの叔父は裁判によってアベラールの陰部を切り取る許しをえる。この断罪を甘受したアベラールはブルターニュ地方に移り、1131年、パリ南西方のノジャン=シュル=セーヌ近郊にパラクレ大修道院を創設する。エロイーズはのちにその敷地内に女子学校を建てる。現世では離れ離れになった神秘的なふたりは、死によって再び結びつけられ、遺骸はパリのペール・ラシェーズ墓地にある同じ墓に埋葬されている】。左手に恋人の性器を握っているのがエロイーズで、その足元には、アベラールの切断（去勢）を象徴するビーバー（ネズミではなく）がいる。残りの支柱にもまた官能的な房事に身を任せる正体不明の生き物たちがみられる。はたしてそれらが衛兵たちの目を楽しませるためのものだったかどうかは、いまもなお不明とするほかない。

出口はこちら！

衛兵たちの間の奥には、かつてセザールの塔と銀の塔にあった監獄長と重罪院院長の執務室に通じていた2基の狭い階段がある。そこに刻まれたなかば消えかけている文言が、この過去がさほど遠い昔でないことを物語っている（監獄は1914年に閉鎖）。建物の北側には往時「湧き水」を供給していた蛇口が残っており、衛兵たちはそれで喉を潤すことができた。

女囚たちの庭

女性たちの区域に拘留された女囚は、国王の部屋に沿って古くからある中庭で体を動かすことができた。この中庭は女囚たちの財力に従って快適さに違いがある独房に囲まれていた。もっとも貧しい者たちはアーケードの下、藁の上に寝ていた。彼女たちは今もある給水所で洗濯したり、丸い石のテーブルで食事をとったりしていた。

コンシェルジュリ

12人の囲い地

　革命期間中、「女性たちの庭」は男女を問わず囚人たちの重要な社交の場であった。北東の角に「12人の側」という場所が残っている。小さな中庭にある鉄柵でへだてられた男性の区域に属する三角形の囲い地である。死刑囚が12人1組としてそこに集められた。荷馬車（12人乗り）によって断頭台に運ばれる前、家族に別れを告げられるようにである。この鉄柵の門はまた、男囚が同じ不幸を背負う仲間たちと言葉を交わすこと、さらには柵をはさんで急いで「共食」することを可能にしていた

ジロンド党員の礼拝堂

　この礼拝堂は、7世紀に建てられた古い小礼拝室の跡地に1776年に建立されている。1793年10月31日にギロチンにかけられる前、ジロンド党員たちが最後の夜を過ごしたのは、おそらくここだったろう。フランス革命後、拘留された人々がミサに参加していたのもこの聖堂だった。男囚たちは1階で、女囚たちは2階の鉄格子ごしにミサにあずかった。

真の独房

　マリー＝アントワネット【1755-93】の独房は、レンガ敷の床を除いて、復古王政期に破壊されている。ルイ16世やその姉エリザベト、そしてマリー＝アントワネットを追憶する贖罪の礼拝堂を建てるためのスペースを確保するためだった。そののち、王妃ゆかりの独房が数十メートル離れた所に復元された。

パリ歴史文化図鑑——パリの記念建造物の秘密と不思議

ポン=ヌフ橋
（1578-1607年）

- 創建者：アンリ3世、アンリ4世
- 計画・目的：ルーヴル宮殿とレ・アル地区およびフォブール・サン=ジェルマンを結ぶ渡し船を橋によって代替するため。
- 建築家：ピエール・デ・ジル、バティスト・アンドルエ・デュ・セルソー
- 大きさ：縦238メートル、横20メートル
- 革新的特徴：橋上家屋を建てず、歩道を設けた最初の橋。初めての石造建築で、もっとも幅が広く、初めて装飾をほどこされた橋でもある。
- 反響：即座かつ持続的な熱狂。
- 有名因：塵芥物の清掃、歩道、例外的な幅広さおよび橋の活気などによる。

最寄駅：地下鉄ポン=ヌフ

　アンリ4世が船酔いに悩まされなかったなら、ポン=ヌフ橋は架設されなかったかもしれない。狩りに出かける際、この国王はセーヌ川を渡し船で渡らなければならなかった。だが、彼にとってこれはまさに苦行以外の何物でもなかった。顔面が決まってカブのように蒼白となり、吐き気を抱えながら船を降りていたからである。1601年3月12日、吐き気はあまりに激しかった。それに懲りたアンリ4世は、父王アンリ3世が1578年に最初の礎石を据えていた、ルーヴル宮殿とフォブール・サン=ジェルマンを結ぶ橋を3年のうちに完成させるよう命じた。当時パリには橋が4本しかなかった。5本目の橋の架設計画は1556年以来お蔵入りになっていた。パリ市が単独での出資をしぶり、橋が1本増えることによって船の航行が妨げられることを懸念していたからでもある。くわえて、その架設用地についての合意も必要だった。

　1578年のアンリ3世による決断は、そうした状況を大きく覆した。彼は人々からもっとも常軌を逸した場所とみなされていたこの場所を強制的に選んだのである。セーヌの2本の支流が合流するそこは、川幅がきわめて広く、流れがもっとも勢いがあることはあきらかだった。しかもその橋は左岸のネール館とグラン

＝ゾーギュスタン修道院にぶつかるため、実現のみこみはほとんどなかった。

　予想されたように、工事は複雑であった。それは技術的問題のみならず、宗教戦争の影響もあって長引いた。11年の間、橋脚は水面からほとんど顔を出さず、1プース【プースは（手の）親指の意。メートル法以前の単位で、12分の1ピエ（原義は「足」）＝約2.7cm】も高くなってはいなかった。そこで設計図が見直され、セーヌの中の島であるシテ島と両岸を結ぶ1対の橋のあいだに、流れに対してよりよい耐性を得るためにきわめて角度がゆるやかな場所を設けることになった。

　やがて工事はアンリ4世のテコ入れで再開される。その財源のため、国王は一部に個人の資金をあてた。残りについては、パリに持ちこまれるワインの1ミュイ樽【ミュイはアンシャン・レジーム下でももちいられた容積単位。地方および物品により数値が異なり、パリでは268リットル】ごとに徴収する入市税をふりむけた。年間約3万リーヴルをもたらしたこの税は、それまでは噴水ないし給水所の設置とその維持にあてられていた。やがて橋は完成し【1607年】、河岸も築かれた。セーヌ川の橋のなかで最古のものであるにもかかわらず、「新橋」を指す呼称がそのまま維持されたこのポン＝ヌフ橋に続いて、アンリ4世は橋に通じるドーフィヌ広場をつくり、ドーフィヌ通りも敷設した。パリ最初の都市改造計画は、まさにこうして生まれたのである。

ひんやりした地下室

　ポン＝ヌフ橋にはたくさんの「初めて」がついてまわる。それは初めての石造の橋であり、とりわけその上に家屋が存在しない初めての橋でもある。しかしながら、建築家のアンドルエ・デュ・セルソー【1550-1614。版画家・建築家。『建築の書』（1559年）などの著作もある】による当初の設計図には、他のあらゆる橋の上と同様、橋上家屋が建てられることになっていた。20メートルという当時としては例外的な幅と地下道によって繋がれた、橋脚とアーチの下につくられた地下室の存在がそれを示している。

　しかし、工事を再開したアンリ4世は、みずからルーヴル宮殿内に設けたセーヌ河岸の水辺の通廊をだれもが鑑賞できるよう、橋が家屋で覆われないようにすることを決めた【ただし、アンリ4世の騎馬像は1614年からなおも橋の中ほどにたっている】。そのかぎりにおいて、国王は完全に前衛的な考えを課したといえる。

　のちに幾度か再建された橋の上には家屋が建てられることになるが、これらの家屋もまた1741年から徐々に姿を消していった。こうしてパリ市民は、ポン＝ヌフ橋の上からセーヌ川の眺めを堪能しながら橋を渡ることができた。一方、一度も使われることのなかった橋下のいくつかの地下室——それらは申し分がないほどひんやりしていたはずだが——は、19世紀までふさがったままだった。

側歩道の設置

ポン＝ヌフ橋の歩行者たちは、車道から4段高いところにあって彼らを保護してくれる歩道のおかげで、馬車にひかれる心配がなく、そのぶんだけセーヌ川をより一層心置きなく眺めることができた。この点もまた時代に先駆けて非常に革新的なことだった。一般の通りと同様、橋上の歩道が普及するまでには、さらに250年近く待たなければならなかったからである。しかし、この側歩道は歩行者を事故から守ることはできたものの、この橋をお気にいりの狩猟場としていたスリたちから保護する機能まではなかった。

そこはなみはずれて活気に溢れていた場所で、行商人や火吹きの大道芸人、ハエ取り人、熊使い、付けぼくろ師、包丁研ぎ職人、犬の剪毛師、抜歯人、コップ入りの煎じ薬「デューレティヴ」の売り子、針の行商人、パン・デピス【スパイスとハチミツの効いた中世から存在するフランスの伝統的焼き菓子】売り、祈祷師、ガーター売り、水晶製の義眼売りなどが小商いをしていた。買い手を魅するものはなんであれ、泥棒が強奪しようとするものだった。

スフロの店

ポン＝ヌフの橋上に一般の家屋はなかったものの、小売店は存在していた。当初は、4つの木片による粗野な販台が橋のあちこちにみられた。だが、これらが無秩序に数を増やしたため、18世紀末により厳格な規制が導入されるようになった。バラックと寄せ集めの資材でつくった販台は解体され、建築家ジャック＝ジェルマン・スフロ【1709‐80。パリのオテル＝デュ（慈善院）の拡張工事（1738年）やシャルトルー修道院の丸天井の設計、さらに証券取引所の改築（1748‐50年）などで評判をとった。新しいサント＝ジュヌヴィエーヴ教会堂、のちのパンテオンの建立も手がけ、1760年、パンテオン広場に通じ、自分の名を冠したスフロ通りを敷設してもいる】の構想による、石造りの店舗20棟にとってかわられた。

小さな窓が2か所に開いた扉をもつ「スフロの店」は洗練されていた。そこには小間物や版画、タバコ、衣服などの売り子たちがおり、公衆トイレもであった。日の当る場所は賃料が高く、東側は年間600リーヴル【革命前の貨幣単位。パリ系とトゥール系の2系列があった】、人通りの多い西側については1200リーヴルをパリ市に納めなければならなかった。地代の収益は、パリの親方画家や彫刻家たちの組合と関係する同宗団「アカデミー・サン＝リュック」に所属していた、芸術家の寡婦と孤児たちに与えられた。ただし、橋上の露店は、1854年におこなわれた橋の改修工事の際、今もある半月形の石のベンチに置きかえられた。

歌うか、かじるか？

俗語では、「ポン＝ヌフ（Pont-Neuf）」は、かつて香具師たちがポン＝ヌフ橋の上で客引きのために声を張り上げて歌っていたはやり歌のような、たいした取柄もなし

に歌われていた埒もない曲のことを指す。広義には、それに似せてどんな歌詞でものせられるよく知られたリフレインを意味する。一方、料理の分野には、ポム・ポン=ヌフ【ポン=ヌフ・ポテト】というものがある。これはフライドポテトで、一般的なサイズ（長さは7センチ、正方形の断面は1センチ四方）でも、細切りフライドポテトの2倍の厚みがある。おそらくネーミングは、このポテトが伝統的に牛フィレ肉の切り身、すなわちポン=ヌフ橋の上に騎馬

像があるアンリ4世（カトル）にちなんで命名された、トゥルヌド・アンリ・カトル【円柱状にカットした牛肉にベアルネーズソースが添えられたもの】とともに出されることに関係しているだろう。ただし、これを今も出してくれるレストランはまれである。

幸運をもたらす傘

セーヌ川の大きな支流に面した西側河岸近くにある円形の囲い地は、あるサクセス・ストーリーの発祥の地である。エルネスト・コニャック【1839-1928】という名の行商人が、1868年頃、広げた大きな赤い傘の下で、小さな移動式販台に織物や柄物の生地をならべて商っていたのは、かつてポンプ・サマリテーヌ【字義は「サマリア人の揚水ポンプ」。アンリ4世によってポン=ヌフ橋の右岸から2番目のアーチ脇に設置され、1608年より稼働した揚水ポンプ。『ヨハネによる福音書』にあるイエスに水を与えるサマリアの女の逸話がモチーフとして彫られていたことから、この名でよばれた。1813年に解体】があった場所だった。その饒舌で巧みな口上は物見高い人々を魅了したが、きわめて革新的だったのは、客に商品に触れることを許したことだった。

こうして精力的に商売をおこないながら、彼は2年のうちにモネ通りとポン=ヌフ通りの角の建物を借りるのに十分な資金を稼いだ。そしてみずからの店を「ラ・サマリテーヌ」と名づけ、やはり類いまれな売り子であったマリ=ルイズ・ジェイ【1838-1925】と結婚した。ふたりは協力して商売を繁盛させ、少しずつこの界隈の家々を手に入れていった。彼らが設立した【1872年】百貨店のラ・サマリテーヌは、経営危機に陥るまで、20世紀全体を通して繁盛した。長い工事期間を経て、そのアール・デコ様式の建築物は2015年にリニューアルオープンが予定されている【ルイ=ヴィトン傘下の免税店チェーンDFSの旗艦店として2020年にオープン予定】

仮面飾り（複数の男性仮面とひとつの女性仮面）

　ポン＝ヌフ橋は見事な装飾がほどこされた最初の橋である。そのコーニス（脇蛇腹）には、さながら興味深い肖像画のギャラリーともいうべき381面もの仮面がフリーズ状につらなっている。穏やかな顔つきのものもあるが、大部分はグロテスクな仮面である。鉤形に曲がった、またはぺしゃんこの鼻、困惑したようなまなざし、厚い唇、尖った耳、歪んだ歯、もじゃもじゃの髭…。どの特性をとってもきわめて多様な表情を際立たせている。しかもふたつとして同じ容貌のものは見当たらない。

　こうした仮面飾りの流行は16世紀、イタリアからの伝播による。これら石製の顔は、古代からすでに邪悪な霊たちを、そのおぞましいもしくは歪んだ表情で怖がらせ、しりぞける目的で家々のポーチに据えられていた。ポン＝ヌフ橋のそれは、公式の説明によると、サテュロス【ギリシア神話における半人半獣の山野の精】、シルウァヌス【古代ローマにおける森と野の神】、ファウヌス【ローマ神話の牧神】のほかに、二流の神々を表しているという。

　一方、一部の年代史家たちはこれらがアンリ4世の廷臣を戯画化したものであるとする。なかには、ヴェール＝ガラン【女たらし。アンリ4世の渾名】に妻を寝取られた男たちのパロディーであるとまでいう、いささか茶目っ気のある者たちもいる。その場合、唯一の女性の顔（ここでは中央）、すなわちコーニスの中央にあって、頭髪に蛇を巻きつけながらヴェール＝ガランがつくった対岸の小公園を眺めている、メドゥーサの顔をどう考えればよいのだろうか。

　ただ、これらすべての仮面飾りが、1855年または1993年におこなわれた修復工事の際、オリジナルに忠実に、もしくは思いつきでつくられた複製であることを知るなら、急いで結論を出すのは軽卒との誹りをまぬがれないだろう。より傷みが少ないオリジナルのいくつかは、カルナヴァレ博物館【パリ市立歴史博物館】に保管されている。他のもの、とくに染みで汚れたものの一部は、ヴェール＝ガラン小公園【シテ島西端】の低い石垣に組みこまれている。

海のレパートリー

　1853年から55年にかけて実施された大規模な修復キャンペーンの際、建築家ヴィクトル・バル

タール【1805-74。鉄構造建築の先駆者で、旧中央市場（レ・アル）などの建築を手がけた】は、ポン＝ヌフ橋の欄干に一連の街灯を設置した。それらの装飾は、アンリ4世とマリ・ド・メディシスの王太子ルイ13世に敬意を表して命名された、ドーフィヌ通りとドーフィヌ広場を暗示している【ドーフィヌは王太子を指すドーファンの女性形。ドーファンには「イルカ」の意味もある】。街灯の基部にイルカの口と海の神ネプチューンの像がみられる所以である。

壁の装飾小箱

ポン＝ヌフ橋を照らすすべての街灯の基部に挿入された優雅な鋳鉄板は、単なる装飾ではない。それは故障時やメンテナンス時にガスの供給を切断するガス栓が入っている、壁龕の扉なのである。これらの鋳鉄板に刻まれた1854年という年代は、この年に現在の街灯が修復されたことを示している。

さらなる革新

　1604年、マリ・ド・メディシスは彫像をつくって夫王アンリ4世の栄誉をたたえることに決めた。今でこそ平凡な考えではあるが、当時としては斬新なものだった。記念建造物や宮殿、墓碑、教会などと無関係に国王像を建てるといったことは、当時のフランスでは考えられもしなかったからである。マリはフィレンツェ人であり、トスカーナ地方では凱旋記念像を建てることはよくおこなわれていた。この地方では古代より君主たちは馬に乗り、頭に月桂樹の冠をかぶった姿で表現されてきた。
　王妃は当時評判を博していたフランドル出身のフィレンツェ在住彫刻家で、ミケランジェロの弟子でもあったジャン・ボローニュ【1529-1608。イタリア名ジョヴァンニ・ボローニャ。1558年、メディチ家に召抱えられた彼は、以後、没するまで制作の手を休めることがなかった】に注文を出した。彼女にはほかにほとんど選択肢がなかったともいえる。これほど巨大な彫像をつくれる鋳造所がフランスになかったからである。その場所はすんなり決まった。

時代錯誤の誹謗文書

186年ものあいだ、アンリ4世の騎馬像はその内側の窪みに奇妙な寄生虫を住まわせていた。反王政主義者やナポレオン主義者たちによる誹謗文書である。この時代錯誤は、じつは波乱に富んだ騎馬像の来歴とかかわっている。イタリアで制作され、ジェノヴァの港から船でフランスに輸送されるはずだった彫像は、海賊に襲われ、サルディニア島の沖で海底に沈んだ。それを水から引き上げ、船を浮上させるのには何か月もかかった。1614年、騎馬像はようやく北仏のル・アーヴルで積みかえられ、平底船でパリに送られた。その間にアンリ4世が暗殺された。しかし、この像はおあつらえ向きの追悼として、ポン＝ヌフ橋の中央の台座に引き上げられ、民衆の受けがよかった亡き王と同様、真に人々を引きつけた。

フランス革命が勃発すると、騎馬像は、国王のすべての像と同じように大衆の一撃で破壊され、溶かされた。かろうじて被害を逃れたのは、馬の足関節のみだった（これはカルナヴァレ博物館で目にすることができる）。しかし、ポン＝ヌフ橋はもはや以前のようではなかった。復古王政期初頭、ルイ18世は騎馬像のとりかえを命じた。彫刻家フランソワ＝フレデリック・ルモ【1771-1827。新古典主義の彫刻家。最後の作品は、やはり革命で破壊されたリヨンのルイ14世像を復元したモニュメント】が制作にとりかかっているあいだ、石膏の代用品が台座の上に置かれた。パリ市民たちはそれにどれほど喪失感（！）を感じたことか…。ルイ18世は廃物となった3体の古い彫像をルモに自由に使わせた。そのなかには、かつてヴァンドーム広場の記念柱の先頂に鎮座していたナポレオンの像がふくまれていた。ルモはこれら3体のうち、ブロンズ像が気に入った。

パリ市民たちの歓呼のもと、ポン＝ヌフ橋にアンリ4世の騎馬像がもどったのは1818年のことだった。落成式は歓喜に満ち、台座の上には慣習に従って象徴的な公文書一式とメダイユが置かれた。歴史が逸脱するのはそこにおいてである。ルモが雇ったメネルという名の彫金師は、熱烈なナポレオン信奉者であった。彼はヴァンドーム広場の皇帝像を溶かしたことに憤慨し、騎馬像のなかに反王政主義の誹謗文書を密かに詰めこむという自分なりのやり方で意趣返しをしたのである。

この逸話は、2004年におこなわれた騎馬像の修復時まで、長いあいだ何の裏付けもなしに人口に膾炙していた。だが、修復家たちはアンリ4世の肘と首（非常に象徴的な部位）に、ブルボン王家に対する誹謗文書が入った円筒状の金属の缶を発見したのである。そこにはメネルの名が刻まれていた。

ルテティアここに眠る

ヴェール＝ガラン小公園の名称は、比較的高齢に達してからでさえも、多くの女性を誘惑したことで知られるアンリ4世の渾名からとられた。セーヌの川面すれすれにあるこの公園は、河岸が7メートル嵩上げされる前、ルテティア【ローマ時代のパリの古称】時代のシテ島とちょうど同じ高さにある。それゆえ、頻繁に増水したセーヌによって被害をこうむっていたということは想像に難くない。だが、せっかく河岸を嵩上げしても、1910年の洪水時には、

水がまわりの道路に溢れた。この100年に1度とされた増水の痕跡は、グラン＝ゾーギュスタン河岸通りの岸壁、仮面飾りの部位にみてとれる。ちなみに、ヴデット・デュ・ポン＝ヌフ【ポン＝ヌフ橋を起点として周遊するセーヌ川のクルーズ船（バトー＝ムーシュ）】の係留箇所から遠くない支柱のひとつには、操舵手がセーヌ川の水位を計るのにもちいる目盛りが刻まれている。

フランス全国水準測量基準点

フランス全国水準（高低）測量（NGF）は、フランス国内に点在する水準測量の基準点（ベンチマーク）を拠り所としている。これらの基準点は水の供給網と下水道の建設工事が始まる直前、19世紀なかばのパリで普及したが、重力による排水に必要な勾配を計算するのには、その場所の高低を知る必要があった。1856年に発令されたセーヌ県の条例によると、水準測量はマルセイユの平均潮位であるゼロポイントに関連している。このゼロポイントに対し、パリの場合は、オーステルリッツ橋を基準点として＋25.92 NGFである。

それゆえコンティ河岸とルーヴル河岸の下方に設置された増水時の計測目盛上に、27や28などといった数字が読み取れるのである。

ブールダルエ・ゼロ

セーヌ川の2本に分かれた支流の大きい方の上流側岸壁にも、円筒状の水準基準点があり、「71m889」と表示のあるプレートにともなわれている。これは、「ブールダルエ・システム（ネットワーク）」とよばれた、1859年以前に使用されていたパリ市の古い水準基準点である【ポール＝アドリアン・ブールダルエ（1798-1868）は技師・地形学者で、マルセイユをゼロポイントとして全国の高低の示す水準基準点システムを提唱した】。水準測量の基準点として使用されていたトゥールネル橋は、標高77m240。この基準点表示標は整理番号が記されていた中央の円形メダイヨンを失ったが、それはその直径（12.5センチメートル）と窪みの部分にほどこされた装飾フリーズを特徴としていた。

パリ歴史文化図鑑──パリの記念建造物の秘密と不思議

パレ＝ロワイヤルとその庭園
（1633-1635年）

- 創建者：リシュリュー枢機卿
- 計画・目的：ルーヴル宮殿の近くに美しい邸宅を持つこと。
- 建築家：ジャック・ル・メルシエ、ヴィクトル・ルイ、ジャン＝シルヴァン・カルトー、ピエール・コンスタン・ディヴリ
- 革新的特徴：庭園は商店がつらなる通廊に囲まれ、18世紀に一般公開された。
- 反響：感嘆の声とあらゆる社会階層の人々の来訪。
- 継起的用途：王宮（1643-52年）、ついで国有建造物
- 有名因：フレスコ画と庭園で開催された「グランド・プルミエール」による。
- 所在：パレ＝ロワイヤル広場（1区）
  最寄駅：地下鉄パレ＝ロワイヤル＝ミュゼ・デュ・ルーヴル駅

パレ＝ロワイヤルは商売とそこで提供されていた娯楽のために人々がつめかけた場所だった。

パレ＝ロワイヤル【字義は「王宮」】はまさに神秘的な飛び地である。芸術家たちの入り口（コメディ＝フランセーズ近く）であれ、省庁（ヴァロワ通りの文化・通信省）の入り口であれ、どの入口から入っても、印象はつねに同じである。まず、通廊を流れる風の愛撫、つぎに…静寂。街の噂話はここでは窒息し、空気は多少とも時代遅れなものとなっている。それは大小の歴史が染みこんだアーケード群のためといえる。その歴史は聞いて飽きることがない。1635年に建てられて以来、これらのアーケードは社会のあらゆる階層の人々が出入りするのを目の当たりにしてきた。立ちならぶ商店の代わりに、かつてそこには怪しげな邸館や暗い賭博場があった。そこではまたヴェネツィアから到着したばかりのジャコモ・カザノヴァ【1725-98。稀代の冒険家・外交官・政治家・著作家。ヨーロッパ各地を遍歴し、『わが逃走史』（1787年）や『わが生涯の物語』（死後刊行。邦訳『カザノヴァ回想録』6巻、窪田般彌訳、河出書房新社、1968-69年）などを著わしている】が歓喜の時を過ごし、1787年11月22日には若いボナパルトが商売の女性によってその純潔さを失ってもいる。

建設当初にもどろう。1624年にルイ13世から宰相に任じられたリシュリュー枢機卿【1585生】は、ルーヴル宮殿にあるその執務室の近くに当然のことながら住まいを探した。折も折、シャルル5世の市壁の解体とその堀の埋め立てによって、空いた土地が見つかった。そこで彼はここに庭園を備えた広大な宮殿を建てた。こうして誕生したのがパレ＝カルディナル【字義は「枢機卿宮殿」】である。この宮殿は2面の中庭を有し、それぞれ南側（のちのコレット広場）と北側（ビュランの円柱群がある）に面していた。後者は宮殿の2棟平行翼に組みこまれていた。

リシュリューは1642年に他界するが、それに先立って、彼は宮殿をルイ13世に遺贈した。だが、翌年、この国王も枢機卿の後を追うかのように没する。これを受けて、摂政のアンヌ・ドートリシュと幼王ルイ14世は、不便を覚えていたルーヴル宮殿を去り、パレ＝カルディナルの東翼に移った。これにより、そこはパレ＝ロワイヤルとなった。やがて歴代の国王が次々とその主となる。だが、ここでは波乱にとんだ生涯を送った浪費家のオルレアン・シャルトル公ルイ＝フィリップ【1743-93。パレ＝ロワイヤルで不動産投機をおこなったり、ここを民衆に開放して歓楽の地にしたりするなど、名門王族らしからぬ所業を働いたが、バスティーユ陥落を支持し、フランス革命後は平等公をなのった。だが、反共和政の廉でギロチン刑に処された】で話をとめておこう。パレ＝ロワイヤルに現在の姿を与えたのが彼だからである。

自分の生活費を捻出するため、ルイ＝フィリップは1781年から84年にかけて平行翼を拡張し、今日みられ

るようなアーケードつきの建物に変えた。たしかにこれは利益を生み出す戦略だった。にもかかわらず、パレ＝ロワイヤルは卑俗化をまぬかれ、人々の目を楽しませたに違いない。ただ、彼は賃借人たちに対して毅然としていた。この場所の調和を乱すようなけばけばしい看板や、やかましいないし汚れをともなうような店をすべてしりぞけたのである。

パレ＝ロワイヤルの通廊は大成功をおさめ、民衆の集会やあらゆる享楽のメッカとなった。そこではだれもが自由を享受できた。公爵が官憲の立ち入りを禁じたからである。時代の優れた観察者だったエミール・ド・ラ・ベドリエール【1812-83。作家・ジャーナリスト・翻訳者。『新しいパリ』（1861年）など、数多くの著書がある】が指摘しているように、そこには群衆がつめかけ、「なにかを上から落としても地面に到達しない」ほどだったという。

パリのすべての賭博場は、1836年12月31日の条令をもって閉鎖を余儀なくされる。それは賭博場と娼婦たちの中心地だったパレ＝ロワイヤルに致命的な傷を負わせた。悪場所や娼婦たちが姿を消すと、その連鎖反応でそこにあったカフェや商店、さらに善良な見世物まで衰退していった。こうしてパレ＝ロワイヤルはかつての黄金時代を夢見ながら、眠りにつくことになるのだった。

枢機卿宮の名残

リシュリュー枢機卿のために造営された宮殿の名残は1か所しかみられない。1636年に建てられた東翼のファサードである。もともとの宮殿はU字状に前庭を囲んでいたが、そこにはいまもブラン柱廊がある。建築家と通廊の装飾について議論していた1628年【1826年？】、リシュリューは航行・商務長官に昇進している。それゆえ、装飾のモチーフをさほど苦心して探す必要はなかった。彼の新しい任務を象徴する船嘴（せんし）（船首のこと）と錨でよかったからである。やがて時代がすぎると、パレ＝ロワイヤルは全体的に改築される。ただ、東翼だけはそれをまぬかれ、1828年、その一部が保存されて、「船首のギャラリー」と命名された一角に組みこまれている。

木の通廊群からオルレアン通廊へ

パレ゠ロワイヤルの前庭北側は、未完成の通廊とでもいうべき屋根のない柱廊に沿っている。オルレアン公はここに庭園沿いの他の2棟と似通った翼棟を建てようとした。だが、基礎工事はなされたものの、資金不足で計画は挫折を余儀なくされた。計画が粗雑すぎたのである。地面からわずかに顔を出すこれら円柱の本体が、公爵の資金力を惨憺たる状態に追い

このバラックはガラス屋根で覆われ、何人もの商人がそこに店を構えた。「木の通廊」とよばれるようになったそれは、いわばアーケードの原型であり、そこにはさまざまな特徴がみられた。屋根つきの通廊と商店のつらなりである。2階にはカフェや賭博場、閲覧室などが入った。これらの仮小屋は、モンパンシエ・アーケードとヴァロワ・アーケードを結ぶ石造りのオルレアン通廊が設けられる1828年

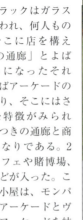

火薬の臭い

18世紀中葉、ドゥー゠パヴィヨンの通廊入口近くにある建物のファサードに、パリでもっとも信頼できるとされていた子午線が通っていた。だが、1784年にオルレアン公が庭園のはずれについたてのような家を複数建てたため、散策者たちは子午線を見て時間を知ることができなくなった。その不満を和らげるため、公爵は子午線に沿って大砲を1門置き、その砲声によって標準時を知らせるようにした。こうした手法は「燃えるガラス」とよばれた凸レンズをもちいる新機軸のシステムによって可能になった。それは太陽が天頂に達すると、陽光がレンズに集中し、【火薬に火をつけて】砲声が鳴るという仕組みだった。晴れた日だけだが、散策者たちは正午きっかりに鳴る砲声を聞いて、自分の時計の長針と短針が重なっているかを確認し、必要なら、ねじを巻いて調整さえしたものだった。

パリには同種の大砲が

こむことは火を見るよりもあきらかだった。そこでニコラ・ボードー神父【1730-92。神学者・経済学者・ジャーナリスト。1675年に雑誌《市民暦》を創刊している】は、基礎の上に商店用の臨時の建物を設けるよう示唆した。公爵はそのアイデアにのり、1784年末、木造のバラックを複数建て、これによって遊歩場が2か所出現することになった。

まであった。後者はかなり豪華なものだったが、木の通廊ほど人気を博すことがなかった。そして1933年【1935年？】に改築される。その際、ガラス屋根がとりはずされ、かつてそれを縁どっていた2本の柱廊が残るのみとなった。

ほかにもあったが、パレ゠ロワイヤルのそれは国境を越えてまで評判をとっていた。ジャック・デリル神父【1738-1813。フランスの詩人・翻訳者で、とくに古代ローマの詩人ウェルギリウスの『農耕詩』の仏訳(1770年)で名声を博した】は、この砲声に着想をえて、つぎのような詩を書いている。

パリのパレ゠ロワイヤル庭園で…

正午の砲声が鳴ると、
すべてがこの庭園で再会する。

花々がつくる陰を除いて。

素行が乱れている者も、
そこでは時計の針をなおす。

この大砲は1914年まで毎日砲声を鳴らし、やがてそれは1975年から81年までは夏のあいだだけ、毎週水曜日と木曜日だけとなった。しかし、1990年、正確さと規則性をとりもどし、毎日正午を告げるようにな

った。武器製造業者で花火師のファーレ＝ルパージュ氏が毎日ここにきて点火していた。だが、1998年4月、大砲は盗まれてしまう。卑劣な盗難なのか、それともうんざりした地域住民の仕業か。ただちに捜査が開始され、大砲には友人がいないことがあきらかとなった。守衛室に保管されている苦情書には、それに対するうらみつらみが記されていた。Jなる人物はそのなかでこう訴えている。「12時の砲声が幼児たちを脅かしています」。大砲の窃盗はまさに人々の意識を目覚めさせたのだった。庭園の管理当局はこうして大砲が歴史記念物にリストアップされず、写真も1枚しかないことを悟った。

19世紀ともなれば、各所の子午線大砲はだれからも関心をもたれない風景の一部となった。例外はそれがパレ＝ロワイヤルの魅力だとする観光客を除いて、である。とりわけイギリス人たちはその旅行記でこの大砲について語っている。そして、写真と19世紀の外国人観光客たちが描いたクロッキーをもとにレプリカがつくられ、2002年にパレ＝ロワイヤルの庭園に設置された。これは砲声を出さなかったが、2012年にはさらに新しい大砲がつくられ、前述のように毎週水曜日の正午に砲声が響くようになっている。ただし、かつてもちいられていた火薬は火薬学に基づく装置にとって代わられた。

もともとの店舗

オルレアン公が賃貸用に建てた60棟あまりのパヴィリオンは、同じ形でつらなっていた。それぞれが中2階を備え、2階には窓と店名があり、最上階と屋階は壺で飾られた石造りの手すりで縁どられていた。建物へは店となっている1階からではなく、背後の通りから入った（現在も同様）。

各アーケードは店舗と階上階ともども貸し出された。商店主が店の外壁に色を塗ったり、外に張り出した看板を掲げたりするのも禁止だった。

過去の入り口で

地面に描かれた花や幾何学文様をあしらったモザイクは19世紀のものであり、パレ＝ロワイヤルの黄金時代を知らない。その一部にはかなり昔に没した店主ないし家主の名が記されている。たとえば、「海軍時計師シャルル・ウダン」（モンパンシエ通廊51-52番地）といったようにである。もともとこの通廊は灰色の簡素な敷石で舗装されており、おそらくそれは地面の大部分を覆う敷石と似ていたはずである。

←モンパンシエ通廊29番地。この店は17世紀以来外観が手つかずのまま残っている例である。店内はどちらかといえば狭く、間口はアーチひとつ分だけである。

↙張り出しではなく、帯状の控えめな看板が今もいくつか残っている。写真はモンパンシエ通廊1・2番地の理髪・かつら店。

新会員たちの楽園

アーケードの下には、時代遅れだが興味をひかれる10軒あまりの店が共存している。東洋のパイプや鉛の兵隊、オルゴールなどの店である。品数は豊富だが、そのうちの1軒であるベクヴィル（6-8番地）は、勲章（民間勲章や軍功章）、ヘルメット、房飾りのついた綬、さらにありとあらゆる種類の飾りを陳列している。これらを売ることは自由だが（リボンはメーター売り）、これを身につけることは規制されている。したがって、公的に認められないかぎり、店内でしかレジョン・ドヌール勲章や教育功労勲章をつけて誇ったりはできない。

認識票

大部分のアーケードの柱には、ガス照明の名残である小さな金属板がとりつけられている。これらの認識票は張り出したランタンを識別するのにもちいられていた。そして「しかじかの番号のものは不備」といった文言によって、街灯の点灯人に問題のランタンを示すことができた。これらの認識票にはパリのPと20区のいずれかの番号、系列番号、さらにパリの王冠が記されている。

熟睡の鍵

安全性に対する不安は昨日始まったことではない。最初期の民間警備会社は19世紀末に登場している。これらの会社は、顧客たちの家や施設を巡回しながら警備業務をおこなう要員を雇ったが、一部の顧客はパレ＝ロワイヤルの囲い地に住んでいた。写真に見られるのは、往時の警備契約の証しである。白い琺瑯びきの円形ステッカーで、直径は約10センチメートル。綜合警備会社BPとパリ警備会社（SPS）の名が入っている。この競合会社はいずれも鍵をエンブレムとしていた。

カフェ・コラッツァ

それぞれのカフェには、組合や政治色で分けられる常連客がいた。こちらは近衛隊や移住者、予備役たちのカフェ、あちらは王党派やミュスカダン【革命期のテルミドール反動後に出現した麝香などをつけて気取った王党派青年たち】、皇帝主義者たちのカフェといったようにである。カフェ・アイスクリーム店のコラッツァ（モンパンシエ通廊7-12番地）は1787年の開業で、ジャコバン派【フランス革命期の政治結社で、呼称はパリの修道院名に由来する。悪名高い恐怖政治を推進したが、1794年、指導者のロベスピエールらが失脚させられたテルミドール反動後に衰退した】の拠点だった。イタリア語の店名は、店主がコルシカ島生まれだったためか。同郷のボナパルトはこの店を好んで足しげく通い、しばしば勘定を完済しなかったという。今では黒と金色で色鮮やかに修復された看板が残っているだけである【この店は現在もモンパンシエ通り12番地2号にある】。

クラクフの木

モンパンシエ通廊の56番地から60番地のあいだには、18世紀からの有名な木がたっている。1742年にオペラや芝居【さらに新聞・雑誌の記事】の主題となったこの木は、リシュリュー時代に植えられたマロニエである。植物学的にはなんら特殊なものではなかったが、枝の下に新聞の行商人、学者や文人たちを引き寄せた。「クラコヴィスト」とよばれた彼らは毎週水曜日と土曜日にそこに集まり、椅子や直接芝生に座って、その日のテーマを話し合い、さまざまな情報をそのまま、あるいは手をくわえて交換しあった。

パリ市民がなぜそれを「クラクフの木」と名づけたのか、正確なところは不明だが、おそらくそれはポーランドの旧首都名（Cracovie）が、フランス語で噂話を広めるという意味の「クラケ（craquer）」と音が似ていることによるのだろう。「クラクフにかんする知識」をもっていた人物は、ポーランドの大学人ではなく、嘘といつわりの芸に長けていたある巨匠だった。だが、マロニエの木は1780年頃に枯れてしまった。あるいはそれはクラック（嘘）を消化できなかったためだったのか。

仮借ない対立

ボージョレ通廊8番地【パレ＝ロワイヤルの北側】は、ドゥー＝パヴィヨン小路との角に位置し、そこから10段ほどの階段を斜めに登れば、散策者たちをヴィヴィエンヌ通廊へと導くプティ＝シャン通りに出る。1820年【1823年？】に敷設されたこの通廊は真っ直ぐで、そこを抜ける

と、コルベール通廊の入り口となる。これら向かい合った2本の通廊はつねにライバル関係にあった。ヴィヴィエンヌ通廊の所有者だったマルシュー氏【パリ公証人組合長】は、1830年頃にドゥー＝パヴィヨン小路を手に入れ、コルベール通廊ではなく、自分の通廊に出られるよう道筋を変えてしまった（！）。こうしてパレ＝ロワイヤルの庭園から来る散策者たちの流れを獲得しようとしたのである。

カフェ・ド・シャルトル

ル・グラン・ヴェフール（ボージョレ通廊17番地）はまぎれもなく正統的な建物で、1782年【1784年？】からある。もとはカフェ・ド・シャルトルという名で、当時からすでにしてかなり瀟洒な店だったが、そのモカ・コーヒーは他所の2倍も高い値段だった。それでも常連客たちは高いとは思っていなかった。フランス革命期、そこでは政治談議が大いになされ、フイヤン派【パリの旧フイヤン会修道院を本拠とし、穏健な立憲王政をとなえた政治勢力】やブリソ派【文筆家・政治家・ジャーナリストのジャック・ピエール・ブリソ（1754-93）を指導者とするブルジョワ共和派】、のちのジロンド派が、その2階に集結していたジャコバン派と交錯していた。ボナパルトがジョゼフィーヌ【1763-1814】と出会い、1806年に画家ジャン・オノレ・フラゴナール【1732生。ロココ様式の代表的画家】がアイスクリームを味わいながら没したのもここだった。

第2帝政期になっても、この店はなおもパリの名士たちを数多く集めた。たとえばヴィクトル・ユゴーはいつも同じメニューを食していた。ヴェルミセル、ムトンの胸肉、白いんげん豆である。だが、20世紀初頭にル・グラン・ヴェフールは衰退する。ビストロに格落ちしたそこではソーセージ添えの軽食が出され、1917年5月28日には、あろうことかはじめて紙のテーブルクロス【大衆食堂の代名詞】も登場するようになった。レモン・オリヴィエ【1909-90】が店の往時の栄光と名声をとりもどしたのは、1948年のことだった【彼の顧客としてはチャーチル首相やアンドレ・マルロー、アルベール・カミュ、ジョルジュ・シムノンなどがいた】。

だが、1983年、この店はテロリストたちの攻撃を受けて10人あまりの負傷者を出し、建物も大きな損害を受ける。その後、1万6000時間（！）をかけて細心の修復がなされ、壁には帝政期に流行した彩色布がガラスで固定されてふたたびみられるようになった。化粧漆喰の天井は、18世紀のイタリア式天井をまねて、布地に女性像を描いたさまざまな寓意表現を囲む円花と花冠で飾られている。さらに、長椅子の背もたれや銅製プレートはかつての賓客たちの来店を想いおこさせる。

ルイ16世時代の摩天楼

ヴァロワ通り【パレ＝ロワイヤル東側】の48番地に君臨する9階建ての建物は、18世紀にはパリでもっとも高いものだった。1781年にギロー・ド・タレヤックという建設請負業者によって建てられているが、彼は最小限の空間に最大限の住宅を押しこめることを考えていた。こうしてこの建物にはアパルトマンのみならず、上層には数階分を占めるホテルも入れた。1階にはそれぞれヴァロワ通りとボン＝ザンファン通り（当時、一部はベリフ通りとよばれ、のちに袋小路のラジウィル通りに改称し、フランス銀行【1945年に

をもつこのホテルを評価したものだった。

建物の1階と中2階にはまた、19室を有する賭博場もあったが、それらは立派な看板の陰に隠れていた。19世紀末、フランス銀行は行員を住まわせるため、ついで事務所としてもちいるためにこの建物を購入する。しかし、行員にとってそれはジグソーパズルのようなものだった。自分が向かおうとしている奇数階ないし偶数階に、階段のどの入口から入るべきか計算しなければならなかったからである。

最後の地下室

パレ＝ロワイヤルの地下室は「グロット（洞窟）」とよばれている。そこにはカヴォー・デュ・ソヴァージュ【字義は「野生の地下室」】やカフェ・デ・ザヴーグル【「盲人たちのカフェ」】といった音楽カフェが入っていた。後者はヴァロワ通りの99-100番地の地下にあった。1800年

国有化】の市有地となった）に向いた入口を設けた。そして、各階には二重螺旋のみごとな木製階段を備えた。これはふたりの人物が互いに交錯することなく昇降できるよう考えられたものである。プティ＝トテル・ラジウィルの客たちは、人目につかずに利用できるこうしたふたつの特殊性

に開業したそれは、カトル＝ヴァン施療院からやってきた、6人程度の盲人音楽家たちによって活気づけられていた。

コレットの雲

パレ＝ロワイヤルの賃借人のなかには、ジャン＝オノレ・フラゴナールやステファン・ツヴァイク【1881-1942。オーストリア出身の作家・批評家】、エマニュエル・ベルル【1892-1976。ジャーナリスト・作家・歴史家】とその妻ミレイユ【1906-96。歌手】などがいた。シドニ・ガブリエル・コレット【1873-1954。作家。性の解放をとなえ、華麗な恋の遍歴人生を送った。代表作に、その映画化にみずからオードリー・ヘプバーンを主役に抜擢した『ジジ』（1949年）などがある】は、1927年から30年までボージョレ通り9番地の中2階、自分で「トンネル」と名づけた部屋に住んでいた。1938年、彼女は同じ住所にもどるが、その2階のアパルトマンは窓がパレ＝ロワイヤルの庭園に向いていて、広く日あたりもよかった。コレットはそこで晩年まで暮らし、「パレ＝ロワイヤル市民」を自称していた。彼女が住んでいた部屋（95番地）のバルコニーには、陽光をあしらった8本の放射線とCの文字をあしらったエンブレムがかかっている。その隣人だった（モンパンシエ通り36番地）ジャン・コクトー【1889-1963。作家・詩人・映画監督・画家・

デザイナー】は、しばしばコレットに手紙を書き、「小さな雲」も送った。

　この場所には20の小さなアルコーヴ【寝台用を置くための壁の窪み】があり、そこではあらゆる不品行が可能だった。音楽家たちの無分別さがその密室性に加わった。1905年、なおも悪場所だったここを訪れた歴史家のジョルジュ・ケーン【1856-1919年。有名な彫刻家オーギュスト・ケーン（1821-94）を父にもつ画家。その油彩画は大部分が歴史的な逸話を主題としている。1897年から1914年まで、カルナヴァレ博物館（パリ市立歴史博物館）の館長もつとめた】は、つぎのように書いている。「粗雑な装飾がほどこされた壁には、数人のもっとも有名な人物の肖像画が描かれていた。マラーやダントン、ロベスピエールなどである。そこにはまた革命期に旧カフェ・デュ・カヴォーがはたした役割

についての文言もある。興味深く、なおも以前と同様なのは、まず建物の一部を支え、舞台の奥を閉ざしているがっしりした円柱であり、ついで独房のような小さな部屋と地下室、通廊、さらに部屋の右側に沿ってならぶきわめて暗い小室である。おそらく1793年に陰謀【ロベスピエールなどを失脚させた1794年のテルミドール反動】がそこで企てられ、結婚式もやはりそこで営まれた」。

　パレ＝ロワイヤル庭園における売春のまぎれもない後方基地だったカフェ・デ・ザヴーグルは、1867年に閉店した。しかし、他の地下室と反対にベル・エポック期に復活し、1914年まで秘密の賭博場としてもちいられた。そこでは官憲の臨検に備えて、さまざまな対策がとられていた。電鈴や電話、警報、秘密の階段、二重出口などである。だが、そのすべては、地下室が名誉を回復して、爆撃の際の避難場所となる地下劇場としてもちいられるようになった1918年に撤去された。

ディレクトワール様式の香水

　パレ＝ロワイヤルの2か所だけが、なおもディレクトワールの香りを発散している。かつてのように再建されたル・グラン・ヴェフール（旧カフェ・ド・シャルトル）と、往時の装飾をモデルとしているセルジュ・リュタン【1942-。映画作家・写真家でもある】の店である。1992年に自分の店「メゾン・ド・パルファン（香水の館）」を立ち上げたこの芸術家は、徹底的な研究をおこない、独自の手法でディレクトワール様式【総裁政府時代（1975-99年）に流行した装飾様式】を新たに解釈した。当時の色と距離を置いているが（店内の壁にみられる紫色は、薄緑の色調が主流だったディレ

クトワール様式のものではない）、フリーズやモチーフ、パネルの細部は、ポスト革命時代の雰囲気を完全に再現している。

　一方、カフェ・ド・シャルトルでは、ミュスカダンたち【前出】が麝香やナツメグの香水をつけ、メルヴェイユーズ【執政政府時代（1799-1804年）に奇抜な恰好で人々を驚かせた娘たち】が、バラの花から抽出した化粧水のバラ水を自分に振りかけていた。ディレクトワール様式は、リュタンの香水瓶（少なくともこの店で売られているもの）にまで影響を与えている。これらの香水瓶は昔風で、スプレーを備えていないからである。

資生堂パレ＝ロワイヤル店のサロン、ヴァロス通廊142番地

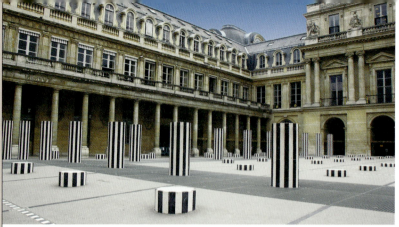

スキャンダラスなプラトー

　白と黒の縦縞が入った円柱群は、パレ＝ロワイヤル観光の目玉である。建物に完全に溶けこんでいるこれらの円柱は、パレ＝ロワイヤルのエンブレム、いや、むしろトーテムとなっている。だが、30年以上前、その設置が20世紀最大の芸術的スキャンダルとなったことを覚えているだろうか。この場所には1959年から駐車場があり、85年、それはダニエル・ビュラン【1938–。画家・彫刻家】の作品『ドゥー・プラトー』【通称『ビュランの円柱群』。特定の室内や屋外にオブジェなどを置き、場所や空間全体を作品として体験させるインスタレーション作品】にとって代わられた。だが、それは前例がないほどの激しい論争をまきおこした。225点の新聞記事でとりあげられ、議会での審議も炎上した。告訴や陳情も数度なされた。ビュランはののしられ、侮辱もされた。

　文化・通信省があるこのうえもなく象徴的な場での一連の論争では、現代芸術と遺産の対立が主題となった。この主題はかなり微妙で混乱を招き、それゆえ作品の除幕式すら営まれなかった。しかし今日、これら円柱群はパレ＝ロワイヤルの風景に完全になじんでおり、散策者たちが殺到するほどになっている。これは時間が最終的にはつねに精神を落ち着かせるということの証拠でもある。

発電所、ここに眠る

　ビュランの260本の円柱群は部分的に地面に埋められている。それは19世紀末の電気照明の揺籃期にここにあった半地下式の発電所を追憶するかのようである。駅や百貨店、劇場といったいくつかの施設は、独自の発電装置を備えていた。あとは道路をいかに明るくするかということだった。こうして小規模な発電所が3か所につくられた。フォブール＝モンマルトル通り（1887年）とトリュデーヌ大通り、そしてもう1か所はパレ＝ロワイヤルの前庭（1888年）だった。これらの発電所は運河網と結びけられ、周囲の建物の屋根を通って送電していた。それぞれの発電所は110ヴォルトの発電機2基を備え、大通りの街灯に電気を供給していたのである。

　ただ、その出力を高めることができなかったため、1898年、エジソン社【1884年にミラノで設立されたヨーロッパ最古の電力・ガス会社】は、パリ北郊のサン＝ドニに大規模な発電所を建設することにした。そして2010年、旧発電所のレンガ壁は、コメディ＝フ

わずかミリメートル

　ビュランの作品はなぜ『ドゥー・プラトー』と名づけられたのか。それは幾何学の練習にも似た、仮想のふたつの台地からなるコンポジションだからである。そのうちの一方はパレ＝ロワイヤルの前庭を斜めに横断し、最大の傾斜線は前庭の対角線上に位置している。もう一方は水平に置かれ、円柱本体のすべての先頂の仮想的な列から構成されている。円柱の縞模様は幅87ミリメートルきっかりで、いわばこれはビュランの「署名」である。彼が際限なく繰り返す「仮想道具」は、ここでイタリア・トスカーナ地方のカララ産白大理石とピレネー産の黒大理石の対照を楽しんでいるかのようである。

パレ゠ロワイヤルとその庭園

なかった。

アラゴへのオマージュ

「オマージュ・ア・アラゴ（アラゴ賛）」（18頁参照）はここにある。写真は「ランド・アート」とされるヤン・ディベッツ【1941-。オランダのコンセプチュアル・アーティスト】の135枚のメダイヨンのうちの1枚で、コメディ゠フランセーズの芸術家たちの入り口近くの地面に組みこまれている【南北を示す青銅製メのダイヨンで、1990年代にパリ市民に子午線を具体的に示すためのもの】。

歩道の花飾り

オスマン的な飾り気のないコレット広場【1区】では、アルミニウム製のネットをガラス玉で飾った2基のクーポールが人々の目をひきつけている。これはジャン゠ミシェル・オトニエル【1964-。彫刻家。2018年から芸術アカデミー会員】の作『夢遊病者たちのキオスク』【2000年】だが、そのバロック的なファンタジーと軽妙さは周囲の雰囲気にそぐわない。地下鉄パレ゠ロワイヤル゠ミュゼ゠ルーヴル駅の出口に位置するそれには、

大胆さとアラベスク表現において、建築家エクトル・ギマール【1867-1942。パリの国立装飾芸術学校に学び、中世建造物の修復・復元で有名なヴィオレ゠ル・デュクの建築理論に影響を受けた彼は、斬新な発想でパリ市内に数多くのアール・ヌーヴォー様式建築を残した】のアール・ヌーヴォーと100年の時をこえて相通じるものがある。

オトニエルは吹きガラスの半透明の飾り玉を入手するため、ムラーノ【ヴェネツィア沖の小島。

ガラス器の生産で世界的に知られる】のガラス職人たちと一緒に作業した。外のキオスクがあまりにも視線を集めるため、出口階段の壁にある作品の第2部に目を向けるのをしばしば忘れてしまうほどである。そこでは互いに向きあうように掘られたふたつの聖遺物箱が、薄暗がりのなかで輝く大量の彩色ガラス玉で飾られている。

パリ歴史文化図鑑──パリの記念建造物の秘密と不思議

ヴァンドーム広場

（1686-1720年）

- 創建者：ルイ14世
- 計画・目的：便利で装飾的な広場を建設するため。
- 建築家：ジュール・アルドゥアン＝マンサール、ジェルマン・ボフラン
- 有名因：この広場は当初から大規模な投機的操作の中心にあった。その評価は急速に高まり、永久に豪華なオーラを帯びることになった。
- 所在：ヴァンドーム広場（1区）
  最寄駅：地下鉄オペラ駅・テュイルリー駅

広場の建設発注者である太陽王は、鋳鉄製のすべてのバルコニーに姿を見せている。

ルーヴォワ侯のフランソワ・ミシェル・ル・テリエ【1641-91年。王国伝馬・宿駅総監督官、国王印璽官、王室建造物・工芸・工場監督官、大法官などを歴任した】は、ある日、ルイ14世に国王の新しい広場を考えるよう進言した。パリにはすでに古いグレーヴ広場（現市庁舎前広場）やマレ地区のロワイヤル広場（現ヴォージュ広場【後出】）などがあったが、フォブール・サン＝トノレが発展しつつあった首都の西部には、広場らしきものがなかった。進言は当をえたものとみなされ、1686年、矩形広場の整備工事が始まった。いずれそれは太陽王の騎馬像を据える宝石箱になるはずだった。そこはまた公共の建物、たとえばアカデミー館や王立図書館、造幣局、さまざまな大使館などに囲まれるはずでもあった。

まず、広場周囲の建物自体以前に、そのファサードだけが建てられた（したがって、後ろ側の壁はなかった）。いわばそれはあべこべのファサディスムだった【ファサディスムとは、建物の通りに面したファサードを公共空間に属するものとして規制をする概念】。これらのファサードは真っ直ぐに立ちあがり、邸館本体がその後ろ側に築かれるまで、それはさながら巨大なついたてのようだった。

だが、1699年、資金不足のために計画は頓挫する。これにより、公共建造物の建設プログラムは立ち消えになり、民間の不動産取引に委ねられてしまう。そこで国王はすでに立ち上がっていた壁と後ろの土地をパリ市に無償で譲る。条件はファサードの調和を維持し、広場の面積を削減することだった。これを受けて、パリ市は投機家6人の補佐をえて、建設事業の全体をかなりの高額で王国内の有力者たちに転売する。彼らは新しい広場の周りに地歩を得られるとして大喜びだ

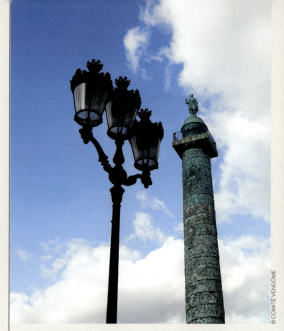

った。紙幣の考案者である銀行家のジョン・ロー【1671-1729。スコットランド出身の財政家・財務総監。ルイ14世没後に経済破綻に陥った国家財政を救うため、国立銀行を創設し、兌換紙幣や北米開発会社の株券を発行したが（ロー・システム）、バブル経済を招いて失脚した。詳細は蔵持著『英雄の表徴』（前掲、第1章）参照】は、1718年にこの広場の邸館に最初に住んだひとりである。

ヴァンドーム広場は1699年からフランス革命までルイ＝ル＝グラン（ルイ大王）、1793年から99年まではピク、さらに、広場の整備に不可欠な空間を解放するために解体された最初の建物である、ヴァンドーム公の邸館を偲んでヴァンドームとよばれた。

当初一般に開放されていた円柱は、数多くの自殺者が出たために閉ざされた。

笑顔から涙まで

ポン＝ヌフ橋の仮面飾り【前出】は数多くの旅行文学の対象となったが、ヴァンドーム広場のそれらはそうにはならなかった。たしかに後者の仮面飾りはさほど古いものではない。だが、それはさして重要なことではないだろう。これら石の人面は驚きや悲しみを経て仏頂面から愚弄まで、ありとあらゆる情動を示している。とりわけ印象的なのは、それらが広場をとりかこみ、さまざまな感情を表わすフリーズを形作っていることである。

風景のなかの忍び返し

バルコニーは棘を逆立たせたエレガントな渦巻装飾で分けられている。これは鉄細工の俗語で「忍び返し」とよばれる。侵入防止のこれらの仕掛けはまた、審美的で風通しのよい造作によって、となりあう住居との境界になっているのである。

愚かな出来事と奇妙な符合

1792年8月12日、革命家たちは彫刻家フランソワ・ジラルドン【1628-1715。若くして宮廷お抱えの彫刻家に選ばれて年金を下賜され、ヴェルサイユ宮やその離宮であるトリアノンの装飾などを請け負った】が制作したルイ14世の騎馬像を破壊した。それに先立って、ジャン＝ポール・マラー【1743-93。フランス革命の指導者で、山岳派による恐怖政治を推進したが、ジロンド派支持者のシャルロット・コルデーによって暗殺された】の新聞《人民の友》の呼び売り人だった、ヴィオレという女性がやってきたとき、すでに彫像は台座から引きおろされていた。

解体に一役買おうとした彼女は、投げ縄でブロンズ像の四肢を縛り、思い切りこれを引いた。不運な彼女はおそらく自分の力に驚かされた。だが、ボルトが外され、不安定なまま置かれていた騎馬像がその頭上に倒れたのである。即死だった。下敷きになった彼女

の遺体を引き出した際、驚くべきことがわかった。像の馬の蹄にそれが鋳造された日付が刻まれていたのである。1692年8月12日。まさにそれは100年前の日付だったのだ。やがて騎馬像は溶解されたが、ブロンズ製の国王の足は残しておいた。150キログラムもあるそれは、カルナヴァレ博物館【パリ市立歴史博物館】で今も見ることができる。

あまりにも、あまりにも欲張りすぎる！

　ルイ14世の騎馬像が撤去されたのち、広場は空の宝石箱となった。それに不満を抱いていたセーヌ県会は、そこにナポレオンの騎馬像を建てるよう提案した。勝利の円柱の上から、それは広場を睥睨するはずだった。イタリア遠征で数々の勝利をあげたボナパルト将軍は、ローマにあるトラヤヌスの記念円柱を奪い、それをヴァンドーム広場に運んで、国王像の台座の下に建てようと考えていた。この第1統領はまた、歴史家で政治家でもあったピエール・ドヌー【1761-1840。碑文・文芸アカデミー終身会長。著作にボナパルトの依頼を受けて書いた『教皇の一時的権威にかんする歴史論』（1797年）などがある】に、イタリアの芸術作品を数多くフランスに移すよう命じた。
　こうして彫刻や絵画、貴重書が500個もの箱一杯に入れられてルーヴルに移管された。その際、ボナパルトはトラヤヌスの円柱もそこにくわえるよう下命した。だが、ドヌーは移管にかなりの費用がかかると指摘して、それに反対した。さらに彼は、いかなる公共建造物も奪ったりしないという約束をボナパルトに想い起させ、こう結論づけたという。「すべてには終わりがあり、とくにそ

れは征服の権利についていえます！」。その結果、計画は放棄され、トラヤヌスの記念円柱はヴァンドームの円柱のモデルとしてのみもちいられた。

技術的快挙

　ヴァンドームの円柱、通称「グラン・ダルメの円柱」【グラン・ダルメ（大陸軍）はとくにナポレオン麾下の軍を意味する】は、金属製の柱身ではなく、425枚のブロンズ製の「リボン飾り」で覆われていた。このリボン飾りはアウステルリッツの戦い【1805年11月】で、ロシア軍やオーストリア軍から没収した大砲を解体してつくられたものである。ただし、その数は当時プロパガンダのために声高に叫ばれていた1300門ではなく、130門にすぎなかった。それでも1基の円柱をつくるのには十分だった。
　柱身に貼りつけられたリボン飾りの各場面は戦争の見せ場を描いたもので、その飾り板は完全に調整されて金属と石を調和させ、しっかりと配されてもいる。厚さ14-27ミリメートルのそれらはまた、柱身の石材に深く差しこまれた留め金で下端が固定された。そして、その縁の面取りと空隙をわずかに残すことによって、気候の変化に容易に対応できるようになっている。つまり、外気に応じて、飾り板間の人間の目では見分けがつかないような微小な間隔を調整することができるのである。

ドナウ川のオリーヴ

　円柱には、1805年の軍事遠征、すなわちブローニュ野営地での出征（下部）からアウステルリッツの戦い（先頂）までの76の場面を、レリーフによって描いたリボン飾りが螺旋状に巻かれている。この飾り板を平らにすれば、おそらく全長220メートルになるだろう。その制作に際しては、32人の彫刻家が作業を分担した。
　ナポレオン1世時代の近衛兵たちがローマ時代の帆船に似た船を漕いでいるとしても、ドナウ河谷の木々がオリーヴの葉をつけているとしても驚

いてはならない。それは不手際でもなければ、時代錯誤でもない。装飾的な意図に基づくものなのである。事実、ナポレオン時代には古代ローマの象徴表現が流行していた。前述したように、ヴァンドーム広場の円柱はトラヤヌス記念柱に影響を受けており、そこに描かれた場面もまたしかりである。さらに、その基部には、ナポレオンの近衛兵たちが身につけていた軍用コートや羽飾り、銃剣、マスケット銃の代わりに、ローマ風の戦利品（鎧、兜、剣など）が表わされているのだ。

変化する衣装

入り口を装った窓

ヴァンドームでは高さ44.3メートルの円柱が広場を支配し、螺旋階段がその先頂まで続いている。だが、それは極端なまでに狭く、先頂のプラットフォームも安全とはいえないため、かなり早い時期に一般の立ち入り禁止となっている。柱身を注意深く見ると、さほど目立たないが、あちこちに通気と円柱内を照らすための窓があるのがわかる。これらの窓は垂直にならんではおらず、むしろ無秩序に配されているかのようである。ところが、実際はその反対（！）であり、その窓は装飾に完全に溶けこむよう、彫刻フリーズが城塞の入り口を表している箇所に巧みに配されているのである。

1810年にヴァンドーム広場を通った散策者は、円柱の先頂にローマ皇帝風の衣装に身を固めたナポレオン像【制作者は彫刻家のアントワヌ＝ドニ・ショデ（1763-1810）】が見えたはずである。クラミュス【右肩で留めた短いマント】をまとい、月桂樹の葉の王冠（戴冠式のときと同様）をかぶった姿だが、それから20年後に彼が広場を再訪したなら、さぞ驚いたに違いない。ナポレオン像が国民軍の連隊長の軍服、つまり灰色のフロックコートに小さな帽子といういでたちに様変わりしていたからである。その姿勢も変わっていて、手は胴衣のなかに入れている。いったいなにが起きたのか。

1814年、王党派はローマ皇帝の格好をしたナポレオン像を引き倒した。他の彫像と同様、この彫像もまた溶解され、ポン＝ヌフ橋（61頁参照）を飾ることになっていたアンリ4世像の素材となった。1833年、ナポレオンが名誉を回復すると、シャルル＝エミール・スール【1798-1858】が制作した新しい彫像が建てられる。そして1865年、ナポレオン3世はこれを3度目の、だが最初のもの（ローマ皇帝風）と似た彫像に置きかえた。1871年にはコミューン兵たちによってこれもまた引き倒され（82頁参照）、さらに73年には、それと似た新しい彫像が改めて円柱の先頂に据えられた。片手に有翼の勝利の女神をいただく地球をもち、左手で剣をつかんでいるナポレオン像である。一方、スールの作になるナポレオン像は以後、幾度かの変転を経て、最終的にアンヴァリッド（旧廃兵院）に安置されている（199頁参照）。

1本の木が切り倒されるように

1871年4月12日、パリ・コミューンはヴァンドーム広場の円柱を破壊するよう命令を出した。それが、「軍国主義の称揚、国際法の否定、勝利者の敗北者に対するたえざる侮蔑、さらにフランス共和国の偉大な原理原則のひとつ、すなわち友愛への不断の攻撃」を象徴するものだとして、である。その破壊は大規模なお祭り騒ぎとなった。技師で、パリ市の庭園・植栽監督官だったジョル

ジュ・カヴァリエ【1842-78。劇作家・ジャーナリストでもあった彼は、ヴェルサイユ軍によって逮捕・投獄され、一時ニューカレドニアに流刑となった。著作に『ガンベッタ』（1875年）などがある】はこの作業を統括し、さながら1本の木を切り倒すかのように円柱を倒した。作業員たちが台座と同じ深さ、つまり人間の身長ほどの深さまで穴を掘り（ペ通り側）、円柱の反対側（カスティリオヌ通り側）に溝をつけてから叩いて押すと、円柱はきしみ音をたてながら、衝撃を和らげるために撒いておいた砂と枝、そして堆肥のベッドの上に倒れた。新聞は広場の周辺住民たちに、破壊にともなう塵埃被害を防ぐよう、あらかじめ窓に紙テープを貼っておくよう勧めていた。

クールベ事件

パリ・コミューンの翌年、画家のギュスタヴ・クールベ【1819-77】は誤解の犠牲となった。円柱破壊の責任者とされたのである。たしかに彼は1870年9月、円柱の廃兵院（アンヴァリッド）への移転を求める陳情書に喜んで署名していた。それを知った軍法会議の裁判官たちは彼の抗弁に耳を貸さず、彼の費用で新しい円柱を建てるようにとの審判を下したのだった。その額32万3091フラン（！）。こうして彼の財産は供託に付され、作品は没収された。それからの33年間、画家は毎年1万フランずつ借金を返済しなければならなくなり、ようやく最初の年金がもらえることになった直前、没してしまった。

有翼小像の艱難辛苦

円柱の先頂に据えられた最初のナポレオン像は、有翼の勝利の小女神像を手にしていた。帝国が瓦解した1814年に彼の彫像は引き倒されたが、女神の小像は溶解をまぬがれ、奇妙なことにそれはある大衆酒場で見つかった。それを盗み出した作業員たちが飲み代のかたとして置いていったのである。やがて小像はパリ警視庁にさしだされ、遺失物倉庫に入れられた。そして、だれからも返還の要求がないまま、1815年に競売にかけられ、59フランでボワイヨンヴィルという人物が競り落とした。彼はそれをセレスタン河岸通りにあった家の暖炉の上に飾った。

30年後に彼が他界すると、その相続人たちは幸運にもナポレオン3世の皇太子ルイ＝ナポレオンに高額で譲ることを申し出る。そこで皇太子は彼らから本物の小像を数千フランで買い取り、彫刻家オーギュスト・デュモン【1810-84】が制作した新しいナポレオン像【ショデ作の複製】の手に持たせたのだった。

そして、歴史は繰り返す。1871年に円柱が解体された際、この小女神像は瓦礫のなかに見つからなかった。以後40年にわたって消息不明となったが、「ヴュー・パリ委員会」【1897年に創設され、現在まで活動しているパリ市の委員会で、文化遺産政策や都市改造問題の検討を使命とする】のある碩学は誇らしげにそれを発見したと言い、パリとロンドンの新聞に調査・研究にかかわる見解を掲載した。この稀な彫像の幸運な所有者はだれか。答えはイギリスから届いた。あるイギリス人女性の父親が、1871年、折よくヴァンドーム広場におり、円柱解体の際、瓦礫のなかからそれを回収して国に持ち帰ったというのである。なんというスキャンダルか（！）。人々は盗難だと叫び、この小像はフランスのものだ（！）と非難した。いや、違う。これは一族の問題（！）である。女性はこう抗弁した。彼女はナポリ王ジョアシャン・ミュラ【ナポレオン1世の義弟で、両シチリア国王ジョアキーノ1世（在位1808-15）】のひ孫であり、それゆえボナパルトの係累（！）だというのだった。

　この所有権をめぐる交渉は、1914年から18年までの第1次世界大戦によって中断を余儀なくされた。1964年、死の床についた女性は、問題の小像をマルメゾンの博物館に遺贈することにした【パリ西郊のこの町にはナポレオンの皇妃ジョゼフィーヌの居城がある】。今日、小像はここに展示されている。ただ、円柱とともに40メートルも落下した際の傷は残っており、左腕は分解してしまった。のちにふたたびとりつけられたものの、復元は拙いものだった。1863年には翼もとり替えられた。溝を彫り、そこにはんだづけされたのだが、1871年の落下以降、それは曲がったままである。

テキサス大使館

　きわめて注意深く見れば、ヴァンドーム館（ヴァンドーム広場1番地）のファサードに、「テキサス大使館」と刻まれた表示板に気づくはずである。テキサスとは国家だったのか。

　そうである。1836年から45年までの短期間だったが、世界中、とりわけその独立を最初に認めたフランス共和国に大使館が設けられた。1836年にメキシコから解放されたのち（アラモ砦は西部劇だけではない！）【アラモ伝道所（砦）の戦いは、テキサス独立戦争中の1836年2月から3月にかけて、メキシコ共和国軍とテキサス分離独立派のあいだでおこなわれた】、テキサスは45年まで独立共和国となり、この年、アメリカ合衆国に合併された。その大使館が入っていた建物は、1858年にホテルになっている。

マンサールの夢

　ヴァンドーム広場は1829年にガス照明が備えられた最初の公共広場のひとつである。この年、4基の瀟洒な街灯が円柱の周囲に設置された。今日、広場の四隅にある角灯の歴史はいささか複雑である。広場の設計・建設を手がけたジュール・アルドゥアン＝マンサール【1646-1708。1674年、ルイ14世のお抱え建築家となった彼は、クラニ城を皮切りに、アルル市庁舎やヴェルサイユのラ・カンティニ館、パリのコンティ館などを手がけた。さらに、ル・ヴォーがはじめたヴェルサイユ宮の造営を完成させ（庭園に面したファサード棟）、王室の建築物監督官になっている】は、四隅の高所に設けた優雅なオイル式のランタンで広場を照らすことを夢見た。だが、おそらく資金不足で計画は頓挫した。

　1992年、歴史記念物保存行政の責任者だった建築家アラン＝シャルル・ペロ【1945-】は、国立図書館でそのランタンと支柱の図面を発見した。1966年、この図面に基づいてある金物製造業者に復元が依頼されたが、この業者はさらにディドロとダランベールの通称『百科全書』にある複数の図面も援用して、慎重に鋳鉄を打ち、葉のように軽い彫像をつくった。支柱の中央には、向かい合ったふたつのLが王冠の上で絡みついたルイ14世のモノグラムを目立つように刻んでもいる。

知られていない近道

　ヴァンドーム広場自体は何世紀ものあいだほとんど変わっていないが、20世紀におけるもっとも顕著な変化のひとつは、1930年に広場の7番地にある不動産会社のためにヴァンドーム小路が敷設されたことである。そこにあった邸館【1703年にマンサールによって建てられたルバ・ド・モンタルジュ館】は解体された。そして、広場の往来をよくするため、サン＝トノレ通りに面する建物とつながっていた邸館の通廊が整備され、近代的なつくりの小路となった。建物群にとりかこまれたこの小路は、知られていないが、広場とサン＝トノレ通りのあいだの近道となっている。

メートル原器

　アンシャン・レジーム期は測定の分野で楽しい混乱が支配していた。たとえば長さの場合は、プース（手の親指）やピエ（足）──国王のサイズだが、定義は変化した──、トワーズ【1.949メートル】、リュー（行程）【約4キロメートル】、オーヌ（布地）【地方によって異なり、パリでは1.118メートル】で数えた。量の場合は、液体についてはパント（パイント）、穀類にはボワソー【約12.7リットル】、エン麦についてはピコタン【約2.5リットル】がもちいられた。重さはスクリュピュール（薬局で）【約1.275グラム】やオンス、マール【8オンス。パリでは約244.8グラム】、カンタル【100キログラム】で量った。これほど多様な度量衡は、さらに地域で異なっていもいた。
　1795年、度量衡の均一化を求める商人たちの要求を受けて、国民公会はそれを秩序化し、メートル法を採用した。各市民がこの10進法に慣れ親しむことができるよう、1796年、主要都市にメートル原器が設置された。パリには16か所に置かれ、そのうちの2か所はヴォージラール通り【元老院の斜め前】とヴァンドーム広場だった。後者は13番地、司法省の左手にあるが、もともとはそこでなかった。ではどこにあったのか。それについてはだれも知らないが、1848年にここに移されたことはわかっている。写真のメートル原器は10センチ刻みである。

抽選ホール*

　ヴァンドーム広場19番地のエヴルー館にあるホールには、奇妙な機械が何台もある。これらは2世紀初頭に文字通り注目を集めたオブジェである。無数の人々がこれに富への期待と夢をこめた。この機械は大きさの異なる巨大なガラス球で、軸を中心にして回転する。ただ、非常に重いため、その設置に際しては、下の床を強固にしなければならなかった。それらは長さ2センチメートル、厚さ4ミリメートルの銅製の小箱でびっしりと満ちており、各小箱には数字が印刷された四角い紙が入っていた。驚くべきことに、一部の球にはじつに250万個もの小箱が入っており、その総重量は5トン半にもなった。それをかき混ぜるには、大の男ふたりとウィンチが必要だった。抽選には多くの人々がおしかけた。
　現代のロト【1976年開設の国営富くじ】とは無関係のこのロトは、フランス不動産銀行の庇護下でおこなわれていた。顧客たちはこれを購入するための融資を予約することができたが、19世

肖像画のギャラリー

紀末には、返済期限はきわめて長く、50年、60年、さらに98年まで延期されたりもした。たとえば1000フランを賭け、毎年50フラン儲けると、20年で初期投資を回収できた。だが、こうした「生ぬるい」融資をより魅力的なものにするため、不動産銀行はボーナス・ロトを開発した。たとえば100人にひとりの割合で掛け金以上のものを手に入れられるようにしたのである。この幸運な顧客もまた抽選によって選ばれた。

1920年から78年まで、抽選はエヴルー館でおこなわれ、やがてフランス宝くじ公社が主管するようになった。1970年代初頭、不動産銀行はロト用の融資をやめた。ただし、融資の抽選だけは1990年代まで続いた。現在、抽選ホールは一般に公開されておらず、ポテル＆シャボ【1820年設立の高級ケータリング会社】主催のイベント専用になっている。いつの日か読者がその招待客に選ばれる機会があれば幸いである。

窃盗狂の公爵夫人

ヴァンドーム広場15番地のグラモン館【1705年竣工】には、1710年から37年までアンヌ・ド・グラモン公爵夫人【不詳】が住んでいた。年代記者のサン＝シモン公【1675-1755。8巻からなる『回想録』（1691-1723）を編んでいる。空想的社会主義者のサン＝シモン（1760-1825）は甥】は、彼女のことをかなり厳しい口調で難じている。彼によれば、「いかがわしいならず者のこの老女」は有名な窃盗狂だったという。居館の門を通るすべての貴重品をためらいもなく盗み、その結果、もはやだれからも招待されなくなった。こうして失望の底に沈んだ公爵夫人は、おぞましい性癖ゆえに宮廷への出入りを差しとめられ、悪事の館は1898年にリッツ・ホテルとなった。

暇な植物学者

ヴァンドーム広場21番地のダルネ館は、1789年にシャルル＝ルイ＝レリティエ・ド・ブリュテル【1746-1800】の所有となった。植物学者と租税法院評定官という二足の草鞋を履いていた彼は、フランス革命が起きると、貴族として不遇な状況に追いこまれ、公務員として働くようになる。だが、その境遇から

それなりのものを得ることができた。革命法廷から住居が与えられたのである。「蟄居」の身ではあったが、恐怖政治の時期【1793年5月-94年7月】には、ヴァンドーム広場のほとんど顧みられることのなかった草だけが相手だが、植物学の研究を続けることができた。条件はたえず護衛ふたりが付き添う（！）というものだった。

フウロソウ科植物の専門家だった彼は、敷石のあいだに生えた蘚類や地衣類、さらに外来植物に強い関心を向けた。こうして彼は100種以上の植物を調べあげ、その成果を『ヴァンドーム広場の植物相』と題したカタログに載せた。この学者が今生きていれば、パリでもっとも無機質なもののひとつとなった広場をどう思うだろうか。そこではオリーヴの木2本（24番地）と刈りこまれた2か所の灌木（7番地）だけが、辛うじて緑地の代用品となっているだけだからである。

あなた方のバケに！

高名なオーストリアの医師フランツ＝アントン・メスマー（メスメル）【1734-1815。新しい医学の偉大な発見者として受けいれられた一方で、一種のシャルラタン（いかさま師）として排斥されもした。主著に『動物

磁気の発見に関する覚書』（1779年）がある】は、1778年、ヴァンドーム広場16番地のムフル館に居を定めた。「動物磁気」をとなえた彼は、神経症の速やかな快癒を導く集団的治療システムを開発した。パリの名士たちはそんな彼の治療の場に我先に駆けつけた。患者たちは15人一組で1個の「バケ」（バケツ）を中心に輪になって座った。

このバケは蓋で閉じられ、なかには水と鉄くず、さらにガラス片がたっぷりと入っていた。蓋には穴があけられ、そこからは15本の細い鉄棒が出ていた。患者たちはそれぞれ突き出た鉄棒の端をつかみ、それを患部にあてた。そして、磁気の流れが消え失せないよう、バケから出ている1本の長いロープで患者全員を結びつけ、さらに互いに手を握った。バケの周りの席はオペラ座の1階ボックス席と同様に人気があり、高額な席料であったにもかかわらず、かなり前から予約が必要だった。そのため、メスマーはほかにバケを3個置き、そのうちのひとつ（奇妙なことに、これはしばしば空だった）は貧者用で、席料は無料だった。

だが、やがて医学アカデミーが加わった裁判でメスマーの治療行為は禁止され、彼自身も追放処分となった。ムフル館はおそらく代替医療に好都合な場だった。1786年から90年にかけて、そこでは「電気摩擦治療法」の考案者だというルモル（ト）なる人物もまた、治療行為をおこなっていたからである。この治療法はコレラ患者に電流を押しつけるもので、サルペトリエール施療院に収容されていた精神疾患の女性疫病患者たちに試された。

神経衰弱の女スパイ

ヴァンドーム広場26番地のオルシー館は、1878年、中2階をカスティリオーネ伯爵夫人【1837-99。トスカーナ大公国の侯爵の娘で、本名ヴィルジニア・オルドイーニ。1861年の統一イタリア国家建設に隠然たる影響力を発揮したとされる】が借りていた。一説に当時最高の美女の

ひとりで、ナポレオン3世の愛妾でもあったという彼女は、外交官で、ときに魅力的なスパイとして活躍した。だが、40歳になった頃、自分の老いに耐えられず、逼塞した。そのイメージが失墜するという強迫観念にとりつかれた彼女は、居室の鏡全部に覆いをかぶせた。そして人目を避けるため、1日中鎧戸を閉めたままにし、出前の食事もロープで引き上げていた。さらに、一切の訪問を拒んで建物の右手（26番地の2）に個人用の入り口を設けたが、それは何人かの愛人をこっそりと受けいれるためでなく、毎夜、黒い服に身を包んで、人知れず抜け出て散策するためだった。

「ヴァンドーム広場の狂女」と綽名された彼女は、1894年にここを去っている。

金とダイヤモンドの風景

有名な宝石商たちはなぜ多くがヴァンドーム広場に店を構えるようになっているのか。1874年にシャルル・ガルニエによって完成をみた近接するオペラ座【「オペラ・ガルニエ宮」の項参照】は、いわば蜜の壺であり、贅沢品の商いをさながらハエのように引き寄せていた。フレデリック・ブシュロン【1830-1902。1858年にパレ＝ロワイヤルのヴァロワ通廊にブシュロン社を設立した】は、1893年、ヴァンドーム広場のカスティリオヌ（カスティリオーネ）館の1階に店を出したが、それは広場初の宝飾店となった。当然のことながら、彼は一帯を活性化して繁栄させるため、オペラ座をあてにしていた。やがて他の宝飾店や金銀細工店がその後に続いた。1898年のカルティエ、1902年のショーメ、06年のヴァン・クリーフ・アーペルなどである。

両大戦のあいだ、これら宝飾店の数は25店以上になった。それは、宝飾店にとってこの広場が「陽光のもっともすばらしい輝きを享受でき、貴石を宝石箱に入れるのにふさわしい場所」だからだという。たしかにこの広場は目を見張るような売れ行きと比類のない輝きに恵まれている。そこはそれまで数多くの宝石職人たちが店を連ねていたシテ島やパレ＝ロワイヤルの暗く狭い路地とは一線を画している。

パリ歴史文化図鑑——パリの記念建造物の秘密と不思議

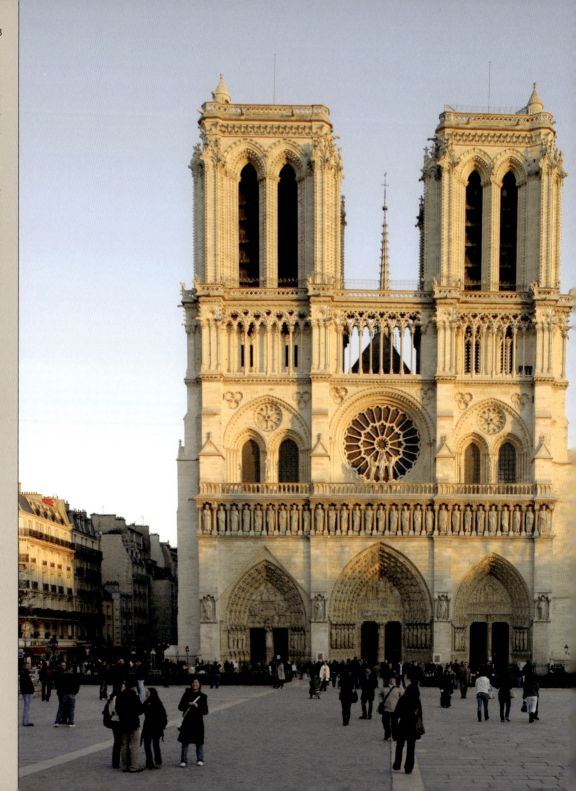

ノートル＝ダム（1163-1340年）

- 創建者：パリ司教モーリス・ド・シュリ
- 計画・目的：発展しつつあったカペー朝にふさわしい教会の建立。
- 建築家：ジャン・ド・シェル（1245-57年）、ピエール・ド・モントルイユ（1257-67年）、ジャン・ド・シェルの息子ないしその甥（1291-1318年）、ジャン・ラヴィ（1318-44年）、ジャン・ル・ブテイエ（1344-63年）
- 革新的特徴：飛梁という新しい発明の適用。
- 継起的用途：理性の神殿（フランス革命期）、ワイン倉庫、1802年にふたたび信仰の場に。
- 修復：ウジェーヌ・ヴォオレ＝ル＝デュクと助手ジャン＝バティスト・ラシュによる。その際、1786年に解体された尖塔が復元された。
- 所在：ジャン＝ポール2世広場（4区）
  最寄駅：RER サン＝ミシェル＝ノートル＝ダム駅

シテ島の教会が崩壊したのを見て、そしてその教会がもはや増加する住民にふつりあいであることを悟ったパリ司教モーリス・ド・シュリ【在位1160-96】は、それを再建する際、壮大な司教座聖堂に変えようと決意した。工事は177年かかった。つまり、1163年の定礎式に参列した人々は、竣工を見ることができなかったことになる。1340年、聖堂は、内陣の周囲に放射状に配された小聖堂や、長さ15メートルもの飛梁を追加して完成した。国王たちの挙式や皇帝の戴冠式、さらに公的な葬儀の場としてもちいられてきたノートル＝ダム司教座聖堂は、しかしフランス革命期に理性の神殿に変えられ、ついでワイン倉庫に転用された。事実、軍事施療院向けの1500本もの大樽が数年間内陣に積まれていた。1802年、ナポレオン1世はここを本来の信仰の場にもどした。だが、どのような状態でか。

革命の波は祭壇や聖器、装飾、動産物を奪って、この聖堂を生気のない劣悪な状態に置いた。あるときは聖堂を完全にとりこわすことまで考えられた。ヴィクトル・ユゴーが小説『ノートル＝ダム・ド・パリ』（1831年）を上梓したのは、まさにそうした時期だった。かなりの評判をよんだ同書は、世論を聖堂の運命に向けさせた。それから10年後の1841年には、影響力をもつ一握りの人物たち、たとえば画家のジャン＝オーギュスト・アングル【1780-1867】や作家で詩人のアルフレッド・ド・ヴィニー【1797-1863】、彫刻家のジャン＝ピエール・コルト【1787-1843】、モスクワ大公【ミシェル・ネ（1769-1815）。元帥。一連のナポレオン戦争で勇名をはせ、ナポレオン失脚後、処刑された】。そしてむろんユゴーなどが立ち上がり、「パリのどれほど取るに足らない小教区教会よりも粗末な装飾に甘んじ、放置されていた」聖堂を詳細に調査するよう、強力な声をあげた。そして彼らは聖堂に装飾をとりもどすための協会も組織した。

こうした一連の運動につき動かされて、フランス下院は聖堂再建のための巨額の予算案を採決する。その工事をになったのが、ウジェーヌ・ヴィオレ＝ル＝デュク【1814-79。中世建築の修復家・建築理論家として知られる。1853年に全国司教区建造物総監に任じられ、1863年からはパリ高等美術学校の美学・美術教授になった。その著『建築対論』（1883年）はエクトル・ギマールら多くの建築家に影響を与えた。ほかに『中世建築辞典』（1854-68年）もある】と助手のジャン＝バティスト・ラシュ【30頁参照】。だが、その仕事は反発を招いた。本来の聖堂になかったさまざまな要素をとりいれ、聖堂を「ゴシック様式よりもゴシック的」なものにしたためだった。たとえば、キマイラ像【ライオンの頭と山羊の胴、蛇の尾をもつギリシア神話の怪物】はヴィオレ＝ル＝デュクの想像力から直接派生したものである。彼はラシュが没して7年後の1864年、ひとりで工事を完成させた。

聖堂前広場

ヌーヴ＝ノートル＝ダム通りの痕跡

1164年、モーリス・ド・シュリー【パリ司教在位1160-96】は聖堂の延長上にヌーヴ＝ノートル＝ダム通りを敷設した。道幅7メートルのこの通りによって、セーヌ左岸とシテ島を結ぶ唯一の橋だったプティ＝ポンに出ることが可能になった。それはパリでもっとも便利な通りだったが、何分にも狭かった。道の両側には露店、とりわけ書籍関連の職人たち、たとえば写本や羊皮紙、製本の職人たちの露店も立ちならんでいた【一説に、これら露店の半分は書店だったという】。そこがパリ大学や司法宮に近かったからである。彼らはこれら施設の閉め切られた鎧戸越しに、その商品を売りこんでいた。1970年代初頭に発掘が

聖堂前広場の敷石には、往時の店舗ないし露店や通り、礼拝所の名残りが今もみられる。

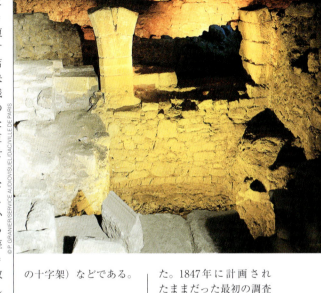

は、礼拝所や木組みの家々に沿った迷路状の小路を抜けなければならなかった。最初に聖堂の巨大なバラ窓が前方に立ち上がり、ついで聖堂全体が圧倒的な威厳をもって姿を現した。19世紀におこなわれたヴィオレ゠ル゠デュクらによる修復工事の際、視界を確保するため、聖堂前の家や店舗、礼拝所を撤去する決定がなされた。それは残念な発想だった。当時の聖堂は、「砂漠の真ったた中で迷子になった巨象」といった外観をみせていたからである。

今日、広場の一角にならんだ黄土色の敷石は、かつてそこに何本かの小路や17の礼拝所、さらにノートル゠ダム司教座聖堂の前身であるサン゠テティエンヌ聖堂の見取り図があったことを示している。その敷石には、以下のような礼拝所の呼称が刻まれている。ル・グロ・トゥルノワ、ラニュス・デイ（神の子羊）、ラ・マルグリト、ラ・クロワ゠ド゠フェール（鉄

なされた際、そこからはラ・マルグリトやラ・ポム・ド・パン（松かさ）、ル・ショードロン（炊事鍋）といった名の看板が見つかっている。

砂漠の真ったた中で迷子になった巨象

ノートル゠ダム司教座聖堂前広場はかつて広さが今の6分の1程度しかなく、聖堂の壮大な側面を強調するためのものだった。聖堂に近づくに

の十字架）などである。

世界最大の考古学的地下室

聖堂前広場は解体された家々の瓦礫をぎゅうぎゅう詰めしてつくられている。当時、そこは今より2.5メートル低かった。そのため、聖堂に入るには13段の階段を上らなければならなかった（現在は平坦になっている）。このぎゅうぎゅう詰めの技術によって、幸いにも中世のパリと古代のルテティアの貴重な痕跡が保存された。地下駐車場の建設時、1965年から72年にかけて発掘がなされ

た。1847年に計画されたままだった最初の調査を引く継ぐかたちでのそれによって、街がたえず再建されていたことを示す3世紀から19世紀までの遺物・遺構が出土した。そのなかには、とくにガロ・ロマン期の浴場や、中世の地下室に囲まれていた後期ローマ帝国の城壁——4-5世紀にシテ島を防御していた——の基礎などがあった。全長117メートルのこの考古学的地下室は、世界でもっとも広大なものである。

控え目なサン＝テニャン小礼拝室

ノートル＝ダム司教座聖堂の裏手には、聖堂参事会員たちの居住区域がある。そこには彼らの住居と23あまりの小礼拝室があり、趣きのある風景を演出している。後者のひとつであるサン＝テニャン小礼拝室は、サン＝ジェルマン＝デ＝プレ教会（1130年建立）についで、パリ最古の建物である。シテ島の端にひっそりと立つそれは、重要な歴史を刻んできた。

フランス革命期、この

礼拝室は反抗的な聖職者たちを受けいれ、彼らはそこで祭祀を営んでいた。セーヌ県知事のオスマン男爵が雇った破壊者たちの鶴嘴（つるはし）をまぬかれて生きのびた礼拝室は、しかし19世紀には数多くの苦難を味わい、薪の置き場や馬小屋、物置、家具倉庫などに転用された。パリ大司教区がこれを買いもどしたのは、1990年のことだった。外からは識別できないそれは、以後、ユルサン通り15番地にある司教総代理館に組みこまれ、その礼拝室としてもちいられている。

ムッシュー・レグリ

聖堂の中央ポルタイユ（扉口）から30メートルほど、前庭南側の道路元票（次項参照）がある場所には、18世紀まで、高さ4メートルの彫像が立っていた。パリ市民が親しみを覚えていたそれはかなり古くからそこにあったが、だれのものか正確にはわからなかった。現代の歴史家たちはそれがキリストを表した素朴な彫像であり、12世紀の旧聖堂の破壊をまぬかれたと推測している。1000年ものあいだ飲み食いしていなかったところから、この彫像は「苦行者」ないし「断食者」と名づけられたが、さらに「ムッシュー・レグリ（灰色氏）」（粗雑な仕上げのそれが、灰色の鉛板で応急修繕されていたことから）、「ル・グラセ（凍りついた者）」（風雨にさらされていたことから）、あるいはまた「ル・トリスト（陰気な人）」、「メートル・ピエール（石のマイスター）」（素材が石だったことから）などともよばれていた。

滑稽で醜悪でもあったこの彫像は、祖先たちの日常に重要な位置を占めていた。それがとくにフロンドの乱【反王権勢力の内乱で、高等法院のフロンド（1648-49年）と貴族のフロンド（1649-53年）の２期にわかれる】のあいだ、首の周りに攻撃文書やマザリナード【フロンドの乱の際、喜劇作家・詩人でビュルレスク（滑稽）文学の第一人者だったポール・スカロンらによって書かれた反マザラン風刺文】を下げていたからである。憤った者や厚かましい者たちの代弁者でもあった。だが、その人気にもかかわらず、これは1748年に解体された。

道路元票

ノートル＝ダム司教座聖堂の前庭には、フランスの国道のキロメートル道程の出発点を示す方位図が刻まれた、ブロンズ板が敷石にはめこまれている。この標示は1754年、テスラン神父【不詳】の脳裏に浮かんだすばらしいアイデアから生まれたものである。同年に発表した著書『新しい手法である一般地理学入門のため、フランス王国の地図に明記したパリとその見取り図の説明をふくむ事典形式のパリ地誌』において、彼は「フランス地図を同じ判型のパリの見取り図に転写し、都市の名前をそれが重なる通りにつけること」を提唱した。1769年に聖堂の前に元票が打ちこまれなかったなら、彼の計画はなおも死文のままだったろう。1924年、パリ市は前記の方位図を敷石に固定することで、この基準点を公式なものにしてた。

外部

壁穴

　ノートル＝ダム司教座聖堂の周囲、とくに南塔の壁に見られる小さな穴は、中世の足場の名残である。これら作業用の足場には2通りの支えがあった。腕木、すなわち壁に水平に打ちこまれた10センチ四方の角材と木製の支材、つまり足場を乗せる棒である。足場を差しこむために配され

た穴は「壁穴」とよばれる。それらは工事が終わるとふさがれたりもしたが、通常は将来の修復作業のためにそのままにされた。

意図的な非対称

　聖堂のゴシック様式によるファサードは、その形と均衡さによって、荘厳で落ち着いた印象を醸し出している。塔の下の部分はほぼ正方形（41×43メートル）で、垂直および平行に3分割さ

れている。目をあげればあげるほど窓が大きく見え、高さが強調される。だが、ファサードは非対称で、左側の塔は右側のそれより大きい（通廊を飾る影像の数を数えればそれがわかる。左塔の方が1体多い）。また、3か所のポルタイユのうち、1か所のそれは他よりも均整がとれている。一部の人々は中世の建築家たちがそれを意図したとしている。つまり、単調さを打ち破るため、とりわけ彼らの目に人間が近寄れない神の完璧さを象徴するものとして映った絶対的な左右対称性を避けようとした、というのである。

　たしかにこの説は魅力的である。だが、それは現実的な証拠に基づかない単なる空想でしかな

い。さらに、塔は構造的に支えることができるにもかかわらず、尖塔をいただくことが一度もなかった。聖堂の建設にあいついでかかわった建築家たちは、尖塔がこの奇蹟的な調和をさらに美化できるとは考えていなかったのである。

斬首された国王たち

　ノートル＝ダム司教座聖堂のポルタイユと大バラ窓のあいだに位置し、権威の象徴（王杖、王冠など）をともなった国王たちの彫像28体からなるフリーズは、「国王たちのギャラリー」とよばれている。一列に配されたそれらは、聖堂と密接に結びついていた王朝の連綿性と王権のイメージをかなり明確に表している。12世紀になると、このフリーズにさらにクロヴィス【初代フランク国王在位481-511】以降の歴代フランス国王の一覧表がくわえられる。これは北仏ランスのノートル＝ダム司教座聖堂で戴冠したばかりの君主たちが、必ず通ることになっていた聖堂の扉の上一面に貼りだされた。

　だが、1793年、聖堂は荒らされ、その宝物や鐘が溶解されてしまう。国王たちのギャラリーにつらなる影像の頭部も胴体からはずされ、ロープをもちいて地面に投げ捨てられた。敷石の上で砕けたそれらは3年ものあいだそのまま捨て置かれ、民衆のストレス解消の手段として排泄物に覆

われ、1796年には、建築資材として競売にかけられた。購入者はジャン＝バティスト・ラカナルという人物だった。王党派の彼は、国王像のばらばらになった頭部364片を、ショセ＝ダンタン通り18番地【9区。オペラ座の北側】に建てた邸館の基礎に埋めた。この邸館はやがてフランス銀行の所有となる。そして1977年、工事の最中に偶然中庭からこれら彫像の残骸が見つかった。のちに頭部は復元され、現在はクリュニー中世美術館に展示されている。それ以前、ヴィオレ＝ル＝デュクがフランス歴代王たちの彫像に顔をもどしていた。

使徒ヴィオレ＝ル＝デュク

ヴィオレ＝ル＝デュクはノートル＝ダム司教座聖堂の修復にきわめて真剣にとりくんだ。彼の使命は骨組みと屋根を元通りにすること、外壁を修復すること、彫像群の一部をとりかえること、1786年に解体された尖塔を再建すること、そして新しい聖具室を設けることだった。17年間、この熱情に満ちた建築家は聖堂を測量し、すべての傷跡をとりのぞいて、聖堂を原型以上にゴシック的な外観にした。

彼は聖堂そのものだけでなく、「小さな動産」、すなわちつり香炉や侍祭用燭台、礼拝式用福音集、携帯用聖水盤などもまた気にかけていた。創建者たちの時代に流行していた中世的な伝統をとり上げながら、彫像2体の顔に表情を与えた。その一方は国王たちのギャラリーにあり、もう一方は尖塔の基部を囲む12使徒のひとり聖トマである。丸刈りで鬚が短いこれは片手でこめかみをおさえ、他方の手に建築家の名を刻んだ定規を持っている。この彫像だけが街なみに背を向け、尖塔を見上げて、彼の偉大な作品の評価者を一瞥しているかのようである。

3人の建築家もしくは国王

1970年代に実施された司教座聖堂のメイン・ファサード洗浄の際、修復家たちは国王のギャラリーにならぶ彫像3体の台座が分厚い石膏に覆われていることに気づいた。そこでそれを除去すると、つぎのような献辞が現れた。「この彫像の顔はノートル＝ダムの建築家ヴィオレ＝ル＝デュクの肖像。制作者シュニヨン、1858年」【ジャン＝ルイ・シュニヨン（1810-75）は彫刻家】、「ノートル＝ダムの建築家アントワヌ・ラシュ、1857没。その友人シュニヨンによる肖像」、「ノートル＝ダム筆頭監督官ピエール＝エミール・ケロン、その友人シュニヨンによる肖像、1860年」。これら彫像群の左から5番目の王の彫像はケロン、8番目のそれはヴィ

オレ゠ル゠デュク、23番目、右から6番目はラシュがモデルである。シュニヨンはこれら3体の顔に強い特徴を与えることで、他の無名の彫像と対称させている。

勝利の教会と衰退したシナゴーグ

メイン・ファサードの細部からは、中世のフランスで猛威をふるっていた深刻な反ユダヤ主義がみてとれる。中央扉の両側には2体の彫像が対置

されており、左側には聖杯と幟を手にした女性像が立っている。勝利の教会の擬人化である。反対側の女性像は衰退したシナゴーグ（ユダヤ教会堂）のそれで、顔は憔悴し、王冠は地面に落ちたままである。折れた槍を手にし、右手には裏返された律法の石板を持っている。目の上まで下がった兜はキリストを救い主として認めないその蒙昧さを象徴する。教会とシナゴーグを結びつけたこ

うしたイメージの喚起は、たとえばストラスブールやランスなど、他の司教座聖堂にも見られる。そこではシナゴーグがつねに悪魔的なものとされ、ユダヤ人たちに対する長期の迫害を示している。それ以来、キリスト教的な心性がどれほど寛容さを得たのだとしても、石に刻まれたスティグマは残っている。

聖史劇と楽園

聖堂前広場を意味するパルヴィ（parvis）と、楽園をさすパラディ（paradis）は、語源的に結びついている。中世、人々は教会前で聖書の場面を演じる聖史劇(ミステール)に興じたものだった。教理教育はポルタイユに表された無数の彫刻群を観察することで補完された。無文字の人々でも、さながらアニメのように聖書の場面を「読む」ことができた。すべての彫像がもともとは彩色され、金色の

地から浮き出ていただけに、そうすることはより容易だっただろう。天使たちの着衣のひだは鮮紅色、その翼は緑ないし青で彩色されていた。こうした配色は多少薄れてはいるが、今でもテュニックのひだに見ることができる。とりわけ顕著なのは、現在クリュニー中世美術館に保存されているユダ王国の歴代国王たちの顔で、長いあいだ日光から隠されていたそれらは、頬はバラ色、口唇は

大天使ミカエルによる霊魂の計量。中央ポルタイユの最後の審判（部分）。

赤、眉は黒く塗られている。聖史劇の上演に際しては教会のポーチが楽園を象徴していた。とすれば、この楽園から前庭まではほんの数段しかなく、そこは日常的にすみやかに乗り越えられる。

右側4番目のアーチ刳形下部に見られる地獄の表現。5番目のアーチ刳形では、王冠をかぶったずんぐりした悪魔が、劫罰を受けた者たちを押しつぶしている。彼らは富裕者と司教、そして国王である。

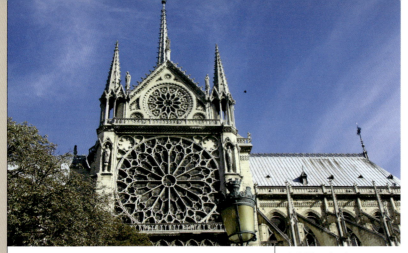

↑北側のバラ窓
←聖堂内から見た南側のバラ窓

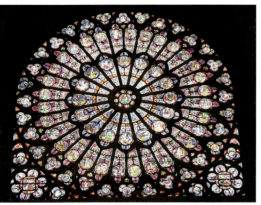

中空のバラ窓

　ノートル＝ダム司教座聖堂の2か所【全部で3か所】のバラ窓は、まったく異なる運命をたどっている。南側のそれは直径13メートル、赤色を主調とする巨大なステンドグラスだが、石積み構造の低下で幾度となく解体と復元を繰り返してきた。ヴィオレ＝ル＝デュクはこれを15度（バラの花弁半分相当）回転させ、直交軸の上に乗せた。当初考えられていなかったこの意図的な水平化によって、このバラ窓は固定された。一方、北側のバラ窓は青が基調で、空間のなかで軽やかに揺れたり、浮かんだりしている。

ガルグイユもしくはキマイラ？

　聖堂に頻出する石の奇妙な怪物たちを混同してはならない。ガルグイユは実用的なもので、建設当初から聖堂の魅力的な要素となっている。樋の端にとりつけられたそれらは、雨水が外壁をそこなわないよう、それを遠くまで排出することを使命とする。これに対し、通廊の上やファサードの各所に分散しているキマイラ像【前出】は、ひたすら装飾を目的とする。ヴィオレ＝ル＝デュクの想像力から生まれたそれらは、悪霊や怪物ないし幻想的な鳥を表わす。

真夜霊とさまよえるユダヤ人

　54体のキマイラ像を表わすため、ヴィオレ＝ル＝デュクはオノレ・ドーミエ【1808

−79。画家・石版画家。19世紀後葉のフランス社会を風刺した作品で知られる】の戯画や、自分の旅行時に描いたクロッキーからヒントをえている。さらに、19世紀末の心性を汚染していたさまざまな不安、たとえば優生学や反ユダヤ主義なども対象とした。2体のキマイラは人種の不平等に対するヴィオレ＝ル＝デュクの思想を反映している。
　もっとも有名なのは、物思いにふける真夜霊ないし悪霊の像で、鉤鼻とあらぬ方を眺める目をしたそれは、あきらかにユダヤ人を戯画化したものである。他の怪物像が獲物を威嚇したり、恐ろしいうなり声をあげたりしながら、今にも飛びかかろうと身構えているようでもあるのに対し、真夜霊はメランコリックで静か、そしてやつれて不安げなポーズをとっている。
　北塔の角にはもう1体のキマイラ像がみられ

雄鶏の嗉囊（そのう）のなかの聖遺物

ノートル＝ダムの宝物は、堂宇のさまざまな聖遺物が安置されている場所だけではなく、ほかにもある。たとえば高さ96メートルにある風見の雄鶏で、1935年におこなわれた修復工事の際、意外なことにその嗉囊のなかに骨灰が見つかったのである。出自が不明なこの聖遺物は、やがてきわめて象徴的な3種の聖遺物を納めた鉛管にとり替えられた。キリストの聖荊冠の破片、聖ドニとパリの守護聖女ジュヌヴィエーヴ【420頃-500頃】、451年、アッティラ（フン族王在位434-453）率いるフン族がパリを攻撃しようとした際、侵略者たちのもとに単身乗りこんで交渉し、パリを戦禍から救った。それ以来、パリの人々は彼女を崇敬し、クロヴィス王とその妃クロティルデもまた、しばしば彼女の進言に頼ったとされる】の聖遺物である。こうして雄鶏は「霊的な避雷針」となったのだ。

れる。唯一人間の姿をしているそれは、風に揺れる長い髭をつかみ、東の方に体を曲げている老人である。中世のユダヤ人の象徴である先端がとがった帽子と風にそよぐ鬚からすれば、おそらくそれは呪われたアハシュエロス【十字架を背負って刑場に向かうイエスを虐げたため、永遠にさまよい続ける宿命となった伝説上のユダヤ人】だろう。

この伝説はとくにロマン主義時代に人口に膾炙した。物思いにふける悪霊とは反対に、彼は心身の不調を広めたりせず、当時のユダヤ人のあきらかに卑下的なステレオタイプとも符合しない。その歴史的・精神的な原郷である東洋を向いて、諸国に永遠に離散する亡命者のイメージを想いおこさせる。一方、他のキマイラ像は、その筋肉の盛り上がりと獣性によって、1848年の3月革命【労働者・学生・農民たちが立ち上がり、国王ルイ・フィリップを退位させた革命】のあと、危険視されるようになった労働者階層の不安を表している。

ハヤブサの飛翔

ノートル＝ダム司教座聖堂の高所にいるのは、ガルグイユやキマイラだけではない。チョウゲンボウたちはそこを巣に選び、1840年以降、そこで毎年ヒナを生み、育てている。このハヤブサはまたパリの他所にも見られる。エッフェル塔やサクレ＝クールなどである。だが、ノートル＝ダムはなおも好きなねぐらとなっており、聖堂は彼らに極上の避難所を提供している。彼らは屋根の上から身を乗り出し、侵されることのない観察地点を得ると同時に、その巣として申し分のない空洞も享受している。チョウゲンボウは現在パリで棲息している唯一の猛禽類である。その翼は赤褐色でハトよりは若干小ぶ

りだが、とくに空中で停止する飛翔、いわゆる「聖霊の飛び方」によって見分けがつく。彼らの婚姻パレード（2月-3月）やヒナへの給餌バレエを見るには、双眼鏡を手にジャン22世小公園【ノートル＝ダム司教座聖堂裏】に陣取るのが理想的である

悪魔の金具

サン＝タンヌのポルタイユ（中央ポルタイユ右手）の扉を飾る錠と金具を観察されたい。これらは12世紀のものだが、その製法についてはだれも正確に特定できない（鉄を鍛造したものなのか鋳型をもちいたのか、溶接せずに溶かしたものか、ハンマーでたたいたのか）。むろん、それを真似ることなどできない相談である。まさにそれは鉄の刺繍であり、悪魔がつくったと思えるほど巧みで繊細なできばえなのである。

これについてはひとつの伝承が残っている。1200年頃、ある鍛冶師の徒弟が聖堂の工事現場で雇われ、怪我をした職人の代役として、サン＝

タンヌのポルタイユの塗装を命じられた。そこで彼は繊細で優雅、そして力強い曲線をもつ金具のクロッキーを紙に描いた。だが、いざそれをつくろうとしたとき、徒弟は幻想を捨てた。できあがった渦巻き模様がクロッキーのそれとは似て非なるものだったからである。

絶望の虜となった彼はある日、呪いの言葉をはいて、悪魔に金具を送った。するとサタンが現れ、取引をもちかけた。徒弟の魂と引きかえに、金具を彼の思い通りのものにするという取引である。徒弟はそれを受けいれた。だが、完成した扉がとりつけられた日、蝶

つがいにすることができなかった。金具が楣と同じように硬直していたからである。両者をともに動かすためには聖水をかけなければならなかった。ここから悪魔の錠前師の伝承が生まれた。ビスコルネ(字義は「2本の角」)と綽名された哀れな徒弟は、やがてベッドで死んでいるのが見つかったという【12区にはこの綽名にちなんだ通りがある】。

ピエール・ピロワの想い出

ノートル=ダム司教座聖堂には、内部に立ちならぶ列柱の基部に刻まれた2、3の十字を除いて、既成の枠にとらわれない自発的な誓願表現(宗教的グラフィティ)はほとんど見られない。ところが、驚くことに、聖堂フ

ァサードの北側ポルタイユの円柱にははっきりと文字が刻まれているのだ。1648年という年とピエール・ピロワ(Pierre Pilloy)という名前である。これと同じ名前は、サン=ジェルマン=ローセロワ教会【前出】にも見られ、そこではOとYが眼鏡のように結びつけられている。グラフィティ研究者たちは彼が眼鏡製造業者か眼鏡をかけていたと推測している。

赤い扉

ノートル=ダム司教座聖堂の参事会員たちは、責務のひとつとして、朝課のために真夜中に起きることになっていた。聖務におもむく際、彼らは聖堂北側の脇に自分たちのために特別につくられた、小さいが優美な扉を通った。これは聖堂の内陣とシテ島の北東部に位置する参事会員用の囲い地を直接結んでいた。この囲い地は4か所に扉が設けられた壁で囲まれ、彼らはそこで生活しながら聖務をにない、パリ大学の学寮が設立されるまで、子どもたちに惜しみなく教育をほどこしてもいた。その神聖な囲い地には居酒屋などはなく、労働者も女性たち――高齢者の介護役を除いて――も、立ち入りが許されなかった。

内部

ポールの柱

作家で外交官でもあったポール・クローデル【1868-1955。作品としては戯曲『繻子の靴』(1925年)などがある】は、1886年12月25日

(18歳)、「単なる好奇心」から、ノートル=ダム司教座聖堂でクリスマスの晩課に出席した。彼はサン=テティエンヌ門からさほど離れていない聖母の柱近くにいた。少年聖歌隊が「聖母賛歌」歌っているとき、突然「内部の光を浴びた」感じがした。やがて彼の作品全体は、この恩寵の際に突然生まれた強い信仰を表わすようになる。「ノートル=ダムの回心」とよばれる体験は、少年聖歌隊に対する彼の感謝の念を示すものである【1890年、彼はここで聖体拝領にあずかっている】。

駐日フランス大使【1921-27年】だったとき、クローデルは日本から出した手紙に添えて500フランの小切手を主任司祭に送り、「クリスマスの日に、子どもたちの日常生活を改善するためのささやかな祝いをするのにもちいてほしい」と頼んだ。聖堂の1枚の敷石はこのクリスマスでの奇蹟を想いおこさせる。そこは彼が回心を体験した場所である。また、日本からの手紙は聖堂の宝物庫に保存されている。

鳩たちの飛翔

他所と同様、ノートル=ダム司教座聖堂でも、聖霊降臨の主日【復活祭後の第7日曜日】には、ミサのあいだ、ヴォールトの下でハトや花、火のついた苧垢(おあか)、種なしパンを投げるのが慣行となっていた。人々にこれらさまざまなものが天空からの落下物であり、神はそれらの本質に応じて満足ないし怒りを告げるのだと、そして火のついた苧垢は天上の火だと信じさせたのだった。それは、本来神が使徒たちに聖霊を送ったときに起きたこと【『使徒言行録』2章】をイメージさせる慣行だった。ヴォールトに設けられた窓がこうした策略を可能にした。やがて幅15センチメートルほどのこの採光窓は、ロープを降ろしたりさまざまな装飾をとりつけたりするのに使われるようになる。たとえば、枢機卿の叙階式での大司教帽や公的な葬儀時での旗などである。内陣や身廊でのそれらはかなりの数にのぼった。だが、採光窓がもちいられなくなると、そこは栓でふさがれた。

鉈鎌で加工された森*

ノートル=ダム司教座聖堂の骨組全体は、無数の梁がもちいられているところから「森」とよばれている。おのおのの梁は異なる幹から加工され、それに必要な樹木は1300本を数える。そのうちの3分の2は1100年頃に切り倒されたナラの木で、当時の樹齢は300-400年だったとされている。これら梁の側面には今も鉈鎌の痕が見られる。この壮大な建設工事がなされていた当時、まだ鋸は存在していなかったからである。

©ANDREW TALLON

鐘と大鐘

聖堂の南塔には、「エマニュエル」とよばれる大鐘【聖堂内の鐘のうちとくに大型のもの】がある。マストドン【第三紀に栄えた巨象】ともいうべき重量約13トンもある大鐘で、それが鳴ると、鐘楼の上方が3センチメートル揺れた。舌（それだけで488キログラムある）は長いあいだ人力に頼っていた。てこをもちいてこの舌を振動させるには、8人の男が必要だったのである。大鐘の命名式は1682年、その名づけ親（ルイ14世と王妃マリー＝テレーズ・ドートリシュ）の臨席のもとで営まれた。2013年から、それはより小ぶりな鐘「マリ」をともなうようになり、両者は重要な行事のときのみ鳴らされる。

かつて鐘撞きの仕事は閑ではなかった。そのこ とはつぎの指示書からあきらかである。「最初の塔の大きな鐘5口を鳴らし、ついで、讃美歌のあいだもしくは詩篇の朗誦が始まるときに時鐘のみを撞く。（…）ミサ答えの少年たちが殉教者名簿を読み上げる頃、ラフィタと命名された鈴を鳴らし、それから大鐘のニコラを撞いて、さらに間を空けずに第2の塔のカリヨンを鳴らす」。

1972年から鐘は自動で鳴るようになっているが、その責任者である聖具係主任は、拙いながらもピアノの単純な鍵盤をたたく。カジモド【字義は「白衣の主日」（復活祭後第1日曜日）。ユゴー作『ノートル＝ダム・ド・パリ』に登場する鐘撞き男の名でもある】と命名された作動システムが働いて、南塔の2口の大鐘と北塔の8口の鐘（2013年にとり替えられている）が操作される。聖具係は聖務の種類や典礼時期に応じて、そのいずれかを選ぶ。現在、時刻と半刻を告げるカリヨンは、日に3度鳴らされるお告げ（アンジェラス）の鐘同様、自動化されている。

貴重な聖遺物

聖堂の南側にある宝物庫には、貴重な典礼具が保管されている。水差しや小瓶、杯、香炉などである。さらにガーネットやエマイユ、ルビーなどが象嵌された金ないし金メッキの細工品も数多い。これらは神の恩恵を引き寄せる、あるいはみずからが地上におけるその代理人たろうとしていた貴顕たち（ナポレオン1世、ナポレオン3世、エチオピア皇帝など）から寄贈されたものである

永遠不変の禁忌

ノートル＝ダム司教座聖堂の南塔の2か所には、つぎのような文言が刻まれている。「鉛板や壁にグラフィティをしたり、鐘を鳴らしたり、塔の上になにかを投げ捨てたり（jetter）、いかなる汚物も出したりすることを厳禁する。違反者には罰金を科す」。別の箇所でも誤字【正確にはjeter】がそのままとなっている。これが書かれたのは、19世紀のヴィオレ＝ル＝デュクによる修復工事の時期である。

←聖ペテロからベネディクトゥス16世【在位2005-13】までの教皇を描いた258個のカメオのコレクション（一部）。

↙聖荊冠の聖遺物箱と2本のプファルツ十字【ギーズ公アンリ2世とプファルツ公子の妻アンヌ・ド・ゴンザガ（1616-84）の寄贈品】。

↓↓キリストの聖荊冠と聖女ウルスラ【3世紀。ブリタニアの伝説的聖女】の金・銀箔をほどこした木製胸像聖遺物（15世紀）。

る。かつてそこはフランスでもっとも豊かな宝物庫だったが、フランス革命で消滅同然となった。しかし、1804年、この宝物庫はサント＝シャペル（26頁以下参照）の宝物を受け継ぎ、再建への歩みを開始した。さらに、パンテオン（144頁以下参照）の世俗化にともなって宝物が移管されるなど、以後も寄贈品が数を増していった。

一方、聖堂の至聖所は毎月第1金曜日か受難の聖遺物の展示日のみ公開されている。そこには編んだイグサの輪で、トリノの聖骸衣について、キリスト教のもっとも重要な聖遺物とされる聖荊冠や、十字架の木片とその釘1本──聖母騎士団【聖地巡礼におもむく貴族たちをたたえて、教皇アレクサンデル6世が命名した15世紀の騎士団】の騎士たちによって守られた宝物──などがある。その正統性ないし真贋を立証することはできないが、キリスト教会はこれら聖遺物を崇敬の対象としている。

舞台裏で＊＊

聖堂が日々その役目をきちんと遂行するには、舞台裏で活動的に動きまわるさまざまな係が不可欠である。彼らの一部は聖具室で神聖な装飾や典礼服を管理する。この典礼服はコメディ＝フランセーズ座の仕立て人だったあるボランティアがこしらえ、狭い工房で刺繍をほどこしたものである。聖具室のとなりには音響・映像調整室があり、聖堂内の随所に置かれた隠しカメラのモニターが詰めこまれている。そこから晩課（毎夜）と歌ミサの様子が、テレビ局のKTOとラジオ・ノートル＝ダムで中継される。19世紀まで信者たちが立ち入ることのできた階上席には、80台ものプロジェクターの電源コードがくねくねと床を這っている。

一方、「スフロ」とよばれる地下室は骨董品をふくむ雑多な品々の倉庫となっており、そこにはクレッシュ【クリスマス前後に聖堂内に飾られるキリスト生誕群像】の人形や書見台、譜面台、司式者席、ブティックで売られる商品、ツゲの枝束【枝の主日（復活祭直前の日曜日）用】、説教壇などがある。

晩課のあいだ、オルガニストと聖歌隊長はそのレパートリーを演奏・指揮する。彼らが帰宅すると、守衛が活動を開始する。監視のための巡回をし、説教壇──いうまでもなく──を手はじめに、目立たない10か所あまりを見てまわる。そして、聖堂内でひそかに夜を過ごそうとする侵入者たちを一掃するのである。

パリ歴史文化図鑑──パリの記念建造物の秘密と不思議

ヴォージュ広場
（1605-12年）

- 創建者：アンリ4世
- 計画・目的：画一的な邸館群に囲まれた幾何学的な形状の広場をつくる。
- 建築家：ルイ・メトゾー、ジャック・アンドルエ・デュ・セルソー、クロード・シャスティヨン
- 革新的特徴：フランス窓を活用したこと。
- 反響：すみやかな熱狂。
- 有名因：全体的な調和。
- 所在：ヴォージュ広場（3・4区）
  最寄駅：地下鉄バスティーユ広場駅

スレート屋根の邸館9棟が広場の周囲につらなっている。

ヴォージュ広場はかつてパリ市街から離れており、16世紀に馬市が開かれていた。夜明けと夕暮れ、ここではまた秘密の決闘がおこなわれた。1605年、国王アンリ4世はこの場所を整備して豪華品の生産工場、つまり「ミラノ風の絹と銀糸の工場」を建設しようとした。やがてその考えは変わり、当時のパリに欠けていた娯楽と散策の場としての広場を建設することにした。フランス南西部のラバスティド＝ダルマニャクに一時滞在した際、アンリ4世【当時はまだナバラ王アンリ3世（在位1572-1610）。フランス国王在位は1586-1610年】はある友人の家に住んだ。この家の窓は低いアーケードを備えた公園【ロワイヤル広場】に面していた。それは彼にとって実践的な情景だった。そこでは柱廊が散策者に憩い場を、商店主には自由な店構えを提供していたのだ。

この広場の調和に心を奪われたアンリは、そこから自分のロワイヤル広場へのヒントを得た。彼の指示書に従えば、各邸館は石積みで補強されたレンガのファサードや軒樋、同じ規格の煙突、屋根窓、バルコニー、そしてまっすぐなスレート屋根を備えなければならなかった。ビラグ通りの南側に突き出ている「国王の邸館（パヴィヨン・デュ・ロワ）」とベアルン通りの真向かいにある王妃のそれだけは、屋根が一段高くなっていた。現在、36の邸館が広場を囲んでいるが、国王はそのすべてを自分用に建てたわけではない。王室に貢献した者たちに広場の土地を無償で分け与え、そこにみずからの費用で同じモデルの邸館を建てるようにしたのである。

1612年の除幕式以降、ロワイヤル広場はパリの上層階層にもてはやされた。売却と賃貸を問わず、その36邸はさながらプティ・パンのように奪い合いとなった。金融・財政の世界に属する者であれ、貴族であれ、さらには高級娼婦の華であれ、時流にのるにはこの一角に仮住まいをもつことが絶対条件だった。だが、ルイ14世が没すると、マレ地区全体が衰退し、その一角にあるヴォージュ広場【呼称はフランス北東部の県・山地名】もまた人気に陰りがさすようになる。宮廷貴族たちはフォブール・サン＝ジェルマンに、財界人もパレ＝ロワイヤルやショセ＝ダンタン通り【オペラ座東側】に居を移した。そして、この広場は革命期に肉体労働者たちの地に様変わりし、やがて砲兵の軍用品集積場に転用されたのち、1866年に公園になった。

エピナル版画

ただひとりの君主をたたえる広場は、ときに政治状況の激変によってその呼称が批判をこうむることがある。ヴォージュ広場もまたその例外ではなかった。1612年から1792年までロワイヤル（国王の）広場とよばれていたこの広場は、やがてフェデレ（連盟兵）広場、パルク＝ダルティユリ（砲兵公園）広場、ファブリカシオン＝デ＝ザルム（兵器製造）公園、1793年にアンディヴィジビリテ（不可分性）広場と名を変えた。さらに1800年から14年まではヴォージュ広場とよばれ、1814年から30年まではロワイヤル広場、30年にレピュビリク（共和国）広場、そして1871年に再度ヴォージュ広場と改称している。

では、なぜこの県なのか。それはヴォージュ人たちの愛国心に報いるためだった。1792年の革命時に最初に税を供出し、「祖国の危機のよびかけ」に義勇兵を派遣するという、二重の貢献をしたからである【エピナル版画とは、ヴォージュ県の県庁所在地であるエピナルでつくられている一連の彩色版画】

仲たがいの鉄柵

もともと遮蔽物がない自由な砂地だった広場の中央部は、乗馬競技をふくむ馬術行事の場だった。そこではまた、禁令が出ていたにもかかわらず、幾度となく決闘もおこなわれた。これに業を煮やした当局は、決闘者たちの意志をくじくため、1639年、中央部の盛土の部分にルイ13世の騎馬像を据えた。それに続いて、芝生も植えた。1685年、大部分が貴族だったその地主たちは、互いに費用を出し合って金箔をほどこした立派な鋳鉄製の柵をつく

り、それで広場を囲んだ。南北には巨大な門も設け、地主たちはそれぞれその鍵を持っていた。この私有化された囲い地は、パリで最初の共有公園となった。

フランス革命期には、鉄柵の金色の先を奪おうとする、サン＝キュロット【フランス革命を推進した手工業者や無産階層

で、字義は「キュロットをはかない者」の欲望を引きおこした。ただ、幸い鉄柵は解体をまぬかれた。囲い地のなかに革命家たちの関心をそらせた軍用品集積場があったおかげである。こうしてかろうじて破壊から救われたものの、それは長くはつづかなかった。理由は不明だが、ヴィクトル・ユゴー【1832年から48年まで広場の6番地に住んでいた。現在そこは博物館「ヴィクトル・ユゴーの家」となっている。後出】をはじめとする住人たちの反対にもかかわらず、ルイ＝フィリップが鉄柵を撤去してしまったからである。そして1839年、新たにブロンズ製の柵が据えられたものの、それは17・18世紀の金物の傑作とはとても比べられないほどごくシンプルなものだった。

突飛な松葉杖

ヴォージュ広場の中央部にある、ルイ13世（アンリ4世の息子）の騎馬像の下に突き出た石の幹はなんなのか。1639年、リシュリュー枢機卿【広場の住人だった】はロワイヤル広場を飾り、それまで決闘者たちに人気があった場所を占用するため、ブロンズ製の彫像を1体注文した。だが、この彫像は革命期に溶解されてしまった。1825年、代わりの彫像が彫刻家のジャン＝ピエール・コルトー【1787-1843。代表作として1834年のル・サロン展に出品し、テュイルリー公園に置かれている『勝利を告げるマラトンの兵士像』がある】に発注された。彼はその彫像の素材としてブロンズではなく、カララ産の巨大な大理石塊をもちいるのがよいと考えた。愚かしいまでの奇抜さである。あるかあらぬか、大理石は騎馬の重みでひび割れ、作品もついに完成しなかった。その際の応急処理としてもちいた鎖の痕跡が、馬の両側に今も見える。そこではまた騎馬像全体を永続的に支え、瓦解を防ぐための突飛な松葉杖もとりつけられた。これが幹の正体である。

レンガとブロック（ちぐはぐな）

アンリ4世は王国の要職者数人にのちの広場をとり巻く土地を寛大にも分け与えた。条件は義務づけられた資材をもちいてそこに同一規格の邸館を建てる、ということだった。そこではレンガが建物の肉、それを支える石組みが骨とならなければならなかった。当時、高貴なものとみなされていたレンガは、王宮や城、さらに大邸宅の工事にもちいられていた。だが、何世紀も経つと、ケレン、つまり清掃作業が必要となった。18世紀には、貧しさをかこつ家主たちがファサードをだまし絵で修復するようになった。工事の請負人たちは、「レンガ風」とよばれる塗装をしていかにもレンガ積みのようにみせたり、あるいは石膏の全体を雄牛の血で彩色し、そこに偽物の目地を刻み、白鉛を流しいれたりした。

この経済的な手法は広くもちいられ、1950年代には邸館の半数あまりがレンガもどきの外壁だった。しかし、やがてこうした建物は少なくなる。修復・改築がそれまで塗装に下に隠れていたレンガを表に出すようになったからである（ヴォージュ広場9・11・12番地）。興味深いことに、こうして彩色されたレンガは、建物の画一化を義務づけたアンリ4世の意図とは裏腹に、バラ色から暗紅色までちぐはぐなものになっているのである。

馬の腹部に亀裂が入っている大理石像

2通りの粗雑なレンガ風外壁。

カーキ色から赤までの多様なレンガの色調。

使われなくなった、古めかしい付属品

　かつてヴォージュ広場はかなり人気があり、産業も盛んだった。多くの職人や商人がアーケードの下に工房や店を構え、その販台を通廊の敷石にまではみださせていた。こうした勤労的な過去は今も残っているのだろうか。たしかに広場の西側に行けば、彼らの日常の痕跡が数多くみてとれる。

豚のしっぽ
　広場の17番地にある建物の6か所の天窓には、両側に豚の尻尾がとりつけられている。これら栓抜きの形をした鉤は、重いないし場ふさぎの荷（家具、秣、麦袋など）を引き上げる際、ロ

穴の開いた敷石
　アーケードの柱のあいだに大きな穴の開いた正方形の敷石を探すなら、地面に鼻をつけなければならない。これらの穴は通廊下にある地下室の採光換気窓である。この地下室は通廊の1階で商いをする多くのワイン・食料品商たちによって使われていた。今では穴は大部分が無粋な鉄柵にとって代わられているが、それでも10個あまりはもとのままとなっている。

ープをかける固定点としてもちいられた。通常、この鉤は地下室に荷を入れるため、家の基部についているはずだが、驚くことに、ここでは家の高みにつけられている。おそらくヴォージュ広場の個人宅では、屋根裏の物置に荷を運びいれるための滑車より、鉤の方が目立たなかったのだろう。

嫉妬
　一部の邸館（13・15・17番地）では、その窓ガラス越しに可動式のシャッターを備えた木製の鎧戸がみられる。これらの鎧戸は18世紀に窓の内側にとりつけられたもので、その目的は熱気や風だけでなく、無作法な視線を避けるところにあった。

車輪よけ
　1860年から1910年にかけて、数多くの車置き場や廐舎、馬具置き場が通廊の1階に設けられた。今では小型4輪馬車や馬の姿はなく、両開きの飾り鋲が打たれた正門と、きわめて不揃いな車輪よけだけが残っているだけである。「泥よけ」ともよばれる後者は、壁

の角を車輪や繋駕ハブから守っていた。これら車輪よけの一部は円錐形の石で、金属製のたががはめられたものや、アーチないし渦巻状の鋳鉄製のものもある。

亡霊の壁龕
　国王の邸館（1番地）のファサードには、縦に入った溝の延長上に壁龕の輪郭がみてとれる。窪みはふさがれているが、その形状には特徴がある。オイル式の公共照明システムの名残であるそれは、鋳鉄製の外枠に鍵で開閉する小窓がついたもので、小さな収納箱を思わせる。かつて街灯の点灯人は日に2回、ランタンを点検しにやってきた。1回目は午後に入ってすぐで、ランタンのランプとガラスのメンテナンス、2回目は夕刻で、点灯のためだった。燃料がなくなれば、ランタン

は自動的に消えた。点灯
人は鍵で小窓を開け、手
回しハンドルを巻上げ機
の軸に差しこんで、ラン
タンを作業しやすい位置
まで降ろした。
　この日常的な作業（芯
の交換、ガラスのとり替
え、オイル・タンクの充
填、窓ガラスと銀メッキ
した反射鏡の清掃など）
が終わると、点灯人はラ
ンタンをもとの位置まで
引き上げ、小窓を閉める
のだった。それから数十
メートル離れた別の街灯

に向かい、同様の作業を
おこなった。こうした壁
龕の大部分は壁の流し塗
りの際にふさがれたが、
その輪郭は、石片でふさ
がれている滑車の固定箇
所にはっきりと見分ける
ことができる。

劇場的なヴォールト
　ヴォージュ広場を囲むアーケードは、かつて木組みによるフランス式天井を有していた。やがて天井は石膏のプラスターで覆われ、その上から石の交差ヴォールトで分けられたレンガの格間風装飾が施された。アーケードの数か所はあちこち破損しているものの、それでもこの巧みな装飾の「舞台裏」（木組み）をかいまみることができる。

他と異なる通廊
　広場の北側は他の側より少し遅れて1610年に完成している。ファサードの構造にこの多少の遅れは確認できないが、北側を走る通廊にはそれがみられる。あきらかに天井が高いこと、迫枠(こうま)のヴォールトが石とレンガ積みであり、木組みではないことなどである。

パリ歴史文化図鑑――パリの記念建造物の秘密と不思議

差異の展開
広場に立ちならぶ建物は一見どれも同じように思えるが、じつはそうではない。たとえばバルコニー（窓の1〜4枚分）や手すり（雑多な様式）、屋根（円窓ないし天窓の追加）などである。21番地の虫食い装飾が施され

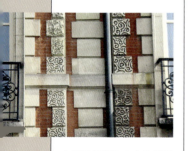

た補強石積みもまた興味深く、広場で唯一のものである。さらに1番地2号の天窓周囲のレンガ積みは、1975年の不規則な修復の産物といえる。

ヴォージュ山地の青い線
薄青いスレート屋根の棟飾りは、変化に富んだ起伏を示している。その急勾配の上には屋根窓と円窓が共存し、高い煙突は屋根の稜角線を越えて空へと突き出ている。煙突が高くなればなるほど、邸館の異なる階に分布する暖炉の吸いこみがよくなる。こうした実際的な説明にくわえて、そこには審美的な利点もある。これら垂直の棒線が、たとえば文章のコンマや楽譜の拍子のように、稜角線にリズムを与えているのである。

調和を乱すもの
ヴォージュ広場の邸館全体が調和的だとしても、そこにはしばしば急ごしらえの建築に起因する多少の欠陥や不協和音がみてとれる。2・4・10・11番地の窓枠のいささかおぼつかない水平性のように、一部の配列は歪んでいて不完全である。屋根組もまた時がたつにつれて歪むようになっている。それに気づくには、たとえばヴィクト

ル・ユゴーの旧宅の窓から眺めればいい。

ピスパラ
かつて国王の邸館下の通廊全体に漂っていた尿の悪臭は、とても耐えられるものではなかった。そのため、そこに排尿防止の対策が講じられた。「ピピ（尿）よけ」や「ピスパラ」、「衛生縁石」、「靴下跳ね」などとよばれた円錐形の大きな縁石で、審美性と実用性を兼ね備えていた。建物の角に据えられたそれは、排尿者の背丈にかかわらず、尿を本人の靴下や靴にはね返らせるものである。

アンリ4世の像があらわされたメダイヨンは、国王の邸館に復古王政時につけられている。彼の組みあわせ文字は反対側（ビラグ通り側）にある。

裏表

ヴォージュ広場の1番地と28番地の邸館は、その高さと装飾が際だっている。前者は国王の邸館で、王室の予算で建てられ、広場のメイン・エントランスとなっている。ビラグ通りから広場に着くと、縦溝のつけ柱や彫刻フリーズ、国王の花文字などでみごとに飾られたレンガの邸館が目に入る。対称性をもたせるため、その反対側には同様の邸館も建てられている。「王妃の邸館」（パヴィヨン・ド・ラ・レーヌ）とよばれる建物である。ただし、それは一度も王家の所有になったことはなく、王妃がそこに足を踏みいれることもなかった。それはただ鏡像効果を狙っただけのもので、国王邸館のような重要性を帯びてはいなかった。ベアルン通りに面したその裏手は、レンガや石造りではない小さなファサードで、人目をひくためにつくられたものものではない。しかし、運命の皮肉というべきか、国王の邸館（とビラグ通り）は一方通行路の二義的な出口となり、王妃のそれが広場への入り口になっている。

王妃の邸館のファサード（ヴォージュ広場側）と裏側（ベアルン通り側）。

奇数番地側

カジョルリ（甘言）広場

　ヴォージュ広場3番地にはサン=テラン館がたっている【通称はモンモラン館。1609年に、ルイ13世の王妃で、ルイ14世の母后だったアンヌ・ドートリシュの尚書局長だったシモン・ル・グラのために建てられ、のちにその孫娘で、1861年にフォンテーヌブロー総督のサン=テラン侯爵と結婚したアンヌ・ル・

グラ（1624-1709）がこれを相続した】。啓蒙時代をとおして、ここは信じがたいほど放埓な挑戦の舞台だった。1718年のこと、ローズ=マドレーヌ・ポルタイユという若い寡婦が、女友達とともに、広場の男たちを邸館順にひとり残らず誘惑するという賭けをした。ある執達吏が確認したこの快挙は、当時もっとも反モラル的であり、ポルタイユ夫人の隣人（！）でもあったリシュリュー公【ルイ=フランソワ=アルマン（1696-1788）。枢機卿の大甥（甥の息子）で、のちに陸軍元帥】の称賛を強要した。

　当時23番地に住んでいた公爵は、他の男たちと同様、自分の番になって、その誘惑に身を委ねた。その偉業を正当に見積もるには、彼ほどの適任者はいなかった。極端なまでの放縦のために幾度となくバスティーユに投獄された彼は、釈放されるやすぐに同じ過ちを繰り返した。そんな彼は摂政【オルレアン公フィリップ2世】の「内輪の敵」と綽名された。彼の愛妾たちをたやすく籠絡しては楽しんでいたからである。彼はまた、それを証明することはできないが、手練手管に長けた隣人にならって、広場のすべての女性たちと関係していることを誇ってもいた。

レールの証言

　5番地のアーケードの下では、敷石にレール2本の痕跡が刻まれている。このレールはポーチを越え、かつて製品を作っていた黄色いレンガ造りの建物によって遮られている中庭まで続いていた。1914年から54年にかけて、ここには最初の

鉄道サービス企業だった有名な国際寝台車・ヨーロッパ高速鉄道会社の調理場があり、そこから食堂車やビュッフェ車、駅のビュッフェ、さらに高級ホテルに料理を提供していた。この会社はロジスティックスの分野で前衛的という名声を博した。かなり高い頻度でもちいられていた2本のレールは、まさにそのことを示すものである。輸送に耐えられるようパックされた料理は、トロッコで中庭から通りに運ばれ、そこで冷凍車に載せられた。かつての調理場は、現在は有名なデザイナーのアトリエとなっている。

シュリー館の庭園は、ヴォージュ広場とつながっている。

バルコニーの来歴

　バルコニーがはじめて登場したのはルイ13世時代のロワイヤル広場だった。アンリ4世が望んだファサードの画一化という命令は、そのことを予見していなかった。だが、家主たちが窓の手すりに呼応するような鋳鉄の手すりで保護された、「一時的な構造物」を設ける許可を求めたことは、広場の雰囲気を高めるうえできわめて魅力的な出来事だった。やがて許可がおりたが、一時的な構造物は永久のものとなり、その結果、この構造物、つまりバルコニーは存在感を発揮するようになる。そして今日、バルコニーのない邸館は例外的で、3・5・7番地の邸館のみがなおも当初のままとなっている。

歴史の近道

　広場の南西角（7番地）には、日中開いている門がある。これはサン＝タントワヌ通りへの近道で、そこを通ればシュリー館の庭園と中庭に出ることができる。シュリー公【1559-1641。政治家・元帥】は1634年、入口がサン＝タントワヌ通りに面したこの邸館を手にいれている。だが、いささか手狭だと思った彼は、庭園の端、ロワイヤル広場に面した場所に別の母屋を建て、一部を果樹園とした。晩年近く、富に恵まれた好人物の彼は、突飛な帽子をかぶり、重い宝石を身につけ、流行おくれの服をまとって、連日のように意気揚々と広場におもむくため、この門に莫大な資金をつぎこんだという。

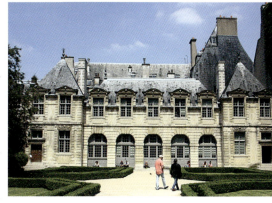

グリフィンのサイン

　作家のニコラ・レチフ・ド・ラ・ブルトンヌ【1734-1806。代表作にフランス革命前夜のパリを活写した8巻からなる『パリの夜もしくは夜の見物人』(1788-94年)などがある。興味深いことに、同時代の反目していたサド侯爵(1740-1814)が1791年に『ジュスティーヌあるいは美徳の不幸』を出すと、『反ジュスティーヌもしくは愛の甘さ』(1798年)を著してもいるが、4年後、性的な書として治安当局から禁書の烙印を押された】は、パリの疲れを知らない散策者で、眠れない夜にはマレ地区やサン＝ルイ島を歩きまわった。その彼には習癖があった。鍵や鉄片で文言を刻むという習癖だった（当時はまだグラフィティという言葉はなく、それが生まれたのは19世紀のことである）。

　日付や名前、いくつかの略語などで、しばしばラテン語ももちいたそれ

らは、彼の日常生活に起きたさまざまな出来事を示すものだった。この奇癖ゆえに、彼は「グリフィン」や「鏨で石をひっかく者」と綽名された。帰宅すると、こうして刻んだグラフィティを手帳に書き留めた。これがのちに刊行されることになる『わが碑文』(1779-85年)のもととなった。ただ、残念ながら彼のグラフィティはほとんどが消されてしまっている。おそらく11番地のアーケードの柱に今もみられる「1764年、ニコラ」を除いては、である。

ギブアンドテイク

ヴォージュ広場19番地とフラン＝ブルジョワ通りの角にある大理石板は、奇妙なことに遺言書の体裁をとっている。そこにはこの邸館の持ち主だったヴィクトル・ベランジェ（1852年没）が、死後、8区の社会福祉事務所に遺産を寄付するということが記されている。この遺贈と引きかえに、福祉事務所は「ペール＝ラシェーズ墓地の寄贈者一族の墓所を永久に保全するとともに、とくに恥ずべき貧者たちを援助」しなければならないともある。「恥ずべき貧者たち」がなにを意味しているのか、明確にすることはむずかしい。だが、エティエンヌ・ルイ・ヴィクトル・ベランジェの立派な墓石をみるにつけ、パリ養護施設・病院群（AP-HP）【1801年創設】が、今もなお160年以上前になされた約束を守りつづけていることを考えさせる。

奇妙な日付

25番地のヴォールトの要石には、エルゼヴィル書体【オランダ人のL・エルゼヴィル（1540-1617）が創案した活字書体】で謎めいた日付が刻まれている。それはかなりの巧みさと審美的な関心を物語っており、なんの確証もなくレチフ・ド・ラ・ブルトンヌ【前頁参照】に帰せられる11番地のグラフィティと異なり、本物であることに間違いはない。ただ、1764年というのはいささかなりと奇妙である。当時、この邸館はガスパール＝セザール・シャルル・レスカロピエのものだったからである【レスカロピエ（生没年不詳）はパリ高等法院評定官で、邸館の購入は1694年】。

はたして日付の作者はだれか。作業が終わったことを記そうとした石工か。そうだとすれば、それは広場の豪華さがすでに記憶でしかなかった年の4月28日なのか。この年の4月1日、レスカロピエは娘を嫁がせている。あるいは彼はその機会に邸館を飾るか改築したのだろうか。しかし、これはあくまでも推測の域を出ず、疑問はなおも残ったままである。

生花で飾られているわけではないが、ベランジェ家の墓はつねにメンテナンスが行き届いている（委譲番号132、ＰＡ1817年、第13区画、ロータリー真向かいの第4列目、第14区画最初の墓）。

偶数番地

非常口

　ヴィクトル・ユゴーは1832年から、6番地にあるロアン＝ゲメネ館の3階のアパルトマンを借りていた。彼はそこに妻のアデル・フーシェ【1803-68。一時期、夫の友人だった批評家・作家のサント＝ブーヴ（1804-69）と親しい関係にあった】および4人の子どもたちと、1848年まで

ストリート・アートのある愛好者がステンシル法で描いたヴィクトル・ユゴーの短命な肖像画（国王の邸館下）。

一緒に住んでいた。そのあと、ジャージー島に追放された【1852年。この島でナポレオン3世を攻撃する『懲罰詩集』（1853年）を書いている】。建物の裏手にある秘密の出入り口は、ゲメネ袋小路に面していた。ユゴーはこの出入り口を通って、プティ＝ミュスク通りの家具付きアパルトマン「ラ・エルス・ドール」に通った。そこには彼が想いを寄せていた製パン店の女主人がいたからである。ヴォージュ広場のロアン＝ゲメネ館はのちにヴィクトル・ユゴーに捧げられた博物館に、そして有名な出入り口は邸館の非常口になっている。ただし、錠はかけられたままである。

区役所の小尖塔

　ヴォージュ広場の東側に位置する邸館のファサードには、屋根の上に突き出た小尖塔がある。かつてその下には8区の区庁舎が置かれていた（当時のパリには区が12しかなかった）。14番地のリボー館【のちにラングル館やラ・リヴィエール館などと改称された】は、フランス革命期に没収されて国有財産に組みこまれ、区庁舎となった。ただ、区庁舎となるにふさわしい邸館は、すべて小尖塔を備えなければならなかった。1848年頃にはこの小尖塔に鐘楼が設けられ、結婚式や愛国的な大規模な行事の際には、その鐘が鳴らされた。1850年にパリ市の12区が併合・再分割されて20区になると、リボー館の区庁舎は4区のそれとなり、新たにつくられた4区のボードワイエ広場に移った。

　当時、リボー館にはフランス・ユダヤ教の大祭司が住んでおり、そのアパルトマンはヴォージュ広場の裏手、トゥルネル通りに新たに建立されたシナゴーグに通じていた。やがて1960年代にこのシナゴーグがセファラードたち【地中海沿岸諸国出身のユダヤ人】の祭式にもちいられるようになると、アシュケナージたち【ドイツ・ポーランド・ロシア系ユダヤ人】が、大祭司のアパルトマンを自分たちの祭式に転用するようになった。そして今では、小尖塔と文字が半分消えかかった銘板だけが、かつての区庁舎を偲ぶよすがとなっている。

パリ歴史文化図鑑──パリの記念建造物の秘密と不思議

バスティーユ広場
（1789–1840年）

バスティーユ広場はそれ自体がモニュメントで、サン＝キュロットたちの攻撃によって奪われた要塞とフランス革命に結びついている。国家の監獄ともなっていた要塞は徹底的に破壊されたが、それでもなおさまざまな痕跡ないし記憶を通して、往時の姿をかいま見せてくれる。

1789年7月14日まで、ここはポルト＝サン＝タントワヌ広場とよばれていた。バスティーユ監獄は現在の広場の中央ではなく、幾分南西によった場所にそびえていた。この監獄は国王の命のもと、悪名高い勅命逮捕状によって重要な囚人【および一般囚人】を一時的に「幽閉」していた。監獄の収容人数は最大40人程度で、彼らはここでおよそ4か月間獄中生活を送った。だが、一部の囚人たちが語っているように、食事に出された若鳥の肉があまりにも脂身が少なかったことを除けば、比較的扱いはよかった。

圧政の鉄鎖を断ち切って、松明をふりかざしながら飛び立とうとしている自由の天使像。

1789年7月14日、革命家たちが攻撃したのは、偽造者4人と狂人、近親相姦を働いた父親、そして盗賊各ひとりが幽閉されていた監獄ではなく、火薬庫だった。その2日後、「暴君の要塞」の解体が始まる。非常に野心的な愛国者だったピエール＝フランソワ・パロワ【1754-1835】という工事請負人がそれを個人的に引き受けた。解体による石材の大部分はコンコルド橋の建設にもちいられ、一部はトラシー通り（2区）の舗装工事にも向けられた。一方、パロアは残った石材で実入りのよい商いに精を出した。それを文鎮やバスティーユをかたどったインク壺、あるいは旧要塞の跳ね橋を刻みこんだメダイユの形で土産品にしたのである。

あるいは空間恐怖ゆえか、まもなく広場の装飾計画が立ち上がる。象の噴水をつくるというものだった。

それにしても、なぜ噴水なのか。1808年にはラ・ヴィレットの貯水池が水をたたえるようになったばかりだった。これによってパリ市民は豊富な水道水を享受するという贅沢を知るようになった。では、なぜ象なのか。この厚皮動物は新古典主義の造形表現にしばしば登場していた。それは民衆の力を象徴し、有名な征服者たち（アレクサンドロス大王やハンニバルなど）を暗示するものでもあった。ナポレオンのエジプト遠征【1798-1801年】ののちに始まるオリエンタリズムの流行もあった。こうしたすべてのことが皇帝を喜ばせ、象のモチーフに強いこだわりをもたせたのである。

そして1808年、巨大な噴水の礎石が据えられた。建築家のジャン＝アントワヌ・アラヴォワヌ【1778-1834。ルーアン司教座大聖堂の尖塔なども手がけている】が基礎工事を監督し、1813年、近くの現在オペラ・バスティーユ座（新オペラ座）となっている場所に、木と石膏でできた等身大の象の模型を置いた。工事の進捗状況を判断するためである。やがて皇帝が最終的に失脚すると【1815年】、だれひとり工事のことを気にかけなくなった。放置され、荒廃した象の像はネズミたちの巣となった。その骨格は7月革命記念柱と6年間共存し、46年に最終的に解体された。バスティーユ広場の最後の大規模な変革は、旧パリ＝バスティーユ駅の残骸の上に、前記のオペラ・バスティーユ座が建てられたことである。落成は1989年7月13日。きわめて象徴的な日である。

旧パリ＝バスティーユ駅の跡地に建てられたオペラ・バスティーユ座。

要塞の輪郭

　バスティーユ広場の3・5番地の前に立てば、かつて金庫としてもちいられていたところから、「トレゾール（宝物）」とよばれていた塔があった場所に、要塞の地図を刻んだ表示板がかかっているのがわかる。車道には他より大きな敷石がならべられているが、これがバスティーユ要塞の輪郭線を示している。サン＝タントワヌ通りからアンリ4世大通りまで走るこの線をたどっていけば、要塞がさほど広大でなかったことがわかる。66×30メートルで、高さは7月革命記念柱の半分ほどの24メートル。その「バジニエールの塔」は現在のアンリ4世大通り49番地に立っていた。

　一方、「自由の塔」の丸い名残はサン＝タントワヌ通り1番地のバス停前にある。1898年の地下鉄工事の際、深さ7.5メートルのここから自由の塔の基礎用石材が見つかった。監獄の塔に自由という呼称は間尺に合わない話だが、それは、この一角に幽閉された（重要な）囚人たちが、いくつかの特権を享受していたからである。とりわけ彼らには、街なみを眼下に見下ろす塔にのぼり、深呼吸をしたり友人たちに挨拶したりできるという「自由」が認められていた。サド侯爵もこうした囚人のひとりだった【サド侯爵（1740-1814）は1784年から、89年にシャラントン精神病院に移されるまで幽閉されていた。一説に革命直前の7月2日、彼が監獄の外に集まっていた群衆に向かって、「彼らはここで囚人たちを殺している」と叫んだことが革命を誘発したという】

　この自由の塔はアンリ＝ガリ小公園に移されたはずだが、それはバスティーユのもっとも重要な名残といえる。さらに、アルスナル港（貯水池）は旧掘割が拡張されたもので、それはセーヌの水を要塞の堀に導くためのものだった。

↖車道の上に具体化された要塞の輪郭。

↑要塞の見取り図（バスティーユ広場3・5番地）。

↙アンリ＝ガリ小公園にある自由の塔の名残。

↓アルスナル港。

要塞の入り口

一般に考えられているのとは異なり、バスティーユ監獄は広場の中央部にはなく、多少西よりの場所にあった。7月14日に革命家たちが要塞に突入した前庭は、サン＝タントワヌ通り1番地に位置していた。5番地の建物の壁にかけられた表示板がそのことを立証している。

栄光の痕跡とその謎

バスティーユ監獄の見取り図からさほど離れていない2階の窪みに、石壁をうがった砲弾の痕跡が見られる。それには「7月14日の想い出」という文言が刻まれている。だが、これはいつわりで、この痕跡はフランス革命期のものではない。当時、その建物はまだ存在していなかったからである（それが建てられたのは1860年代末）。さらに、射角を考慮すれば、パリ・コミューンによる攻撃の痕跡でもないだろう。着弾痕がきわめてはっきりしていることからすれば、おそらく射手が大砲を水平に構えて撃ったはずであり、斜めからではありえない。下から上に撃ったなら、痕跡の下部に擦り傷がつくからである。しかも口径4-5ミリメートル【？】

の砲弾を撃つには、男たちが数人がかりで800キログラムもある大砲をおよそ4メートルの高さまで引き上げなければならなかった。したがって、大砲というのは嘘であり、おそらくなにかしら石材の欠損を歴史的な聖遺物とするために整形ないし強調した、完全な作り話にほかならないのだ。

とすれば、いったいだれがこうした虚言を弄したのか。最初の仮説として考えられるのが、工事請負人の名を刻んだ職人の所業だとするものである。ただ、彼は冗談好きだったかもしれないが、歴史年代に疎かった。よく見れば、そこには革命が起きた1789年ではなく、1780年と刻まれているからだ。第2の仮説は、工事請負人のA・デュクロ【不詳】が、旧監獄の境界跡地に建てたことで歴史的記念建造物となった建物にその足跡を残すため、検印を刻ませたとするものである。より妥当性のある第3の仮説によれば、それは1880年の出来事とかかわっていた学生の「自作」だという。

この窪みの近くには2枚の記念板がかかっている。一方は、1880年7月14日に掲示された要塞の見取り図、他方は「1789年のわれらが父に。われわれのために自由を勝ち取った人々に。1880年の学生一同」という文言が刻まれた記念板である。おそらくこれが謎を解く鍵となる。1880年はいわば転換の年だった。バスティーユの輪郭を示す敷石線が設けられたのが、まさにこの年だからである。そこで学生たちはその記念板を設置する際、問題の窪みを利用して「1780年7月14日」という栄光の痕跡を刻みつけた。それはフランス革命のちょうど100年目のことだった。

象の台座

シャルル10世と絶対王権を失墜させた1830年7月27・28・29日、すなわち「栄光の3日間」【7月革命】に殺害された人々を追悼するため、同年、モニュメントを建立することが法によって定められた。ただ、節約のため、すでに国家に多大の出費を余儀なくさせていた巨象の噴水用骨組みの上に、7月革命記念柱が据えられた。この厚皮動物のために考えられていた台座は、記念柱にとって完璧なものだった。だが、その基部にあった円形の池は遊歩道に変えられた（！）。今でもそこには、開いた口から水を吐き出すためだったライオンの頭部が複数みられる。

地表からは見えないが、痕跡はほかにもある。台座の下でもちいられていた8か所の空洞である。当初、噴水の給水管として考えられていたこれらの空洞は、7月革命で犠牲となった504人

を埋葬する地下室に転用された。ただし、実際のところ、それは記念柱の基壇部分を囲むように走る狭すぎる通路にすぎず、飾りらしきものも一切ない。唯一あるものといえば、その場の目的を示す文言だけである。そこに降りるための揚げ板と階段（現在は使用禁止）は一部が排水渠と、他の一部がサン＝マルタン運河とつながっていた。

黄道十二宮

ナポレオンがイギリス軍やオーストリア軍から奪った大砲のブロンズを素材とする7月革命記念柱は、ヴァンドーム広場の円柱より4メートル高い。後者とは対照的に、柱身は全体が金属製で、1830年の「栄光の3日間」を象徴する3部構成になっている。そこにはこの反乱で命を落とした犠牲者たちの名が刻まれ、台座には棕櫚や王冠、コナラの小枝、パリ市の紋章などがみられる。4隅にはガリアの雄鶏、ひとつの面には巨大なライオンの頭が配され、さらに下部水平帯の四方を24個の頭がとりかこんでいる。7月に対応する黄道十二宮のこの獅子宮には、おそらく双魚宮【2-3月】がくわえられている。民衆がルイ＝フィリップ王政を倒した1848年2月23・24日の2月革命のあとにも、やはり革命の犠牲者196人の遺骸が地下室に葬られたからである。

中空円筒の登攀**

7月革命記念柱のバルコニーは、ウィリー・ロニス【1910-2009。パリの風景写真で知られ、ナダール賞など数々の栄誉に浴した】の有名な写真集『バスティーユの恋人たち』（1965年）が示しているように、かつては一般に開放されていた。

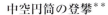

記念柱の足元には今も2か所に小屋がたっている（1930年代に修復）。一方は守衛たちのためで、もう一方は入場券売り場である。自殺願望者にとって、この記念柱の高みから身を投げることはたとえようもなく魅惑的だ

守衛たちの小屋と入場券売り場。

った。最初の身投げは、除幕式の1年後、1841年になされた。こうした飛び降り自殺の流行にくわえて、記念柱にのぼるため、バスティーユ広場を横切ることもきわめて危険な行為だった。そこで1970年頃、記念柱は閉鎖された。

かつてその訪問者たちはなにを見たのだろう

↗柱身の内部。
↑自由の天使像。
←ライオンの口をかたどった通気窓

ないために暗いが、そこでは自分がエッフェル塔にいるような気分になる。柱身の外側を飾っているさまざまなモチーフ（花飾りや棕櫚の花綵など）が、ここでは裏返しになっている。凹型の鋳型をもちいてつくられているためである。

さらにのぼっていくと、階段の周りの壁が狭くなり、柱身の空間全体を占めるまでになる。細い光線だけがかろうじて足元を照らすだけである。この光線は、記念柱を3分割する継ぎ目に配され、その口が通気窓となっているライオンの頭部彫像群から発している。そして最後に訪問者たちは目がくらむようなプラットフォームに出る

が、とりわけ風が吹いて、記念柱の振幅が5センチメートルになるような場合、そのくらみは度を増す。そこでは腕の近さに「圧政の鉄鎖を断ち切って、松明をふりかざしながら飛び立とうとしている自由の天使像」がたっている。

か。彼らはまず最初の基壇に入る。暗がりにもかかわらず、そこに豊かな装飾があることに気づく。大理石と化粧漆喰の壁、床面のモザイク、鋳鉄製の柵、彩色ガラス、浅浮彫、さらに先頂まで続く205段の螺旋階段などである。ついで彼らは錯綜した金属製の小梁を越えて第2基壇の四角形の空洞に向かう。照明が

グラフィティの証言**

記念柱先頂のプラットフォーム、階段の高所、扉、手すり、そしてとくに柱身は、1845年から1969年にかけて、モニュメントに痕跡を残そうとした訪問者たちによるグラフィティで覆われている。そのブロンズの壁面には、姓名や登攀の日

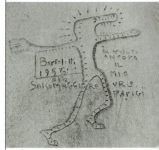

付が大文字や美しい英語、あるいは丁寧な目打ちで刻まれている。点刻の技法はさまざまだが、そこにはロシア人やイタリア人、ドイツ人、イギリス人、さらに南アフリカからの観光客が交錯し、以下のようなグラフィティを残していった。「ヨハネスブルクから」、「ジョー・ペペ、1906年」（アパッチ族）、「シャル

ロ、通称ペズナス・ヴォ＝ロ＝ヴァン」、「ユジェ、通称クルティーユのヴォロヴァン」などである。また、恋人たちや芸術家たちのグラフィティもある。一部の名前には過剰なまでの装飾が施され、なかには花綵で飾られたものもある。

これら過ぎ去った時代の証言はモニュメントの閉鎖によって維持されており、より新しいグラフィティがそれらを覆うことはけっしてない。

平底船からの攻撃

血の週間【パリ・コミューン時のとくに激しい市街戦が繰り広げられた最後の1週間】さなかの1871年5月24日ないし25日、ヴァンドーム広場の円柱をすでに倒していたコミューン兵たちは、独特のやり方で7月革命記念柱を攻撃した。その真下に位置する地下の運河に石油を満載した平底船をつなぎ、火を放ったのである。これにより、高さ50メートルほどの火柱がアルスナル貯水池から噴き出し、一部は記念柱の柱頭からも飛び出した。ヴォールト石は厚さ30センチメートルまで焼けこげ、地下墓所も燃えた。さらに、ビュット＝ショーモン丘とオーステルリッツ橋の砲座からの集中攻撃で、台座は27発、柱身は23発の砲弾を受けた。だが、それでも記念柱は倒れなかった。そして、パリ・コミューン翌年の1872年と1947年に修復がなされ、この攻撃の痕跡はすべてとりのぞかれた。

記念柱基壇の断面図。

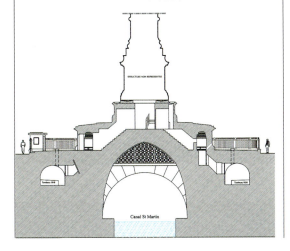

ミイラ事件（続き）

ルーヴルの近く、アンファント公園にはそれまでの10体あまりのミイラにくわえて、「栄光の3日間」で落命した愛国者たちが埋められた。やがて平和がもどると、国王ルイ＝フィリップは1830年7月の英雄たちをなんとか追悼してたたえようとした。そこで彼は旧バスティーユ広場に彼らにみあった墓を提供しようと、モニュメントを建てることにした。7月革命記念柱への移葬の日である1840年7月27日、墓堀人たちは間違って2体のミイラを他のミイラと少し離して運んでしまった。この混乱が公式に認められたのは、1947年になされた地下室の改修工事のときだった。遺骸の数が柱身に刻まれた英雄たちの名前より2人多かったのである。

地下室はサン＝マルタン運河を通ってバスティーユ広場の地下を通る際、柵越しに見ることができる

ふたたびライオンの口

　バスティーユ広場とアンリ4世大通りの角にあるカフェの上方には、ライオンの頭をかたどった金属製の円形飾りがとりつけられ、外壁を特徴づけている。かつてその口は、カフェのテラスないし露店の販台の上に張りだした軒を支える鉄の支柱を受けていた。ここでは支柱はとりはずされているが、一部の場所、たとえばバスティーユ通り9番地のように、もともとの仕組みが温存されており、そこでは支柱が単純な形ではあるものの、なおももちいられている。

アール＝ヌーヴォー様式のエディキュル

　地下鉄のバスティーユ駅は、1号線の開通時【1900年。パリを東西に横断する路線で、現在はシャトー・ド・ヴァンセンヌ駅からラ・デファンス＝グランダルシュ駅まで】に、エクトル・ギマールの署名があるエディキュル【昆虫の羽を思わせる飾り屋根がついた地下鉄駅の入り口。ギマールについては75頁参照】が設置された。他の地下鉄駅より大きなこのエディキュルは蹄鉄の形をしており、その全体的なたたずまいはパゴダに似ている。かつてそれはアルスナル港の近く、1号線の半分露出したプラットフォームの上にあった。

　一方、1962年に撤去されたエディキュル近くの地下には、同時期にポルシェ社がつくったラ・

ヴァンセンヌ線の名残

　前述したように、オペラ・バスティーユ座はパリ＝バスティーユ駅の跡地に建てられている。この駅は毎朝郊外に住む労働者たちをパリ東部の工場に送り、日曜日ともなれば、マルヌ河岸のダンスホールで踊ったり、ヴァンセンヌの森でボート遊びをしたりするパリ市民の足となっていた、通称「ヴァンセンヌ線」の終点だった。それは旅客用列車だけでなく、ブリ＝コント＝ロベール一帯【パリ南東方】で摘まれ、首都のレ・アルの中央市場で売る花々を運んでいたところから、「バラの列車」とよばれた特別仕立ての車両が走る路線でもあった。

　この路線は1859年から1969年まで1世紀以上利用されたのち、RER（首都圏高速交通網）にとって代わられた。パリ＝バスティーユ駅は1969年から84年まで展示会場に転用されたが、やがて解体されて、新オペラ座に場所を譲った。一方、旧路線は同駅近くの数百メートル【陸橋をふくむ】が遊歩道に整備された。12区を横断する「プロムナード・プランテ（植栽のある遊歩道）」がそれである。

バスティーユ広場

マドレーヌ駅のものと瓜二つの「ロンドン・モデル」のトイレもあった。ポルシェ社は北仏アルデンヌ地方のラヴァンに本社があり、高度な技術と洗練された製品で評判をとっていた。そのことはバスティーユ駅の階段壁面を覆うモザイク（歴史的記念建造物指定）が物語っている。この企業は各地の宮殿や豪華客船、温泉療養地などでさまざまな施設の整備を請負っていた。

バスティーユ駅の共同トイレは、マドレーヌ駅のそれより4年遅れて1909年に整備された。だが、これら2駅の共同トイレは現在廃用となっている。バスティーユ駅の旧トイレはパリ市の技術関連事務所となっており（その内部には場所の来歴にかんする説明はない）、マドレーヌ駅のそれは歴史的記念建造物の追加リストに入っているが、2010年に閉鎖されている。前者については、興味深い話がある。1992年の修復工事時、駅の入口にバスティーユ要塞の見取り図を復元した柵が設けられ、駅構内には、パリ市の係官用休憩所にその獄舎を想いおこさせる装飾が施されたのである。

一瞥

地下鉄バスティーユ駅の1号線プラットフォームでは、セラミック製の壁がフランス革命期の重要な出来事を描いた5点の壁画で飾られている。最初の思想的な動きから、バスティーユの奪取や民衆のヴェルサイユ行進を経て、最終的な勝利までである。製作者の画家リリアヌ・ブランベールとオディール・ジャコ【詳細不明】は、その作品に意図的にアナクロニズムを導入した。鶴嘴を手にした市民が現在風のメガネをかけていることなどである（シャトー＝ド＝ヴァンセンヌ方面プラットフォームの先端）。これは民衆の炯眼を象徴しているのだろうか。

全フランス国民へのよびかけ

1987年6月18日から90年6月18日にかけて、1000枚以上の琺瑯びきの掲示板（30×40センチメートル）が復元されている。オリジナルは、ド・ゴール将軍がレジスタンス組織の「自由フランス」の提唱を受けて、国内の多くの市町村に掲示させたものである【その末尾の文言は以下の通りである。「われわれの祖国は死に瀕している。それを救うため、全国民が戦え！」】。パリでは今も区庁舎や一部のリセ、さらにバスティーユ広場（3番地2号）のような主たる広場で目にすることができる。

パリ歴史文化図鑑――パリの記念建造物の秘密と不思議

国立自然史博物館（1635-1793年）

- 創建者：ルイ13世
- 計画・目的：医学部学生用に薬草園を開園し、薬理学教育を促進する。
- 革新的特徴：新種の目録を作成し、医学の普及をはかろうとした点。
- 名声因：科学的な坩堝であると同時に世代を超えた人々の遊歩の場。
- 所在：ヴァリュベール広場
  最寄駅：地下鉄ガール＝ドーステルリッツ駅、ジュシュー駅ないしサンシエ＝ドーベントン駅

植物園の一部（ビュフォン通り）であるポリヴォー小島では、とくに両生類に注意しなければならない。

パリ歴史文化図鑑――パリの記念建造物の秘密と不思議

高山植物園や各種の温室、さらに動物園にいたるまで、自然史博物館にはきわめて多様な施設がある。

　侍医たち、すなわちジャン・エロアール【1551-1628】とジャン・ギ・ド・ラ・ブロス【？-1641。植物学者でもあり、2000種以上の植物を収集してカタログを作成している】の慫慂によって、ルイ13世【在位1610-43】は、医学生たちに実地教育の場を与えるため、王立薬草園の創設を決めた。実際、学者たちはそれまでのパリ大学医学部による植物学教育が不十分であり、医学生たちが薬理学に精通することが必要だと考えていた。彼らが将来になうことになる治療と投薬が有効なものとなるには、それが不可欠だった。だが、薬草園の教育権をねたんだ医学部は、伝統的なラテン語ではな

自然史博物館

アール・ヌーヴォーの先駆け

比較解剖学と古生物学の陳列館は、1900年のパリ万国博向けに、1895年、ビュフォン通りに沿って設けられた。これはパリのアール・ヌーヴォー最初期の建物のひとつである。建築家のフェルディナン・デュテール【1845-1906。ローマ大賞受賞者】は、そこで鉄骨構造を採用したが、それは小手調べではなかった。すでに1889年の万国博で機械館にこれをもちいていたからである。ただ、彼は陳列館のために離れ業をやってのけた。外側をきわめて古典的な無機質な外壁で覆う代わりに、内側は鉄製と石材を併用した小梁やコンソール（渦形持送り）を選んで、新奇さを強調したのだ。

こうして広い空間にもちいることで、鉄材はかなりの流麗さを見せ、最大限の梁間と自然の採光を可能にした。さらにデュテールは建物を装飾するために多くの芸術家をよび寄せ、博物学的なメタファーで内壁を飾るよう注文した。鋳鉄製の階段の手すりには、アザミや菊といった花のモチーフ、窓のつり要石には爬虫類やロブスター、柱頭にはライオンや虎の頭部をあしらった。こうした主題はやがてアール・ヌーヴォーの芸術家たちにとりいれられるようになる。

く、大胆にもフランス語で講義をおこなうこの競合相手に警戒心を抱いた。そこでラ・ブロスはパリ郊外のフォブール・サン＝ヴィクトルを薬草園の土地に選んだ。そこは「汚水溜りが発散する蒸気や煙突からの煙が草の露を盗んだりしない」場所だったが、その面積は現在の植物園の4分の1ほどだった。

やがて最初の播種がなされ、1650年に一般公開の運びとなった。博物学者のジョルジュ＝ルイ・ド・ビュフォン【1707-88。博物学者・数学者・生物学者で、44巻の『一般と個別の博物誌』で知られる】は1739年から没年まで園長をつとめ、王立庭園となったこの植物園を輝かしいものにした。彼の衣鉢を継いだ【1792年】アンリ・ベルナルダン・ド・サン＝ピエール【1737-1814。植物学者で、『ポールとヴィルジニィ』の作者】は、1793年、ここに動物園を併設する。そして同年、植物園とその関連施設（実験室、陳列室、収集品室、大講堂、図書館など）は国立自然史博物館となった【キュヴィエ通りの57番地にあるこの植物園は、1640年から、「王立薬草園」の名で一般に公開され、1643年からは、植物学や化学が講じられるようになった。園内に温室を設けたジョゼフ・ピットン・ド・トゥルヌフォール（1656-1708）や、アントワヌ（1686-1758）、ベルナール（1699-1777）、ジョゼフ（1704-1779）のジュシュー兄弟、ルイ・ドーベントン（1716-1800）、アントワヌ＝フランソワ・ド・フールクロワ（1755-1809）、ベルナール・ド・ラセペード（1756-1825）、エティエンヌ・ジョフロワ・サン＝ティレール（1772-1844）、そして前記ビュフォンといった学者たちが少しずつ整備していったおかげで、同植物園は今日のような姿をとるまでになった】。

© BIBLIOTHÈQUE CENTRALE MNHN

オーステルリッツ駅側の入口近く

古生物学のディナー

古生物館の訪問者を驚嘆させるディノサウルスの骨格は、フランスではなく、アメリカ合衆国から運ばれたものである。篤志家のアンドリュー・カーネギー【1835-1919年。スコットランド生まれの実業家で「鉄鋼王」とよばれ、財団や博物館、図書館なども創設している】が、ヨーロッパの主要な博物館（ロンドン、ベルリン、ボローニャ、ウィーンなど）に寄贈した複製のひとつで、人々はすぐさまこれらを「恐ろしほど巨大なトカゲ」（ギリシア語「デイノサウロス」。ディノサウルスの語源）に好奇心を抱き、1908年6月15日の開館後最初の日曜日には、1万1000人以上の入場者があった。

もっとも評判をよんだ恐竜はディピの愛称がつけられたディピディプロドクス・カルネギエイだった。その根気を要した骨格組み立て作業が終わったとき、古生物学のディナーが骨格のすぐ下で開かれた。このディナーは自然史博物館の年報に記されている。博物館の中央図書館に保存されているメニューには、大部分が化石動物を素材とするその料理の詳細がみられる。ジュラ紀のエリヨン【軟甲綱】を裏ごししたビスク、エクス出土のディゴケネス・ササウシノシタ、エントロドン【イノシシ亜目】のペリエ・ソースかけ足底、火山弾…などである。

ステゴサウルスのメニュー

古生物館を占める恐竜の骨格に立ち向かおうと急ぐ（小さな）訪問者たちは、しかし入口に隣接する庭園にほとんど目もくれない。おとなしいステゴザウルスがそこで草を食べているにもかかわらず、である。ジュラ紀末期、すなわち1億5600万年から1億4000万年前に生きていたこの恐竜は、ここでは「太古」の特性を残す草に囲まれている。この草はきわめて古い植物の末裔で（化石植物と混同してはならない）、恐竜時代、つまり「顕花植物」【アンジオスペルマ（被子植物）】が出現する以前に広く群生していた。

ドドに乗って

夢が現実となったような、角カメやタスマニア狼、あるいはトリケラトプスなどにまたがるという1930年様式のドド・メナージュ【植物園内のメリーゴーランド】は、絶滅したあるいはその危機にある動物たちを中心に考え出されたものである。これら11体の乗り物には、マダガスカルのエピオルニス【走鳥類】や南米のグリプトドン【第4紀更新世に栄えた哺乳類】、シヴァテリウム【新生代鮮新世前期から更新世後期にかけて生息した大型草食獣】、パンダ、アトラスライオン【バーバリライオンとも。アフリカ北部に生息してい

© BIBLIOTHÈQUE CENTRALE MNHN

参席者用の詳細な料理のメニュー。

た】、アフリカゾウ、マウンテンゴリラ、そしてもちろん船乗りたちの食用に大量虐殺され、1680年以後に絶滅したドド【モーリシャス島にいたハトに近い地上性の鳥】などがあり、ここでのメ

リーゴーランドはさながら興味深いノアの方舟となっている。このドドはモーリシャス島のエンブレムとなっており、人間によって絶滅ないしその危機に追いこまれた動物種の象徴でもある。だが、そうした由々しき事態が現代の天使たち【ケルビムは天使9階級の2番目に位置する智天使】の愉しみをなんら奪ってはいない。

―――

ビュフォン通り8番地近く

プレザントリのテーブル

　石灰岩塊を加工したこの巨大なテーブルの来歴譚は驚くに値する。1885年頃、シャンティイ競馬場で数多くの賞を独り占めした牝馬プレザントリ【字義は「冗談」】が、シャンティイ近くの森で発見したからである。この馬がリス森を散歩していた際、突然立ちどまってじっと地面をみつめ、脚で土を掻いた。すると、地面から2メートル下に埋まっていたはずの直径2メートルあまりのテーブルが出てきた。それは狩りの獲物を分配するためにもちいられたのか。宗教戦争時に破壊された中世のボーラリ城にあったものか。その来歴はなおも謎である。わかっているのは、1950年、動物画家で競馬・狩猟図のスペシャリストでもあったアンリ・カミュ【生没年不詳】が、当時所有していたそれを自然史博物館に遺贈したということだけである。

　1953年、この画家の遺志にしたがって、プレザントリのテーブルは植物園内に置かれた。テーブルのかたわらにある説明板には、その発見の経緯が記されているが、そこにテーブルがあること、いやむしろそのプレザントリという呼称に、大部分の入園者のみならず、庭園師や博物館の研究者も首をかしげていた。これは悪ふざけではないか。そう思ったものだった。この来歴譚にまつわる影が、厳格かつ科学的な博物館の偉大で神聖な名声と結びつかないからである。設置からおよそ30年ものあいだ、プレザントリのテーブルは博物館の責任者たちの合理主義的な精神をいら立たせてきた。

　こうして1984年頃のある日、彼らはうっとおしいテーブルを撤去する代わりに、説明板をとりのぞくことを決める。その結果、この伝説的なオブジェにかんする言及は、植物園の地図と同様、入園者を活気づける案内文からも消えた。だが、皮肉なことに、こうした公的な拒絶は謎を増幅させるだけだった。今日もなお、問い合わせは後を絶たない…。

　ちなみに、1953年当時の自然史博物館館長で、国際的に知られていたロジェ・アイム教授【1900-79。菌学者】は、きわめて真面目な人物だったこともあって、悪ふざけを認めることができなかった。少しでも疑問があれば、問題のテーブルを植物園内に置いておくわけにはいかない。おそらく彼はそう考えた。そこで未完成の臼のようなテーブルの周りと上部を磨き、下部には手をつけぬまま、たしかに厄介物ではあったものの、人がそれを軽く指で叩くと驚くような音を出すようにしたのだった。

―――

このテーブルはビュフォン通り18番地から入ると、右手の小径の端にある

卵が先か鶏が先か？

　植物標本館と地質学館のあいだには、困惑したような姿の老人像がある。おそらくそれは卵と鶏のいずれが先かを自問しているアリストテレスだろう。これは科学者たちの頭を悩ませる永遠のパラドックスといえる。この彫像は、ジャン＝ルイ＝デジレ・シュロデール【1828-98】が1889年に制作した大理石の作品『科学と謎』である。

―――

この彫像はビュフォン通り18番地から入ると、右手の小径の端にみられる

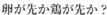

ヴェテランの挑戦者

セーヌ川をはさんでノートル＝ダム司教座聖堂の対岸にあるルネ＝ヴィヴィアニ＝モンテベロ小公園【東方典礼カトリック教会のサン＝ジュルアン＝ル＝ポーヴル教会横】のニセアカシアは、1602年、アンリ4世の樹木栽培師だったジャン・ロバン【1550-1629】が植えたもので、パリ最古の植樹木との名声を得ている。植物園内のニセアカシアもまたそれに劣らず古い。これもまた1602年にアメリカ大陸から送られた種に由来するが、植樹は少し遅れて、1635年、ジャン・ロバンの息子で、国王付き樹木栽培師・庭園師だったヴェスパシエン・ロバン【1572-1662】によってなされた。このニセアカシアはかなり以前から上部が欠けているものの、幹はしっかりと根付いており、根からは新芽が出て、茂みをなしている。

<small>ビュフォン通り18番地に出る小径</small>

見え隠れするビエーヴル川

通称ベクレル小径は鉱物館と直角に交わり、1781年まで植物園の東端を流れていたビエーヴル川の旧放水路をほぼなぞるように敷設されている。ビュフォンはその端をサン＝ヴィクトル大修道院とパリ市の所有地を通ってセーヌ河岸まで延長しようと奮闘した。それをなしとげるため、彼はまわりくどい収用手続きにとりくみ、財産の一部も投入したが、数多くの敵もつくった。

<small>ビュフォン通り18番地に出る小径沿い</small>

埋め立てられた川と剥製工房

かつてビエーヴル川は、セーヌに注ぎこむ前、ビュフォン通りと並行して流れていた。ビュフォン区間（この場所のビエーヴル川区間）は1896年に暗渠となった。それ以前、河岸には湧水を必要とする工場がつらなっていた。染色、漂白、皮なめし、白皮なめしなどの工場である。だが、それらはすべてビエーヴル川の埋め立て時に姿を消した。ただ、例外がひとつだけある。左岸にあった白皮なめし工場で、建物の特徴（突き出た屋根、木構造、レンガ壁）が往時をしのばせる。この建物は今は2か所にある剥製工房のひとつとしてもちいられている。ビュフォン通りの奇数番地の大部分は自然史博物館の施設（昆虫学実験室、事務所など）が占めている。

<small>ビュフォン通り55番地の中庭</small>

ランドリュ事件の顛末**

1919年、フランスは恐ろしい事件に揺れた。「ガンベの青髭（バルブ＝ブルー）」ことアンリ・デジレ・ランドリュ【1869-1922】が、男性1人と女性10人を殺害して死体を切り刻んだ、いわゆるランドリュ事件

がそれである【チャップリンが『殺人狂時代』（1947年）で演じたアンリ・ヴェルドゥはランドリュがモデル】。ランドリュはばらばらにした胴体の一部と腕、さらに足を沼に投げ捨てたり森に埋めたりし、頭部の一部と手と足先は、彼がガンベ市【パリ西方】に借りていたヴィラ・トリクのレンジで焼いた。だが、調査にあたった刑事官補たちはヴィラの庭から、灰や人骨など1.5キロあまりを見つけた。

この結果を受けて、警察は自然史博物館の解剖学教授に鑑定を依頼した（当時はまだDNA鑑定がなかった）。鑑定の結果、教授は遺骨の腕に番号が記されているのに気づいた。その処理に困った彼が司法当局に助言を仰ぐと、それらを植物園に埋め、上に木を1本植えたらどうかという。そこで当時の主任庭園師がそれを請け負い、ビエーヴル川の旧支流近く、ポリヴォー区域（植物園の施設で、ビュフォン通りの奇数地番側）に遺骨【の入ったボール箱】を埋め、上に柳の木を植えた。ただ、呪わしい信仰の示威運動を避けるため、正確な埋葬箇所は秘密にするようにとの命が下された。こうしてそこは立ち入り禁止となり、細心にそれが守られた。主任庭園師だけが今も内輪でその場所を代々伝えているという。1999年、暴風で柳の木は倒されたが、根株までは除かれていない。それゆえ、遺骨はなおもそこにあるはずだ。

小鳥と小魚…

パリ植物園はシャルル・トレネ【1913-2001。シャンソン歌手・作詞家・作曲家】に曲の着想を与えている。代表作のひとつ「驚きの庭」（1957年）がそれである。さらにジャン＝マックス・リヴィエール【1937生】の歌詞によるもう1曲『小鳥と小魚は優しい愛で愛し合った』】もある。このシャンソンは1930年代に睡蓮池のまわりで起きた驚くべき出来事にヒントをえている。巣を失った1羽のシジュウカラが、池の金魚に幾度となく餌を与えたのである。動物行動学者たちはこの奇妙な行動を母性によるものとし、「魚の口と巣にいるシジュウカラの開いた大きな口ばしの類似性によって引きおこされたシジ

植物学校と高山植物園のあいだにいくつかある小さな睡蓮池は、埋め立てられた大きな池にとって代わったものである

ュウカラの魚に対する給餌本能にかんする報告書」にまとめている。

ちなみに、ジュリエット・グレコ【1927-。戦後フランスを代表する女性シャンソン歌手】もまた1966年、このほほえましい愛の物語をシャンソン「小魚と小鳥」で歌っている。問題の睡蓮池はかつては大進化館の前、ミルヌ＝エドワール遊歩道の場所にあったが、動物標本室のために埋め立てられた。

地下にあるノアの方舟**

ミルヌ＝エドワール遊歩道（呼称は1890年から1900年まで自然史博物館長だった博物学者にちなむ）の地面には、一見なんの変哲もない格子窓が設けられている。換気口である。一般には知

られていないが、じつはその下に本格的な科学の聖域があり、関係者以外は立ち入り禁止となっている。1984年に創設された動物標本室は地下3

層で、日光と暑気を遮断してある。そこにはもっともありきたりの種からもっとも珍しい種まで、じつに800万体以上（!）の動物標本が安置されている。現存するあるいは絶滅した各動物種（昆虫・魚類・鳥類・哺乳類・爬虫類・両生類）の標本が、アルコール漬けや剥製ないしミイラ状態で保管されているのである。この想像を超えた現代版ノアの方舟の標本は、世界中の動物学者にとって貴重な資料となっているが、とりわけそれらは、先駆的な研究者がしかじかの動物種について記述する際の「基準」を提供している。

ビュフォンの小脳**

パリ植物園は多くをビュフォンに負っている。数学や植物学、地質学などに精通していたこのブルゴーニュ地方出身の碩学は、王立庭園の監督官として【1739年着任】、その科学的役割を著しく拡大させた。国王ルイ15世はそんなビュフォンをたたえるため、大理石の彫像制作を彫刻家のオーギュスタン・パジュー【1730-180。彫刻家でパスカルやデカルトの彫像で知られる。ローマ大賞受賞者】に依頼した。この碩学は81歳という当時としては例外的なまでの長寿を全うした。

彼は地質学者の助手バルテレミー・フォージャ・ド・サン＝フォン【1741-1819。のちに自然史博物館教授・館長。ビュフォン著『博物誌』の地質学の章を担当した】を高く評価し、1788年の死の直前、遺志として、自分の心臓を彼に遺贈するよう求めた。だが、その願いは叶わなかった。ビュフォンの息子が父の心臓を自分のもとに置くことを望み、代わりにその脳を受け取ってくれるよう申し出たからである。

このような身体器官の摘出は18世紀にはしばしばおこなわれ、さまざまな場所に安置されて、聖遺物の役目をになった。一部の高位貴族や哲学者、学者たちが、いわゆる穿頭術を受ける名誉に浴した（ヴォルテール、ルソーなど）。フォージャもまたその伝統にしたがって、水晶製の壺に師の小脳をエジプト式に保存した。だが、それはやがて叙事詩的な有為転変を経ることになる。フォージャが没して10年後の1829年、壺は彼の親友を自称する人物に騙し取られてしまう。それからフォージャの息子のもとにもどり、彼の死後はその義理の娘が有するようになった。ところが、この娘はビュフォンの名声が国際的となったこともあって、これを売却しようとする。そんな彼女にロシアは5万フランの買値を申し出た。しかし、フォージャ未亡人は高名な碩学の子孫と協議して、帝国のリセに通う息子ふたりへの奨学金と引きかえに、ビュフォンの小脳を自然史博物館に納めた。

こうして1870年10月18日、問題の壺はパジュー像の台座の中に安置されるようになる。この彫像は西階段の下、大陳列館の内側にあるが、残念ながら一般人は立ち入り禁止となっている。一方、ビュフォンの彫像は植物園中央部の大芝生庭【大陳列館ファサード】でたたえることができる。ジャン・カルリュ【1852-1930】が1908年に制作したブロンズ製の彫像で、そこでのビュフォンは肘掛椅子に腰かけている。

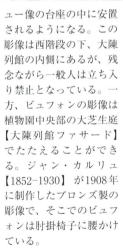

自然史博物館

弟子が師を凌ぐとき

旧動物館【1994年に「進化の大陳列館」と改称】は、1889年のパリ万国博にあわせて開館している。そこにはアンリ・ラブルスト【1801-75。ローマ大賞受賞者（1824年）】の弟子の建築家ジュール・アンドレ【1814-75。学士院会員】の名前が刻まれている。建物のファサードは師が手がけたサント＝ジュヌヴィエーヴ図書館【1838-51年。パンテオン広場にあるパリ大学図書館】を彷彿とさせる。時代がそれを許していたので、ジュール・アンドレは師を超えて、全体がメタリックで機能的、そしてガラス屋根からの天窓採光をもちいた建物を石壁の後ろに配した。ただ、彼は万国博開幕に間に合わせるという工事期間内に建物を完成させることができなかった。そのため、当初予定されていた大陳列館のジョフロワ＝サン＝ティレール通りに面したファサードの入り口は、今もない。代わりに、その背後に図書館の店舗がならぶコンクリートの悲しげなファサードは見ることができる。

監督館

ビュフォン館、通称「監督館(オテル・ド・ランタンダンス)」は、ジョフロワ＝サン＝ティレール通り36番地にある。1739年から植物園の監督官をつとめていたビュフォンが、81歳になった1788年、最期を迎えたのがここである。失明状態になっていた進化論者のジャン＝バティスト・ド・モネ・ラマルクも、1795年から1829年に85歳で没するまで、ここに住んでいた。とすれば、ここは長寿の館なのだろうか。ふたりとも80歳を越えるまで長生きしたからである。もともとこの監督館は隣接する2棟の建物からなっており、記念表示板が記しているように、ビュフォンはその右手の建物しか使わなかった。だが、ラマルクはより広いスペースを望み、これら2棟を合体させるよう求めたのだった。

細長い図書館

1935年になって解体され、人類博物館に移転された骨董品陳列室の跡地には、50年に図書館が建てられている。樹木を撤去することはとてもできない相談だったので、ときの博物館首脳部は植物園内の植林がなされていない利用可能な唯一の場所にこれを建てることにした。そこはジョフロワ＝サン＝ティレール通り沿いの、なおも未完成だった動物学館の裏側だった。しかし、いたずらに長いだけの土地で、図書館には不向きだった。そのため、蔵書を移動させるには機械装置の設置が不可欠だった。こうして建てられた図書館は2階に本体を置き、特別書籍保存室では写本や貴重書、版画、メダイユ類が閲覧できる。そこには自然史博物館の有名な犢皮紙（子牛皮紙）コレクション6000葉も保管されている。これらは芸術的かつ科学的な動・植物の水彩画の目録を作るために収集されたものである。

1630年頃、ガストン・ドルレアン【1608-60。

アンリ4世とマリ・ド・メディシスの第3子】がはじめたこのコレクションは、「花々のラファエロ」の異名をとったピエール＝ジョゼフ・ルドゥテ【1759-1840。ベルギー出身の画家・版画家で、とくにバラの絵を好んで描いた】をはじめとする、多くの芸術家によって数を増していった。これらの資料は脆弱なため一般公開されていないが、インターネットで見ることができる。

パリ歴史文化図鑑――パリの記念建造物の秘密と不思議

ボニエ・ド・ラ・モソン館

メディアテークの1階には、もっとも新しい陳列室がある。ジョゼフ・ボニエ・ド・ラ・モソン（1702-44）の陳列室である。フランス最大の資産を誇った家のひとつを受け継いだ彼は、啓蒙の世紀がはやらせるより少し前に、芸術や稀覯本、そしてとくに科学に先駆的な熱情を傾けていた。彼は非常に美しく珍しいオブジェを収集するために各地を旅し、そのコレクションをすべて私邸に設けた収集室に納めた。やがてこのコレクションは名声を馳せ、フランスをはじめとするヨーロッパの学者や好奇心の強い人々の関心をひくようになった。

モソンは博物学関連の収集室ふたつ――バイアル瓶に入れた動物とミイラ状になった動物たちの部屋――と、力学および物理学関連の収集室、さらに科学と薬学関連の収集室をもっていた。これらみごとなコレクションのため、彼は負債を抱え、破産状態で没した。

彼の債権者たちは収集室を売却して債務を回収しようとし、1745年、競売にかけた。こうしてコレクションはほとんど散逸したが、「昆虫ともっともみごとなミイラ状動物」の収集室だけは、ビュフォンが王立陳列室のために入手した。

歴史的記念建造物に指定されたこの陳列室の内部には、絡み合った何匹もの蛇が彫られ、上に剥製を配したルイ15世様式の豪華な陳列棚が備え付けられている。それを一瞥するだけでもなにかを学び、愉しく、面白さを覚える。そこでは真珠色のオウムガイやさまざまな石化・凝固・結晶物、マンドレイク【地中海東部地方に産するナス科の有毒植物。根は魔術や呪詛などにもちいられた】、さらに巨大な多足類、サメの歯、アンゴラ・フェレット、1組のインド産装身具、タランチュラ・コモリグモ、人間の胃石、ワニの卵、イッカクのもっとも美しく巨大な角などを見ることができる。

詩人ジャック・プレヴェール【1900-77】によるこれらの目録【1946年に発表した詩集『パロール』収録】は、まさに呆気にとられるほどである。ただ、ここに登場する小動物たちの書斎については、それぞれに説明文が付されていないため、18世紀のフランス語で展示品を詳述している整理番号069.95BONの小冊子にあたらなければならない。

ユニークなワラス給水栓

イギリスの慈善家リチャード・ウォレス卿【1818-90。フランス語名リシャール・ワラス】は、1871年、パリ市民たちのために市内のおよそ50か所に飲料用の給水栓を設け、そのうちの4基はみずからがデザインした【製作者は彫刻家のシャルル＝オーギュスト・ルブール（1829-1906）】。もっとも数が多かったのはうろこ状の円頂部と女人像を配した「グランド・モデル」。小円柱のモデルはより小型で、2基しかない。これらの給水栓は大小の公園の入り口にあり、散策者たちの咽喉を潤していた。

ただ、壁に組みこまれた給水栓は、写真にあるようなジョフロワ＝サン＝ティレール通りのものしか残っていない。貝殻状の水盤と両生類で飾られたモデルである。その台座には、ヴァル＝ドスヌの鋳造所の署名が刻まれている【フランス東部シャンパーニュ地方で、1836年、建築家でもあったジャン＝ピエール＝ヴィクトル・アンドレ（1790-1851）が立ち上げたこの鋳造所は、19世紀中葉には170人もの職人を擁し、1851年のロンドン万国博や1900年のパリ万国博で、その鋳造技術が名声を博した】。これら給水栓はおおいに評判をとり、競合する鋳造所が数多くのコピーを生産して市場を席巻するまでになった。

ジョフロワ＝サン＝ティレール通り59番地の真向かい

科学とは無縁

キュヴィエの噴水は、1840年にジャン＝ジャック・フシェール【1807-52。パリ出身の彫刻家で、代表作にブルボン宮前広場の寓意像『法』などがある】が制作したブロンズ彫像群に支配されている。これはライオンの脇腹に座る博物学の寓意的表現で、足元にはピエール・ポマトー【生没年不詳】の作になるワニやカワウソ、アザラシなど、さまざまな両生動物たちが群れをなしている。だが、ポマトーは博物学とはほとんど無縁で、ワニに近づいたことなど一度たりとなかった。いったいワニが首を90度も曲げるところを見たことがあるだろうか。この姿勢はワニには形態的に無理なのである【噴水の名祖である博物学者のジョルジュ・ダゴベール・キュヴィエ男爵（1769-1832）は、のちに彼の名前が冠せられることになる通りの47番地で没している。1795年から自然史博物館で比較解剖学教授の助手として働き、脊椎動物、環節動物、軟体動物などからなる動物分類法を確立したほか、化石化した脊椎動物を復元し、古生物学の基礎を築いた。アカデミー・フランセーズ会員】

キュヴィエ通りとリンネ通りの角

貪欲なライオンと貯水池

高みの上で憩うこの筋肉隆々としたライオンは満腹なのか。食事をしたことをあきらかに示す唯一のレリーフで、人間の足の臭いを鷹揚に嗅いでいる。自然主義の烈々な信奉者だった動物像彫刻家のアンリ＝アルフレッド・ジャクマール【1824-96】は、その足指の詳細を楽しみながら表現した。かたわらではさらにブロンズ製のライオン像がもう1体ある。あくびをしているのか、吠えているのかは不明だが、これら2体の猛獣像は、1863年、植物園に水を供給していた旧貯水池の擁壁として整備された、「ライオンの泉水」（現在は枯渇）の上に置かれている。

セーヌ川の水面から50メートル上に位置する小丘とその迷路状の一帯に水を送って灌漑することは、長いあいだの難題だった。そこで18世紀、楕円形の貯水池がつくられた。この貯水池は19世紀末に埋め立てられ、下方にある旧採石場の部屋を整備して据えた揚水施設に替えられたが、小丘に登ればなおもその名残がはっきりみてとれる。揚水施設のタンクルームは、植物園の東端を流れていたビエーヴル川の支流から採水し、それをポンプでくみ上げて灌漑にもちいていた。この施設にはファサード

左手に見える入口から近づくことができる。実際に使われていた右手の入口からは、アーチ形の地下室に設けられた灌漑システムに行ける。

ジョフロワ＝サン＝ティレール通り側に向いた入口の門扉近く

ビュフォンのキオスク

　ビュフォンが博物学者で王立植物園の園長だったことはよく知られている。だが、彼が冶金学者でもあったことはさほど知られていない。事実、このなににも手を出したがった人物は、冶金術にも情熱を傾け、生地であるモンバール（ブルゴーニュ地方コート＝ドール県）の鍛冶工房を相続し【同地方の領主でもあった父親はモンバール塩税局長で、デジョン高等法院評定官もつとめた貴族】、1786年、彼の植物園の迷路状の小丘を飾るため、中国風の笠屋根をいただく小亭用の建築素材をつくった。鉄と銅、金、ブロンズ、鉛の土台をもつこのキオスクは、フランス最初の金属製建

造物となった。そこには1786年から93年まで銅鑼状の子午線装置が置かれ、正午きっかりに時を告げた。ハンマーの代わりとなる地球儀が、銅鑼を12回打っていたのである。この地球儀はおもしで固定されていたが、両者をつなぐ長毛がルーペを通った太陽光線で焼き切れることで動いた。それゆえ、装置をふたたび動かすには、毎日長毛をとりかえなければならなかった。

迷路園の小丘頂上

羊飼いの祈り

　パリ・コミューンによる自治政府の宣言以前の1870年9月【宣言は普仏戦争後の1871年3月26日】、耳が不自由なひとりの男がすでに怒りを露わにしていた。プロイセン軍がパリを包囲し、市民たちが備蓄に走っていたからである【このパリ包囲戦は1870年9月19

ルイ、ギュスタヴほか

　ベデカー旅行案内書（19世紀から20世紀前葉までヨーロッパでもちいられていたきわめて有益なガイドブック）が勧めていたモニュメントに刻まれた古いグラフィティ。これを探しに行くというのはなかなか楽しいものである。外国人旅行者同様、地方在住者もまた首都にその訪問の足跡を好んで残そうとした。小亭の柱には、そんな彼らの署名が崩し字やきれいな字で重なり合って刻まれている。「ルイ・ウィネル1840年」、「A・シュ1899年」、「ギュスタヴ1896年」、「ダニンガー1823年9月」のようにである。

日－71年1月28日】。すべての家畜たちは羊飼いや牛飼いたちの監視のもとで植物園に閉じこめられた。キオスク入口のフルーティング（柱身表面に施された縦方向の溝）に刻まれたグラフィティは、彼らのうちのひとりが刻んだものだろうか。その碑銘には神の救いを求めてこう記されている。「永遠の主なる神よ、われわれに勝利を、プロイセン軍を追いつめたまえ」。綴りはおおむねこのようなものだったろう。だが、書き方は文字を区切り、鋭利な刃の道具で点刻したハイフンでつないでいる。台座にも別の哀願が刻まれている

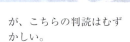

が、こちらの判読はむずかしい。

迷路園の小丘頂上

不吉なサン＝シルヴェストル

　『博物誌』の編纂を手伝ってもらうため、ビュフォンはモンバール出身、つまり同郷人のルイ・ドーベントン【1716生。博物学者で、ダランベールらの『百科全書』の重要な寄稿者】を招いた。ふたりは改訂版のためのドーベントンによる解剖学的な記述が、一部ビュフォンによって削除されて袂を分かつまで、10年あまり一緒に作業した。フランス革命後【1790年】、ドーベントンは自然史博物館の初代館長となった。だが、世紀が変わる直前の1799年12月31日、つまりサン＝シルヴェストルの祝

日の夜、彼は脳卒中に襲われて不帰の客となり、植物園の迷路園近く、円柱の陰に埋葬された。その脳は、ビュフォンと同様に摘出され、ホルマリンに漬けられて、人類博物館に保存されている。

小亭とヒマラヤスギのあいだの小丘中腹

渇望されたレバノン杉

1734年当時、フランスにはイングランドが1630年に招来し、その多さを自賛していたレバノン杉が1本もなかった。そこで王立植物園の学芸員だったベルナール・ド・ジュシュー【1699-1851。博物学者・医師で、リンネの植物分類を修正し、単子葉植物と双子葉植物を分けるなど、植物の形状に基づく新たな分類法を提唱した】は、ドーバー海峡を越えてイギリスに渡り、その土から渇望されていたレバノン杉を採集した

【1734年、ロンドンで植物学者ピーター・コリンソン（1694-1768）から苗木2本を贈られた】。パリにもどると、彼はベルナルダン通りの自宅で旅装を解くのもそこそこに、植物園におもむいてそれを植えようとした。ところが、その道すがら、レバノン杉を入れておいた壺がひび割れしてしまった。やむなく彼は植物園までの数十分間、帽子を壺の代わりとしたのだった。この逸話はやがて伝説化した。

ジュシューがもたらしたレバノン杉はむろん世界最古のものではなく、はるかに古いものは原産地レバノンにある。そのうちの2本はおそらく樹齢3000年を数える。だが、植物園に植えられたそれはきわめて強靭かつ健全な表現型【遺伝子の性質が発現した形質型】をしており、レバノン戦争終息期の1990年代、ガラス器内栽培のため、そこから分裂組織の挿し

芽（梢にある若木の端）を採取した。この採取はベイルート大学の了解を得てなされた。現在、レバノン杉が絶滅危機にある原産国レバノンに本家帰りさせるためである。

迷路園の小丘ふもと

新改宗者たちの修道院

1696年から1700年にかけて建てられたマニー館は、「ヌーヴォー・コンヴェルティ（新改宗者たち）」の修道院の名残である。1622年【1632年？】、パリのヤサント神父【生没年不詳】が創設した修道会は、カトリックに改宗したプロテスタントを

受けいれていた。1656年、同修道会はマニー館を拠点とした。大部分が再建されたこの邸館には食堂や面会室、さらに修道士たちの居室が設けられた。そして1787年、それは庭園ともども自然史博物館の所有地に組みこまれた。今日、ここでは植物園の歴史に関連する展覧会が随時開かれている。この邸館自体はビュフォンの小亭（1788年）やヴェルニケ大講堂（1788-94年）とともに、植物園内に現存する最古の建物のひとつである。

ヴィレ実験室**

1895年、植物園内で偶然にも旧石灰岩採石場へと続く縦穴が見つかった。自然史博物館の研究者で地下の植物・動物相の専門家だったアルマン・ヴィレ【1869–1951。水理地質学者・先史考古学者】は、ただちにこれを踏査した。やがて彼は博物館長だったミルヌ＝エドワールの許可をえて、地下12メートルの場所を整備し、世界初の地下実験室を設ける。この「カタコンベ（地下墓地）の実験室」は、1897年8月に開所式が営まれた。光源を最小限に抑えたその20メートル×20メートルの広がりは、意図的に薄明かりに置かれていた。

洞穴生物学の創唱者でもあったヴィレは、ここで環境が生物の進化に与える影響や「光の世界と闇の世界」を結ぶ関係を研究した。1910年、実験室は洪水の被害を受けたが、2年後、彼は実験室があまりにも地表に近すぎるため、天候の変化が実験結果に影響するということを悟る。だが、1914年の第1次世界大戦によって、その地下での研究に終止符が打たれる。こうしてヴィレの実験室は閉鎖されるが、今もなお「カタフィル（地下墓地愛好家）たち」のみが、作業台や彫刻が施された棚、実験用車両、導水管、さらに創設期日

などの刻文などを目にすることができる。入口（閉鎖中）はマニー館玄関の左手、階段下の地面にある。

戦略的位置

大講堂はマニー館の庭園内に、王立植物園の教授陣が講義をおこなう場として建てられた。動物園と旧動物学館のあいだにそれが位置するのは、けっして偶然ではなかった。近くにこうした施設があることで、研究が最大限効率化されるという計算が働いたからである。動物園で死んだ動物たちは、大講堂での解剖学講義時に公開で解剖され、それから剥製にするため、動物学館につながるアトリエに移された。この建物の屋根にある鐘はなおももちいられているが、かつては学生たちに時間を厳守させる役目をになっていた。

ルイ15世のリノ、プラスラン

「ルイ15世のリノ」は、科学的というより歴史的にきわめて興味深いサイ（リノセロス）であ

キュヴィエ通り47番地と57番地のあいだ

る。現在は企画解剖学館と大進化館に置かれており、前者は骨格標本、後者は剥製である。プラスランと命名されたこのサイは、1770年、シャンデルナゴル【インド西ベンガル州の都市で、フランスの旧植民地】の総督が国王ルイ15世に献上したもので、1792年に革命家たちによって王政が廃止されるまで、ヴェルサイユ宮の動物園で幸せな日々を送っていた。このサイが死んだのは、革命家たちのひとりに剣で切りつけられたためか――脇腹に深い切り傷がみられるが、骨は再石灰化しているようである――、それとも放置されたためか。正確なことは不明だが、1793年9月23日に見つかった遺骸は、動物園の池に横たわっていた。2日後、遺骸は自然史博物館に移されたが、そのわずか2日間でも、それは著しく膨満していた。

博物館はこの遺骸を仔細に調べ、それから大講

堂の前に設けたテントの下で解剖したのち、剥製にした。骨格は比較解剖館で一度とりだしてから、ふたたび組みたてられた。内臓器官は各所の実験室に分配され、犀皮は引き延ばされて木枠の上に張られた。これは近代初の大型獣の剥製作業となった。だが、技術者たちはまださほどそれに熟達しておらず、骨組みをつくるためカバノキでこしらえた木枠をもちい、これにテーブルの長さの等しい脚4本をとりつけてサイの脚とした。こうしてでき上った剥製は、アジアサイというよりむしろ高級家具を思わせるものだった。その印象は大樽のように膨らんだ太もも（腐敗が放置されていた結果）と、日焼けによる脱色素を補うために皮膚につけた油ワニスによって増幅した。

もうひとつの官舎

キュヴィエ通り47番地へ続くアーケードは、かつてのジャン＝ド＝カンブレ小路の名残である。キュヴィエは1832年に没するまで、この通廊の右手にあった18世紀の狭い家に住んでいた。その玄関の上には傾きかけた日時計がかかっていて、そこにはラテン語の格言が記されていた。訳せば「時間は過ぎ、科学は進歩する」。1896年、アンリ・ベクレル【1852-1906。物理学者・科学者。1903年、キュリー夫妻とノーベル物理学賞同時受賞】がウラニウム塩の蛍光を調べて放射線を発見したのがこの家である。

キュヴィエ通り47番地に面した入口近く

クジラ館

キュヴィエの旧宅に隣接する建物は、1782年、辻馬車の御者組合が長方形の中庭をとりかこむ建物と一緒に整備した。1795年、博物館がこれを買いとり、キュヴィエの比較解剖学館とした。その原形は庭園側の翼棟しか残っていない。この翼棟は1900年頃に展示されたクジラの剥製にちなんで、「クジラ館」とよばれている。さらに垣根の後ろ、ワラビー園の中ほどには、かつてアザラシがいた池の名残がみられる。

比較解剖学館となった旧御者組合の建物のポーチには、巨大な靴の泥落としが2か所ある。御者の靴についた汚泥をそぎ取るためにもちいられていた金属製の泥落としへらで、これは馬車のハブから壁を守るために設けた車輪よけのかたわらにある。

ラクダの井戸

　動物園は動物たちを見るだけのものではない。それはまた実験的・動物学的な研究——外来種の気候順化や馴致、異なる種の交雑など——の場でもある。パリ植物園のラクダは、18世紀、深さ12メートルの大きな井戸、通称「ラクダの井戸」のポンプを作動させるためにもちいられていた。このポンプの考案者である技師のフランソワ＝ジャン・ブラル【1750-1831。パリ市の水利工事などを手がけた】は、これを「ラクダ式水力利用装置」と名づけた。こうして井戸は動物園に水を供給していたが、やがて深さ45メートルもあるより近代的なものにとって代わられた。

動物園内のダマジカの囲い地沿い

蹄、さあ、収容施設へ！

　1792年、植物園の監督官となったベルナルダン・ド・サン＝ピエール【127頁参照】は、ここにはじめて動物園を設けるという考えを抱いた。翌1793年、おりしもパリ市が衛生対策を講じており、彼の考えが実行に移されることになる。その条令とは、祭りの場に「動物遣いたち」が連れてくるすべての動物（アシカ、ヒョウ、シヴェット【ジャコウネコなどの哺乳類】、サル、熊、コンドルなど）を、収容施設に入れなければならないというものだった。

　1794年にはこれら最初の動物たちにくわえて、後続の動物たちがルイ16世の動物園に収容された。だが、フランス革命時、多くの動物が盗まれ、売られ、あるいは食用として殺された。辛うじて生きのびた4種もヴェルサイユで衰弱死した。ハーテベースト（アフリカのサバンナに住むリラ状の角をもつレイヨウ）、クアッガ（小型シマウマ）、冠羽のあるバンダ産バト、セネガル産ライオンである。

　やがて1795年、ジャン＝シャルル・ピシュグリュ【1761-1804。ライン方面軍や北方方面軍司令官などを歴任した革命戦争の英雄】がフランドル遠征時に奪い取った、オランダ君主の動物園の動物たちが連れてこられて、パリの動物園は賑やかになる。これら新参の動物たちのなかに2頭の象がおり、市民たちに嬉しい衝撃を与えた。パリ北方、シャンティイにあったコンデ家の動物たちも保護されて、首都の動物園に移送された。

　こうして数が増えた動物たちは、ヴェルサイユの檻にあった鉄柵で器用に作られた素人仕事の小屋に収容された。19世紀になると、パリの動物園にはさらに多くの動物たちが加わるが、その大部分は宣教師や博物学的な調査におもむいた探検家、さらに外交使節たちからの寄贈によるものだった。

テーマ館

　動物園は広大な囲い地からなり、ロマンチックなインスピレーションをかきたてる。その輪郭は創設期からほとんど変わっておらず、さまざまな建物によって空間が仕切られている。ここには羊用の田園風小屋、あそこには野獣用のアール・デコ風宮殿といったようにである。これらの建物は動物たちのすみかであると同時に、人間が思い描いた理想的なイメージを反映するピトレスクな風景を生み出してもいる。その最初期の建物（18世紀末-19世紀）はメゾ

動物園の表記が複数形（Ménageries）となっているのはなぜか。自然史博物館の用語法では、そこには猛獣館や爬虫類館などがあることを意味する。

ネット・タイプで、そこにはフランス西部ポワトゥー産の種ロバが、頂塔のある十字形のメゾネットにはビクーニャ【ラマに似た哺乳類】がそれぞれ棲んでいる。

1804年に建てられたロトンド（ドーム付きの円形建造物）は、かつては大型獣専用だった。シ

ャルル10世【在位1824-30】のキリンが24年の長寿をまっとうしたのがここである。それ以後はゾウガメだけが草の繁茂した囲い地に棲むようになっている。

もうひとつの特異点は、動物小屋の建築家が、統領時代【1799-1804年】のナポレオンによって1802年に新設されたばかりのレジオンドヌール勲章に着想をえて、それを図面化したというところにある。一方、卵型の広大な鳥小屋は1888年にジュール・アンドレ【123頁参照】が建てたもので、中には池が1か所ある。エッフェル塔より1年前に誕生したこの小屋は、空の美しさを演出している。

マルタン王朝

1805年に掘られた窪地の端から、入園者は長いあいだ熊のマルタンの一挙一動を楽しんだり、恐れたりしてきた。熊のうちで最大のものは伝統的にマルタンとよばれてきた【西欧社会には、しばしば熊が人間の娘をさらい、異類婚によって息子をもうけるが、のちにこの息子が父親と知らずに村人たちを苦しめていた熊を退治して文化英雄になったとする民間伝承がある】。伝承によれば、この動物園のマルタンは人間を食べたり重傷を負わせたりしたという。たしかにあるマルタンは窪地に降りて彼と闘うという幻想を抱いたイギリス人を窒息死させ、別のマルタンは窪地の中に金貨を見つけ、梯子を使ってそこに降りようとした軽率な男をむさぼった。も

う1頭は退役兵にかみついている。

だが、現在動物園にマルタンはいない。最後まで残っていた2頭が、2004年、トワリ動物園【パリ西方のサファリパーク】に移されたからである。この移動は倫理的な問題によるものだった。もはや動物たちを上から見下ろしてはならない、というのである。それでも現在、この窪地は小型の食肉目動物を2種類受けいれている。赤毛のレッサーパンダとビントロング【東南アジア産のジャコウネコ科哺乳類】で、彼らは見物人たちの上や頭上に置かれた丸太に自由に登ったりしている。

自然史博物館

キリンの年

エジプト副王のムハンマド・アリー【1769–1849。オスマン帝国総督。イギリスの進出に抵抗し、近代化を進めて、1805年、みずから王朝を樹立した】は、外交的な配慮から、王立動物園のため、シャルル10世にキリンを1頭贈ることにした【前出】。ある日、副王から派遣された歩兵たちがキリンの母親を殺し、その子どもを奪った。ザラファと名づけられたこの子どもは雌ラクダの乳で育てられた。

2歳になると、ザラファは船でアレクサンドリアに運ばれ、船倉で飼われた。ただ、自分のためにデッキに特別に隙間をあけてくれたので、そこから頭を出して外の風景を眺めることができた。1826年、船がマルセイユに接岸すると、プロヴァンスの人々はキリンを見て驚愕した。いまだかつてこのような動物がヨーロッパの土を踏んだことがなかったからである。人々は押し合いへし合いしながら、この美しいエジプト女性を見に集まった。ザラファにはレイヨウ1頭と乳牛3頭（キリンは日に25リットルものミルクを飲んだ）、さらに護衛兵2人が従っていた。

ザラファはマルセイユに半年とどまったあと、パリ植物園の動物園責任者ジョフロワ゠サン゠ティレールに引き取られた。こうして一行は日に27キロメートルの割でフランス国内を移動した。ザラファはフードつきの防水服を着せられて歩いた。そして1827年7月9日、一行はついにパリに到着し、国王や呆気にとられた宮廷から迎えられ、60万あまりの見物人が彼女を見ようとつめかけた。その異常なまでの評判ゆえ、1827年は「キリンの年」とよばれるようになったが、そればかりでなく、ザラファは装飾芸術やモードに着想を与え、「キリン風」束髪（シニョン）まで登場した。

だが、人々の熱狂は1年しか続かなかった。今日きわめて希少価値のある骨董的な「キリン風」装飾を探し出すのがむずかしいゆえんである。で は、大進化館のキリンははたしてこのザラファなのか。これについてはだれも正確なことを知らない。自然史博物館の館長もまたしかりである。

医学生の薬局方

植物学校【創設1635年】の庭園の小径に足を踏みいれれば、あまりにも多くの患者を死に追いやったりしないようにと

願っていた、17世紀の学生たちの足跡をたどることになる。2009年以降、そこで栽培されている植物種は系統発生学、つまり植物同士の親縁関係をあきらかにする学問体系に基づいて分類されている。こうした分類は時代と自然科学の進歩に応じて修正されてきた。

20世紀初頭になると新たな分類体系が支配的になり、植物の機能が活用ないし開発された。そこではそれぞれの植物にその用途を示す色分けされたラベルがつけられていた。赤（薬草）、緑（食用）、青（芸術・工業用）、黄（装飾用）、黒（有毒）といったようにである。注意を要したのは金網で

覆われた植物で、これは医者の処方なしにもちいてはならなかった。今日この分類は大芝生の端（ヴァリュベール広場脇）に見ることができる。ここでは植物資源が3通りの用途に応じて以下のように分類されている。薬草用（活性分子順）、染色用、織物用。一方、食用植物は監督館の後ろにある野菜畑にまとめられている。

大芝生と動物園のあいだ

高山植物園

植物学校の庭園師たちは、山岳地帯のすべての気候をパリの心臓部にある植物園に再現するという無謀な挑戦をなしとげた。人工的につくった窪地を整備して、その多様な微気候をシミュレーションするのにふさわしい、南・北両斜面を備えた渓谷の模型をつくったのである。そこでは山岳と地中海の環境が方向と堆肥の選択、岩の配置、水の流れに由来する微気候に基づいてつくりだされた。東側では富士山とヒマラヤ、中央部ではセヴェンヌ【フランス中央山地】やピレネー、コーカサス山脈の微気候が再現され、さらにプレアルプスの一帯やバルカン半島、セルビアの森林地帯、西側にはアリゾナの草原やプロヴァンスの岩場、コルシカの渓谷とモロッコのアトラス山脈が配された。2000種以上の高山植物が共存しているのは、おそらくここ以外にはないだろう。

興味深いことに、ここではまた泥炭層の食用植物を称賛することができる。フランスに初めて輸入されたキウイの一種（北西壁沿い）や、1715年頃、セバスチャン・ヴァイヤン【1737-1814。植物学者で、1699年に王立植物園薬草部門の監督者となった】が植物に雌雄のあることを確認するもととなったピスタチオ（北側）などである。地下道を出て右手の最初の小径は、4・5月ともなれば、ハンカチノキ、別名幽霊の木の花盛りとなる。その白い花はハンカチーフのようにどれほどの微風でも揺れて興趣を醸し出す。さらにこの庭園には、現役としてはパリ最古の井戸があり、庭園師たちはここからくみ上げた水を散水にもちいている。その滑車（使用中止）はクレマチスの茂みで隠されている。

植物学校内の地下道入り

公共のベンチ

2009年に植物園の公共備品が新しくとりかえられた際、ベンチへのスポンサーシップがよびかけられた。これに応えた寛容な寄付者たちには、それぞれ希望する場所のベンチが1基割りあてられ、そこに彼らの名前と博物館の承認を受けた好みのメッセージを刻んだプレートがとりつけられた。寄付の金額は、現在の通貨にすればベンチ1基で1800ユーロ、2基では3600ユーロだった。こうして255基のベンチが新たに誕生した。メッセージの内容は雑多で、愛の告白や近親者への賛

辞、哲学的な格言、牧歌的な詩などである。

この種のよびかけはほかにも事例がある。とりわけアングロ＝サクソン系の国々では広くおこなわれている。たとえばニューヨークのセントラル・パーク、ロンドンのケンジントン・スクウェアやハイド・パークの備品のようにである。やがてそれはフランスでも広まり、ヴェルサイユ宮では樹木やベンチおよび彫像への寄付が募られている。

パリ歴史文化図鑑――パリの記念建造物の秘密と不思議

パンテオン
(1755-89年)

礼拝堂丸天井の細部
(マケットの間)

- 創建者:ルイ15世
- 計画・目的:病の床についたルイ15世は、古いサント＝ジュヌヴィエーヴ教会を壮大なモニュメントに変えるとの誓いを立てた。
- 建築家たち:ジャック＝ジェルマン・スフロ。ついでアントワヌ・カトルメール・カンシが改築を手がけた。
- 革新的特徴:バロック様式との決別を示す古典的な着想によるネオ・クラシック様式の建物。
- 建設に対する反響:受けいれ方はまちまちで、ある者はその構造の堅牢さを疑い、ドーム(丸屋根)の瓦解を予言したりした。
- 継起的用途:1791年の条令によってフランス国家のパンテオンとなり、1806年に信仰の場にもどされ、30年に新パンテオンとなった。
- 名声因:「共和国かつ世俗的なサン＝ドニ」としてのステータス。
- 所在:パンテオン広場(5区)
最寄駅:RER線リュクサンブール駅

1744年【オーストリア継承戦争中】、ルイ15世はロレーヌ地方のメスで重篤な病に冒された。すべてのフランス人は各地で宗教行列を営み、愛すべき国王の快癒を祈った。やがて有能な医師たちの奮闘と一体化した全国的な献身のおかげで、国王は回復する。当時、人々はこの「メスの奇蹟」について噂しあった。国王の病があまりにも重く、終油の秘蹟を受け、数時間のうちに死が訪れるはずと思われたほどだったからである。ひとたび回復すると、国王は感謝のしるしとして、尊厳王フィリップ2世によって建立されたが、放棄され、荒れるがままになっていたサント=ジュヌヴィエーヴ大修道院付属教会の再建を認めた。「時代遅れ」とみなされていたゴシック様式のこの建造物は、たしかにひとつの時代をつくったものの、ルイ15世は当時の嗜好に見合った壮大なモニュメントを望んだ。

だが、王国の財政状態はそうした出費を許さなかった。そこで富くじが導入された。すでに富くじは存在しており、月に3度抽選がおこなわれていた。1枚は20ソル【1ソルは20分の1リーヴル】で、それを24ソルにすれば、再建に必要な資金、すなわち40万リーヴルが捻出できた。設計図はジャック=ジェルマン・スフロ【1713生。建築家で、オテル=デュ（慈善院）の拡張工事（1738年）やシャルトルー修道院の丸天井の設計、さらに証券取引所の改築（1748-50年）などを手がけている。1760年にみずからが敷設を担当した、リュクサンブール公園とパンテオン広場を結ぶ通りにその名がつけられている】の案が採用された。

しかし、彼の案は多くの批判をこうむった。とくにドームへの風当たりが強かった。最初の構造が石組で、骨組み工法がもちいられていなかったからである。ドームを支える円柱は早晩壊れ、丸天井も崩落すると予言されたりもした。こうした批判の激しさに傷つき、憔悴したスフロは、新しいサント=ジュヌヴィエーヴ教会が完成する前に他界した。その死後、彼の協力者だったジャン=バティスト・ロンドゥレ【1743-1829。学士院会員・パリ国立理工科学校教授】とマクシミリアン・ブレビオン【1716-92。王立建築アカデミー会員・パリ市建築監督官】が工事を受け継ぎ、内陣の非難を受けていた円柱を重量感のある石柱に替えた。

1791年、憲法制定国民議会は、イギリスにすでに存在していたような国家的な偉人たちに捧げる霊廟を、フランスにも建てることにした。当初イメージされたのは、ラ・ヴィレットのロトンド（ドーム付きの円形建造物）やシャン=ド=マルスだったが、やがて落成したばかりのサント=ジュヌヴィエーヴ教会へと関心を向けるようになった。そのロマネスク風神殿の外貌はたしかに重厚でバランスがとれていた。建築家のアントワヌ・カトルメール・ド・カンシ【1755-1849。考古学者・批評家・政治家で、主著に『建築史』（2巻、1832年）などがある】は、それを共和国のモニュメントに改築する仕事を請負った。こうして教会の地下納骨堂は、その才能や徳性、さらに国家への貢献によって著名なフランス人の墓を受け入れるために整備されるようになった。

1806年から、この建物の運命は教会とパンテオンのあいだを、政治的生命の変動にあわせてさながら風見鶏のように揺れ動くようになる。1806年にはナポレオンによって信仰の場となり、30年にはルイ=フィリップによって「再パンテオン化」され、51年にはナポレオン3世によってふたたびキリスト教の建物となった。そして1855年、最終的に世俗化されて、ヴィクトル・ユゴーの死後、その遺骸はそこに移葬されることになった。

1世紀のあいだに少なくとも10回立ち位置を変えるたびに、当然のことながら、この建物は他のメニュメントではみられないような装飾や設備の整備がなされた。と同時に、それは高等法院内や路上で、世俗主義の熱烈な擁護者とキリスト教的価値観の信奉者のあいだで、激しい口論を引きおこしたりもした。

外観

陶工たちの作業場

　新しい教会の工事は当初は困難なものだった。それにあてられた最初期の資金は、土台に文字通り飲みこまれた。労働者たちが地面を掘り進めていくと、13世紀前、ガロ・ロマン時代の陶工たちが、その作業に必要な粘土を手にいれるために掘った縦穴が何か所も出てきたからである。さながらエーメンタル・チーズのように穴のあいたサント＝ジュヌヴィエーヴの丘の上には、深さ25メートルにも達する大きな縦穴が8か所あり、さらにより浅いものの、ほかにも縦穴が100か所あまりあった。これらすべての穴は、土台を堅固なものとするために、しっかりとふさがなければならなかった。だが、その作業のために多くの資金が費やされ、工期もまた1755年から64年まで9年かかった。

サント＝ジュヌヴィエーヴの丘の上から出土したものと似ているガロ・ロマン時代の炉。

むき出しになった鐘楼下部

　フランス革命期に共和国のパンテオンに変えられたサント＝ジュヌヴィエーヴ教会はさまざまな改築がなされ、その一部は著しく外観を一変させた。たとえば四角い塔の形をした高さ40メートルの鐘楼2基（奇妙なことにいずれも後陣の後ろにあった）は、上部が撤去されてむき出しになっている。パンテオンの内部に展示されているジャン＝バティスト・ロンドゥレ作の模型は、2基の鐘楼を備えた教会のかつての姿を偲ばせてくれる。

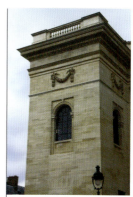

無分別な窓

スフロの教会は柱廊に面し、そこから差しこむ陽光が内陣を優しく照らす高窓が42枚あった。しかし、この明るさは陰気とまではいわないまでも、つねに暗くなければならなかった霊廟の厳粛さとは両立しなかった。こうして38枚の窓がふさがれ、飾り気を除いた外壁に峻厳さを与えていた。その石造りの窓枠は花綵レリーフの下にあったと思われる。今では後陣の窓にだけその痕跡が残っている。

これらの窓は単に採光や建物自体の軽量化をはかるためだけでなく、換気口の役割にもなっていた。それらがふさがれた結果、尖塔部の湿度が増し、時がたつにつれてヴォールトの中の多くの金属製補強材が錆びついてしまった。こうして錆びついたヴォールトは膨張し、分裂した石が地面に落下した（天井の一部にはそのあとが見える）。水蒸気の液化効果は雨天時にとくに大きい。それゆえ、現在は高所にセンサーがとりつけられ、建物の湿度を監視している。

十字架の有為転変（ワルツ）

モニュメントの世俗化の過程で、フランス革命時に身廊から長椅子や聖職者席、説教壇、告解室、祭壇が姿を消すあいだ、ドームの上にそびえる十字架もまた撤去された。それといれかわりに、破風につぎの銘文が刻まれた。「偉大な人物たちに、国家は感謝の念を捧げる」。ブロンズ製の十字架がふたたび登場するのは、1822年に建物が信仰の場にもどったときだった。同じ時期、さまざまな聖具が返され、破風の銘文もラテン語による敬虔な文言にとりかえられた。

だが、1830年【ブルボン王朝を打倒した7月革命後】、三色旗が十字架にとって代わられ、聖具も姿を消した。破風にも「偉大な人物たち…」の銘文が改めて刻まれた。さらに1851年【ルイ＝ナポレオンが第二共和政をたおし、実権を握ったクーデタ後】、パンテオンは国家の聖堂となった。それに続く出来事は推測に難くないだろう。十字架、聖職者席などがどうなったか、である。1871年のパリ・コミューン時には、コミューン兵たちがドームによじ登り、十字架の横枝を切り落として、これを三色旗を掲げる竿に変えた。

それから2年後の1873年、高さ4メートルの石の十字架が再々度とりつけられ、堂内の調度品ももどった。そして1885年、パンテオンは最終的に共和国財産に編入され、宗教的な調度品がとりのぞかれる。ただ十字架だけは残され、避雷針がつけられた。

パリ・コミューンのスティグマ

パリ・コミューン【1871年3月26日−5月28日】の攻囲戦時、教会だったパンテオンの建物は武器や糧食の倉庫にもちいられた。それに先

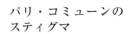

立つ1870年5月、叛徒たちはバリケードを築いて、ここに司令部を置いた。だが、この即席の要塞はヴェルサイユ軍の攻撃を受け、わずか2日で明け渡さざるをえなかった。それから1年後の1871年5月26日、コミューン兵に近かったジャーナリストで国民議会議員のジャン＝バティスト・ミリエール【1817生。弁護士出身で、1851年のルイ＝ナポレオンのクーデタに反対し、一時アルジェリアに追放された】は、国王軍との激戦のさなか、パンテオンに通じるウルム通りで逮捕され、パンテオン広場で跪いたまま銃殺された。パンテオンの円柱には、彼の背丈のあたりに、石膏でふさがれてはいるが、この卑劣な殺害のスティグマである銃痕がみられる。

内観

ユリか月桂樹か

　この共和国の神殿には王権のシンボルがいくつか残っている。それらを探すには、頭をあげ、1811年にナポレオンがアントワヌ＝ジャン・グロ【1771-1835。新古典派の画家】に制作を依頼した、丸天井にある《聖女ジュヌヴィエーヴの至上の栄光》という題名のフレスコ画を見ればよい。確信的なアナクロニズムではあるが、もともとそこには教会の創建者であるクロヴィス1世【初代フランク国王在位481-511】とクロティルデ【475頃-545。夫王クロヴィスをカトリックに改宗させたことで知られる】、シャルルマーニュ【カール大帝。フランク王在位788-814、西ローマ皇帝在位800-814】、聖王ルイ9世【「サント＝シャペル」の項参照】、さらに皇帝ナポレオンとその妃マリア・ルイザ【1791-1847。神聖ローマ皇帝フランツ2世の娘。ナポレオンの2度目の正妻】が一緒に描かれることになっていた。

残る誤り

　2006年、JCドゥコー社製のパンテオン案内板は上院議会で激しい批判にさらされた。オーブ県選出議員が、他の議員たちや国民教育・高等教育・研究大臣補佐に対し、表示板にはパンテオンに眠る女性たちのうちのふたり、すなわち高名な科学者の妻ソフィー・ベルトロ（151頁参照）とマリ・キュリーの名前が記されていない、ということを問題視したのである。たしかにそれは歴史的な正確さとフランス＝ポーランドの好ましい外交関係【キュリー夫人はポーランド出身】を配慮すれば、異常な事態であり、残念なことでもあった。だが、上院議員たちはその無力さを認めなければならなかった。パリ市や文化・通信省、さらに国立モニュメント・センターにかけあったにもかかわらず、案内板の記載は修正されず、その変更は私企業であるJCドゥコー社のやる気だけにかかっていたからである。同社は批判をしずめるため、1年以内に修正することを約束した。だが、10年たっても事態はなにひとつ動いてはいない…。

だが、ナポレオン軍がロシアから退却し【1812年12月】、ブルボン家の第1次復古王政が始まったとき【1814年4月】、なおもフレスコ画の制作が終わっていなかった。新たに王座に着いたルイ18世は、1814年8月、グロにその遅延の埋め合わせとして一部手直しを命じた。ナポレオンとマリア・ルイザの像を削除し、代わりに自分と王妃の像を描く。それが命令だった。こうして構図の中にルイ16世とマリー・アントワネット、さらに王子が構図に登場するようになった。すなわち、なおもスペースがあった楽園の部分に、グロはこれら3人を最後の人物として組みこんだのである。

しかし、それから1年もしないうちに命令は突如撤回される。百日天下が始まった1815年3月、また事態が急変して、皇帝に復位したナポレオンと皇妃の像をふたたびフレスコ画にくわえるよう要請されたのである。そして同年5月、その要請を受けいれて、ナポレオン像がルイ18世のものととりかえられた。だが、グロはそれを機に急いで絵筆を片づけ、足場も解体した。以後の歴史は周知の通りで、地上65メートルの高さにあるフレスコ画を手に入れようとする者はいなかった。

「あなた方は地球がまわるのを見に来るよう招待されています」

物理学者のレオン・フーコー【1819-68】は、1851年2月3日、この文言によって、当時の学者たちをパリ天文台での驚くべきデモンストレーションに招いた。地球の自転に直接立ちあってもらうというのである。それから1か月後、群衆は1個の振り子【直径約30センチメートル、重さ28キログラムの鉄球】が丸天井からワイヤーで吊るされたパンテオンにつめかける。共和国の大統領だったルイ=ナポレオン・ボナパルト、のちのナポレオン3世の求めに応じておこなわれる、この公開実験を見るためである。フーコーによれば、実験の原理は至極単純なものだった。「振り子の振動面がエーテルに対して固定されている場合、この同じエーテルに対する地球の回転は、振り子の回転によって目に見えるようになるだろう」というものだった。それから数か月間、10個あまりの振り子が世界各地で振動し、何千もの人々が「地球の自転」を目の当たりにした。この最初の振り子はパリの国立工芸博物館に保管され、パンテオンの丸天井下ではより小型の模型が揺れている。

違法の修復

アンテルガンテル・グループは行政が放置したさまざまなモニュメントないし建築遺産を、違法に修復する者たちの集まりである。2004年、彼らはパンテオン内部の大時計、すなわち1850年に製造され、1965年から故障していたヴァグネール社モデルのそれに目をつけた。そして1年以上にわたって、週平均3ないし4日、夜闇にまぎれて、ある大時計職人の指示のもと、細心に大時計を修復したのである。組織に隙がなかった彼らは、モニュメントの無住の一室に、木箱入りの組み立て可能な、だが本格的な工房を構えていた。

2005年12月25日、彼らはパンテオンの大時計を修復して動くようにし、芳名帳によこしまな献辞を残してその場を後にした。国立記念建造物局はこれを器物損壊だとして訴えたが、アンテルガンテルは平然としていた。ただ、完全な状態になっても、大時計はふたたび止められた。おそら

くそれが15分ごとに鳴り、聖堂の厳粛さを妨げたからである。

パンテオンの切断模型

　石と石膏でできたこの模型はスフロの助手だったロンドゥレが制作し、奥まり左手の礼拝堂に安置されている。パンテオンを縦に切断したもので、聖堂の極端なまでに複雑な建築構造を見せてくれる。とりわけそれは、外から見れば1層でしかないが、実際にはたがいに入れ子構造になった3層の丸天井を示している。外側の石でできた丸天井、つまりドーム（丸屋根）は鉛の帯で覆われ（当時の技術的快挙）、格間のついたもうひとつの丸天井は、採光窓が中央に向いている。そして、これらふたつの重なりあう丸天井にはさまれた3つ目の丸天井は放物線の形状をしている。この模型にはまた、今はない2基の鐘楼や地下の礼拝堂もみられる。

死者たちの場

　パンテオンの十字形に配された地下納骨堂は驚くほど広い。現在そこには73柱が眠っているが、けっして手狭ではない。さらに300柱を受けいれる余地があるからだ。そのことを説明するある仮説によれば、ルイ15世がそこをブルボン家の霊廟にしようとしていたという。

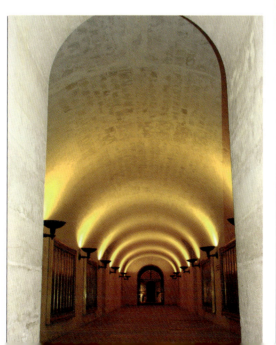

ベルトロ夫妻の愛情

　地下納骨堂に眠る被葬者のうち、女性はふたりだけである。そのひとりは個人的な徳のためではなく、彼女の夫マルスラン・ベルトロ【1827-1907。生涯1200本を超える有機化学や熱力学にかんする論文を発表したとされる。アカデミー・フランセーズ会員で、文部大臣や外務大臣も歴任した】と離れ離れにしたくないという配慮によって埋葬されている。妻をこよなく愛していたこの

化学者は、生前、妻が先に逝ったら生きながらえるつもりはないと言っていた。1907年3月18日、病の床に伏していた妻が他界する。すると彼は、それから1時間後、【学士院内の居宅で】急死する。おそらく自殺だった。こうしてふたりの亡骸はパンテオンに移された。女性が真にその徳によってパンテオンの一員になるには、1995年のマリ・キュリーの移葬まで待たなければならない。

パリ歴史文化図鑑──パリの記念建造物の秘密と不思議

リュクサンブール宮・公園
（1616-23年）

- 創設者：マリ・ド・メディシス
- 計画・目的：イタリア出身のマリ・ド・メディシスが、フィレンツェのピッティ宮を想いおこすことができるような邸館を望んだことによる。
- 建築家：サロモン・ド・ブロス
- 継起的用途：監獄、総裁政府官邸、元老院（帝政期）、貴族院（復古王政期）、上院（元老院）。
- 名声因：宮殿が元老院となったこと。
- 所在：ヴォージラール通り15番地（6区）

最寄駅：RER線リュクサンブール駅

模型の帆船が1881年から
リュクサンブール公園の池を
航行している。

アンリ4世の暗殺後

　夫王アンリ4世を1610年に凶刃で奪われたマリ・ド・メディシスは、おそらく悲しみと倦怠の日々を送ることになったルーヴル宮殿を去る決心をし、より快活でつらい記憶に苛まされることの少ない場所で生きることを望んだ。そこで考えたのが、子ども時代を送ったピッティ宮に似た城を築くということだった。そのために、1612年、彼女はリュクサンブール公から、街なみのはずれに位置し、ルーヴル地区より健全な世俗的であると同時に田園的な市外区に土地を購入する。そして、そこにイタリア【トスカーナ】風の宮殿を建てるよう建築家のサロモン・ド・ブロス【1565－1626】に命じる。宮殿の完成までには15年を要した。1625年、マリ・ド・メディシスはここに居を移すが、6年たたぬうちにふたたびこの宮殿を去ることになる。息子ルイ13世とその宰相だったリシュリュー枢機卿との権力争いに敗れ【1631年】、ブリュッセルに、ついでケルン【終焉の地】に追放されてしまったからである。

　以後、リュクサンブール宮はさまざまな王族が住むようになる。しかし、フランス革命時にそこは監獄に変えられ、やがて総裁政府の官邸（1795年）、ついで元老院（1800年）、さらに貴族院（1814年）、1852年、ふたたび元老院（上院）となる。これにともなって宮殿は著しく改築された。新たな議会という役割に応えるためである。外観はほとんど元のままだったが、内部は1799年から1805年にかけて、建築家ジャン＝フランソワ・シャルグラン【1739－1811年。1758年にローマ大賞を受賞し、70年に建築アカデミー会員、88年に学士院会員選出。請負ったエトワル広場の凱旋門建設中に没】によってかなり変えられた。

　マリ・ド・メディシスは自分の宮殿の前に、ピッティ宮に隣接するボボリ庭園に似せた庭園をつくりたかった。だが、土地の条件がそれを許さなかった。南側に視界を妨げるカルトゥジオ修道会の所領があったからである。マリ・ド・メディシスやリシュリューからの圧力にもかかわらず、修道士たちは区画の分譲を拒んだ。そのため用地の奥行きはかろうじて300メートルしか確保できなかったが、横幅は1キロメートルまで伸びた（現在のサン＝ミシェル大通りとラスパイユ大通りのあいだ）。それが現在の広がりをもつようになるには、1790年に修道院が撤去されてからのことである。

　リュクサンブール公園のように、娯楽やスポーツに解放されているパリの公園はほかにない。17世紀には、そこではすでにさまざまな球戯がおこなわれていた。統領政府時代【1799－1804】、ナポレオンはそこを「子どもの遊び場」とし、1818年には初めてドライジーネ【足けり式木製2輪車】のレースが実施されている。カルチェ・ラタン【ソルボンヌや名門リセがある学生街】に隣接するこの公園は、学生たちがとくに好んで訪れる場所である。19世紀に元老院が各種スポーツの実践に適した施設をつくったのは、彼ら学生たちの影響力による。

リュクサンブール公園

考古学者たちの聖杯(グラール)

元老院とリュクサンブール公園の地下には考古学者たちの夢が眠っている。おそらくそこにはガロ・ロマン時代の宝物がある。だが、今のところは発掘ができないので、手が届かない。1957年、国立高等鉱山学校裏の小径近く、地下80センチメートルを走る大型排水管を修繕した際、15センチメートルの間隔で4列にならべられた四角形の平瓦が出土した。その配置は、主要な建物の暖房にもちいられた4世紀のハイポコースト【床下および壁体内に燃焼空気を対流させる中央暖房設備】の土台だったと思われる。さらに、公園の異なる地点からは、初期ローマ帝国時代の遺物が数多く見つかってもいる。ブロンズ製の小像や宝石、鏡の破片、ランプ、陶器、コイン、ガラスの器、モザイクなどである。

こうした発見は、リュクサンブール公園の一角が、今から16世紀前には豪邸が立ちならんでいた居住区であり、当時のルテティア【パリの古称】がすでに母島であるシテ島をこえて、セーヌ左岸に広く展開していたことを立証する。この遺跡はパリで最大の考古学的遺構である可能性を秘めている。ローマ時代の都市の一部が、何世紀ものあいだ、度重なる工事にもかかわらず、手つかずのまま木の根の下に眠っているからである。

元老院のガロ・ロマン時代の炉

自動台秤

この種の体重計は20世紀初頭まで公共の場、たとえばメトロのプラットフォームや薬局の前、小公園などに広く見られた。各家には体重計がまだなく、体重を測ることはいわば家族的な行事だった。そこで公園を散策する際、ついでに体重計の台座に乗り、硬貨投入口にコインを1枚入れて、ゼンマイ仕掛の針の動きを追ったものだった。こうした体重計への熱中は、自分の体重を知るたのしみのみならず、健康面での医師の指示によるものだった。

1910年代、自動台秤の考案者が、元老院の管理担当理事たちから、「利用者の健康管理を改善するため」、それをリュクサンブール公園に2台設置する許可をえた。1台につき年50フランの設置料を支払うことで、彼は測定ごとに5サンティーム【1サンティームは100分の1フラン】の税を徴収した。設置契約書は毎年更新され、1935年には体重計の数は7台になった。そのうちの6台はなおも残っているが、作動していない。投入硬貨が以前として今では使用廃止となっているフランだからである。

弱音器をつけてのファンファーレ

リュクサンブール公園の野外音楽堂は、シャルル・ガルニエ【「オペラ・ガルニエ宮」の項参照】の考案になる木馬のメリーゴーランドと同時期、すなわち1879年に建てられている。ここではパリ市内の他の公園や庭園のガーデン・ハウス同様、さまざまなコンサートが催されている。ただ、その公演日時はとくに元老院の活動と結びついており、一般公開の会議が開かれる火・水・木曜日には、いかなるコンサートも認められない。木曜日の午後だけは、音響装置をもちいないコンサートに限って許される。むろん議会が閉廷中は、毎日のようにコンサートが開かれている。

コンサートのプログラムは以下のウェブサイトで知ることができる。
www.senat.fr/evenement/kiosque_musique/index.html.

ふたつの顔をもつ泉

庭園の東側の眺望を遮るため、マリ・ド・メディシスは郷里トスカーナ地方の建造物から着想をえた、一種の洞窟を設けるよう注文した。19世紀初頭、リュクサンブール宮が元老院になると、この洞窟はかなり手をくわえられる。シャルグランがそこに彫像群や噴水をくわえたのである。のちにここはメディシスの噴水とよばれるようになる。1860年頃、それは公園の北端に移され、石製の壺に飾られた長さ50メートルの池が付設される。さらにその裏側には、ヴォージラール通り、サン=プラシド通り、ルガール通りの三叉路にあったが、1856年のレンヌ通りの敷設時に撤去されたレダの泉が移設された。こうして泉となった洞窟は、マリ・ド・メディシスの庭園の唯一の名残といえる。

仮面の偉人たち

大池と国立高等鉱山学校のあいだにあるテラスの葉叢に隠れるようにして、若い女性の彫像がたっている。この彫像は通行人に一揃いの仮面を示しているようである。ただ、仮面なら手あたりしだい、というわけではない。それは1883年にこれを制作したザカリ・アストリュク【1833-1907。彫刻家・画家・詩人・美術評論家。印象派を評価し、ジャポニズ

ムの隆盛にも寄与した】と同時代の著名人たちのそれである。そこにはたとえばヴィクトル・ユゴー（左手に掲げている）やウジェーヌ・ドラクロワ、アレクサンドル・デュマ（子）、レオン・ガンベッタ【1838-82。弁護士・政治家で、1870年、パリ市庁舎で共和国の樹立を宣言した。第3共和政で首相となったが、のちに自殺。20区には彼の名前がついた大通りがある】、ジャン=バティスト・カルポー【1827-75。彫刻家で、リュクサンブール公園の群像『世界の4部分』（1868-72年）は彼の代表作】、カミーユ・コロー【1796-1875。画家。代表作に『モントフォンテーヌの想い出』（1864年）などがある】、エク

央、彫像の近くにとどまらないよう見守る。リュクサンブール公園の最初の帆船貸与権は、1881年、小さな模型帆船を数隻乳母車で運んでいたある高齢女性に与えられている。1922年、経験豊かな船乗りだったクレマン・ポドーがそれを受け継ぎ、トロール船や機械仕掛けのヨット、縦帆を備えたカッター【1本マストの小型帆船】などの模型を作った。彼の模型船はリュコ池や、ポドー一族がやはり権利を得て管理していたテュイルリー公園の池に浮かんだ。

エリック・テシェを自称するこの艦隊の指揮官は、毎週水曜日ともなれば、茂みに隠しておいた基地から、折り畳み式の帆を備えた模型船を数段に分けて運ぶための荷車を引き出す。日曜日の朝は、子どもたちに代わってプロたちが集まる。リュコ・ヨットクラブのメンバーたちが、ここで自分たちの帆船や無線操縦の潜水艦を走らせるためである。

張り合いのない仕事

リュクサンブール公園内でのささやかな商売のうち、もっとも忘恩的なのは、馴染み深いが嫌われてもいた貸し椅子の料金徴収だった。1805年、元老院は公園での3年間の貸椅子権を公開競売にかけ、これを手に入れた委託業者は、天気のよい時期、しっかりした椅子1500脚を一般に貸し出すようになった。そして、賃料を徴収するため、彼は貧しい寡婦たちを安い賃金で雇った。彼女たちの日給は売り上げたチケットの1割に固定されていたが、その金額は日や季節で異なっていた。リュクサンブール公園には、これら料金徴収人が15人おり、それぞれに順番で持ち場が決められていた。彼女たちは2綴りのチケットを預かったが、一方は公務員や議会の係官およびその家族用の割引券、もう一方は一般の散策者向けだった。

1922年、パリ市参事会は市内の労働者たちが、乏しい財布の中身をそこなうことなく、小公園や庭園で昼食をとれるよう、正午から13時半までは椅子の賃料徴収を停止させた。ただ、リュクサンブール公園をはじめとする公共の公園に座るために金を払うという慣行は、けっして禁止されることがなかった。そのため、何十年にもわたって利用者たちの叛乱が起きた。そこでは文書による抗議だけでなく、貸椅子の女性賃料徴収人たちに対する侮蔑や虐待も相ついだ。彼女たちのひとりは、ある日、池に投げこまれたりもした(!)。やがて委託業者たちは大きな実入りを失い、わずかな利益も椅子の維持費に消えた。1972年、パリ市が最終的にこの椅子を買いとり、徴収人たちは解雇された。

トル・ベルリオーズ、オノレ・ド・バルザック、ジュール・バルベ・ドールヴィイ【1808-89。小説家】などの仮面がみられる。アストリュクは『仮面商人』と題したこの作品で名声を博した。ただ、残念なことに作品は原型のままではなく、女性像が右手に持っていた仮面も消失している。

リュコ池のヨットレース

模型帆船が池の水面に描く渦巻は、何世代も前から子どもたちを興奮させている。縁石の上に腹ばいになりながら、彼らは自分の帆船が池の中

管理人たちのキノコ

　リュクサンブール公園のキノコとは？　これはキツネノカラカサのような円錐形の屋根をもつ一対の建物の愛称で、公園管理人小屋に転用されている旧石炭置き場である。休憩時間のあいだ、彼らはここに入って、キチネットで弁当箱を温めたり、短かな休息をとったりしている。

ロング・ポーム場

　ロング・ポーム【テニスの原型】はフランス最古の球戯のひとつで、リュクサンブール公園では今もみられる【ほかの球戯として、ペタンクも盛んである】。室内でのショート・ポームとは反対に、それは屋外の60メートル×12メートルのコートで競われる。プレーヤーたちはかつてはシャンゼリゼで興じていたが、1855年のパリ万博でそこが整備された結果、追放を余儀なくされた。こうして彼らはリュクサンブール公園に移り、最初は隣接する通りに借りた場所に必要な設備を整え、ついで白いチョッキをつけ、長さ72センチメートルのラケットを携えながら、公園を横切らなければならなかった。そんな彼らを見て、弥次馬たちは揶揄を浴びせたものだった。

　そして1870年、彼らはコートに隣接する山小屋風の更衣室を手に入れる。1984年からある現在の小さな建物は原形を忠実に再現したものである。これは全仏ロング・ポーム連盟の創設者で会長をつとめたガブリエル＝ジョゼフ・レナル【1866-？】をたたえて、パヴィリオン・レナルと命名されている。

ギニョルのことは妥協せず

　貧弱な軍人年給をいかに増やすか。1862年、伍長のオーギュスト・マクシマン【生没年不詳】はその解決策を見つけた。元老院議長に対し、リュクサンブール公園にマリオネット（人形劇）の劇場を建てることの認可を求めたのである。おそらくシャンゼリゼと同

様の木造の舞台で演じられたギニョル（指人形劇）の出し物は、つねに同じものというわけではなかった。一部の劇が暴力的な内容だったとして、憤りの投書が元老院に提出された。ギニョル【指人形劇の主人公】が無垢な子どもたちの前で、銃や剣の攻撃で相手を打ち負かすなどという筋書きを認めてよいのか。そうした怒りを鎮めるため、劇場主は台本を手直しして表現を和らげた。

　それから半世紀以上たった1931年、老朽化した劇場は解体された。劇場主は契約の更新ができず、議会の管理担当理事たちがその後任を選ぶことになった。こうして管理局事務局長の事務室で

リュクサンブール宮・公園

キャスティングが検討され、3劇団が元老院職員の幼児たち50人の前でギニョルを競演した。議員たちはこれら幼児たちが自分たちよりも優れた（！）審査員だと評価していたからである。それから2年後の1933年、ギニョルは新しい劇場で再開した。

ガルニエ式メリーゴーランド

上から吊り下げた木馬が回転するメリーゴーランドは、1879年、オペラ座の建築家シャルル・ガルニエのプランに基づいて建てられている。リュクサンブール公園をしばしば訪れていた詩人ライナー・マリア・リルケ【1875-1926】は、このメリーゴーランドに着想をえて、詩を1編創作している【「Das Karussell（回転木馬）」1906年】。

子どもたちは何世代にもわたって木製の馬や鹿、象、キリンなどに乗ってきた。あまりにも騒々しいとして改良される1917年まで、機械仕掛けのピアノ演奏がこれら乗り物の回転に花を添えた。回転のあいだ、子どもたちは小さな棒を手にして、係が差し出す木製の環をとらえようとし、かつてはこの輪通しゲームをもっとも巧みにおこなった子どもには、褒美として大麦のあめが与えられていた。

ヤギの車と健康ブランコ

1830年代、リュクサンブール公園の小径を、馬のように装備をつけたヤギが小さな車をひいて巡遊するのを見ることができた。子どもたちはこの可愛らしい4輪車での巡遊が大好きだった。やがてヤギは徐々にロバに、そして現在はポニーにとって代わられている。1889年には、四角形のゲーム場に新たなアトラクションが登場する。「健康ブランコ」である。呼称は健康のための効果を狙ったことによる。これらのブランコはもともとは成人向けの揺り木馬をともなっていたが、まもなく子どもたちの専有物となった。

歴史的な養蜂場

1856年にリュクサンブール養蜂学校が創設されたとき、反対の声があがった。当時、公共の公

園に蜂のコロニーができるなどということは、思いもつかない出来事だったからである。創設者のアンリ・ルイ・アメ【1815-89。「フランス養蜂業の父」とよばれる】は、蜂蜜をとりだすため、蜂を硫黄の臭いで窒息死させるという昔からの残酷な方法を廃止しようとした。そして、より穏便な方法でも採集でき

るということを証明するため、フランス同輩衆で、元老院議長でもあったオープール伯アルフォンス・アンリ【1789-1865。ルイ＝ナポレオン・ボナパルト（ナポレオン3世）大統領のもとで首相もつとめた】から、リュクサンブール公園の一角を委譲してもらった。1867年、養蜂場のかたわらに、養蜂中央協会（SCA）のため、ガブリエル・ダヴィウー【1823-81。ナポレオン3世時代に流行した折衷主義建築家の第一人者で、

パリ市建築工事監察官】によってペピニエール館が建てられた。

当初、養蜂場には20あまりの巣箱があり、巣箱と養蜂器具の多様なモデルとなっていた。のちには蜜源植物を栽培するための場所も、狭いながら加わった。以後、養蜂場は戦争のあいだですら閉じられることはなく、今でも毎年、およそ450キログラムの蜂蜜が、秋の展覧会時にオレンジ用温室で売られている。

蘭のコレクション*

歴史の変転によって、元老院はすばらしいが、あまり知られていない植物コレクションの後見人かつ管理者となった。フランス革命まで、カルトゥジオ会修道士たちは現在のリュクサンブール公園の東側、オスマン男爵の都市改造後に、オブセルヴァトワール（天文台）大通りに家が立ちならぶようになった場所に、苗床園を有していた。革命後の1796年、修道会の所領はリュクサンブール公園に編入され、その苗床もパリ大学医学部の植物園に組みこまれた。1838年、同植物園はときのブラジル皇帝【ペドロ2世。第2代・最後の皇帝在位1831-89】の侍医から、蘭の株を提供される。そして、コレクターや園芸家たちとの交流のおかげで、この蘭のコレクションは増大し、1200種を数えるまでになった。

だが、1860年に医学部付属植物園は廃止される。そこで元老院がその

コレクションを受けいれ、温室も建てた。これらの蘭は大切に手入れされ、手による授粉やナトリウム・ランプによる照明もなされるようになった。一方、近隣の温室では、木生シダやブロメリアが咲き乱れ、その大量の花がリュクサンブール宮を飾るためにもちいられている。

リンゴと梨

フランス革命で過酷な扱いを受けたカルトゥジオ修道会の果樹の苗床園は、ナポレオン1世の命で国家に編入された。こうして「リュクサンブール帝国苗床園」となったそこでは、「果樹栽培一般・無償講座」が開かれた。この有名な教育の成功はけっして否定されることはなかった。だが、果樹園はオーギュスト＝コント通り【6区。リュクサンブール公園の南側】を敷設するため、1866年に現在の場所に移された。そこでは360種のリンゴと270種の梨の木が今もみられる。そのなかには数多くのリンゴの珍種（香りのよいレネット種や深紅のアピ種など）や、古い梨（前80年にすでに言及がみられる小粒のムスカテリナ種）もある。

これらの果樹は古典的な剪定法によって、小規模な庭園にも適合するよう、大部分が高さをおさえられながらも多様な形状をみせるようになっている（樹墻、一本仕立て、一重・二重のU字形、扇形の果樹牆など）。そこにはまた開いた本や翼をつけたピラミッドのように、目を見張るような形状もいくつかある。秋ともなれば、他に類のないこの果樹園の果実の60パーセントは、果樹の多様性を立証するために展示会に出され、残りの果実は地区の無料公営給食と元老院の一部高官たちの食事に供されている。

自由の女神像

1900年のパリ万国博の際、彫刻家のオーギュスト・バルトルディ【1834-1904】はニューヨークの通称「自由の女神像」【正式名称は「世界を照らす自由」。1886年完成】のもととなったブロンズ製のモデルを、リュクサンブール美術館に寄贈している。1906年、この女神像はリュクサンブール公園に移された【その複製はパリのグルネル橋にもみられる】

チェスとチェックメイト

今から30年ほど前、チェスのプレーヤーたちはその駒とチェスボードを植物園からリュクサンブール公園に移した。ときに200人にもなる彼らは、オレンジ園近くに集まり、胸の高まりとともにチェスに興じている。いつしか世界的に有名となったこの場所には、偉大なプレーヤーやパリ滞在中の外国人たちが訪れ、常連のグループと対

局するようになっている。そんな彼らを迎えるのが、琺瑯びきのチェスボード12面で、そのうちの5面は固定式だが、7面は、プレーヤーたちが日光や木陰、あるいは隣接するコートで繰り広げられているテニス試合の行方が気になるため、持ち運びができる移動式となっている。

パピルスを救う

パピルスは栽培がなされなくなったため、19世紀にはエジプトの風景から完全に姿を消した。だが、ファラオたちの地から数千キロメートル離れたリュクサンブール公園の温室で、今も開花している。1872年、公園管理者のオーギュスト・リヴィエール【1815-89。農学者・樹木栽培学教授】は、カミガヤツリ（パピルス草）の株を12本、カイロのエジプト博

物館に送り、こうしてパピルスは原産地にもどった。現在、パピルスはナイル河谷で繁茂しているが、それはリュクサンブール公園の植物園から贈られたものの末裔である。同様の植物救済劇は、パリ植物園にあるレバノン杉についてもいえる（137頁参照）。

リュクサンブール宮

トゥルノン塔ドームの二重の大時計[**]

　トゥルノン塔のドームは元老院を寓意的に象徴しており、夜ともなれば、その照明灯が透かし彫りのあるランタンのようにあたりを照らしている。ただ、この建物は頂塔の明かりとりに大時計を据えてある以外さしたる機能をもたない、純粋に装飾的なものである。ドームの下には4体の寓意的な彫像、すなわち「雄弁」、「知恵」、「賢明」、「正義」の彫像が配され、三色旗の保管場がある。

　より高い階には、ルポート（Lepaute）というサインが刻まれた伝説的な大時計がかかっている【制作者のジャン＝アンドレ・ルポート（1720-89）は、代々時計師を営んできた一族の一員。ほかにパリの士官学校やテルヌ城の大時計も手がけた】。そこではコナラの収納ボックスに保護された独特の装置が、二重のトランスミッション・シャフトによって、トゥルノン通りに面した大時計と、元老院の前庭を見下ろす大時計を同時に作

動させる。

　これらの大時計は革命暦9年（1800年）に制作され、その装置には雨月（プリュヴィオーズ）や

トゥルノン塔ドームにある大時計の二重のトランスミッション・シャフト。

実月（フリュクティドール）といった月名が記された革命暦が組みこまれている。毎週火曜日には、時計師のドロー氏がその錘と、宮殿内にある他の80の振り子時計を調整している。彼の前任者たちは壁に自分の名前をきざんでいるという（1930年はピエートル

恥じらいの愛撫*
　半分つつましく、半分大胆なポーズで立っているこの彫像は、愛撫を待っている…
　元老院の議員たちは半円形の階段状議場に向かうために階段を上がる前、ついついこれを愛撫してしまう。彫像のもっとも肉付きのよい部位の変色は、そうした伝統が続いていることを示しているのだ。この彫像は彫刻家のオーギュスト・セス【1862-1946】が、1900年のパリ万国博に出品したもので、のちに国家が買い上げ、元老院に置かれている。

議場の秤*
　国民議会（下院）で投票が電子化されたとき、元老院は一見古典的な、だが、実際にはきわめて信頼のおけるシステムを採用した。投票用紙の重さをはかるというシステムである。議員たちはクレジット・カードに似た投票用紙を3枚手にする。赤い賛成票と青い反対票、さらに白い棄権票である。彼らはそのいずれかを選んで投票箱に入れる。ひとたび投票が終わると、それぞれの投票箱の中身が、1000分の1

氏、64年から76年にかけてはボワイエ氏）。

元老院の尻*
　元老院議員の尻はデリケートな配慮を享受している。その椅子のクッションは夏用の面（合成皮革）と冬用の面（より柔らかなパーン・ベルベット）を備えているのだ。しかもこれらの椅子はすべて画一的なサイズではなく、守衛たちが議員の体格にあわせてそれを移動させ、ならべている。

ミリグラム近くまで量れるよう調整された秤にのせられる。信じがたいことではあるが、インクは色によって重さが異なっており、青い投票用紙は3.020グラム、赤のそれは3.022グラム、白は3.024グラムある。
　この秤はきわめて正確かつ繊細な道具であり、通常は釘付きの箱に厳重に保管され、温度の変化に影響されないよう、最後の瞬間にとりだされる

リュクサンブール宮・公園

ほどである。製造者の勧めにしたがって、それはつねにスイッチが入っており、けっして他所に移されることがない。この秤が故障した場合に代わりとなるよう、ほかに2台の秤も用意されている。計量に続いて、投票用紙が読みあげられ、投票結果の氏名リストが作成されるのである。

郵便の巻き上げ装置**

リュクサンブール宮のある階段を訪れた見学者は、だれもがそこにそなえつけられている文書の巻き上げ装置に関心ないし好奇心をいだくはずである。これは2個の滑車に巻きついた1本の長いケーブルで、この逓送システムは第1帝政期からである。事務官たちが会議での審議報告諸を異なる階に送るためにこれをもちいていた。銅製の文書入れは今では休業状態だが、なおも大事に手入れされている。

伸縮式書見台*

席が傍聴者の体格に合わせてあるのと同様に、議長席の書見台も発言者の体格に合わせてある。赤いボタンを押せば、システムが作動して、書見台を自由かつ静かに上げ下げできる。

防空態勢時の避難所**

1934年、元老院は旧地下採石場の空洞をもちいて、防空態勢時の避難所を4か所設ける検討をおこなった。だが、最終的につくられたのはプレジダンス庭園内の1か所だけだった。そこでは1939年春にさまざまな技術的試みがなされ、避難所を整備するための設備品とその管理を担当する人物のリストがつくられた。また、カナリヤを数羽入れることも計画された。ガスが発生すると、この鳥たちが騒ぎ出し、警戒システムに役立つと考えられたからであ

リュクサンブールの礼拝堂*

リュクサンブール宮に隣接するプティ・リュクサンブールないしプレジダンス館は16世紀に建てられ、1612年、マリ・ド・メディシスが購入した建物である。元老院議長の公邸であるそこには、いくつかの執務室や広間、食堂などが設けられている。ナポレオンがブリュメール18日のクーデタ【1799年11月9日。総裁政府を倒して、みずからが主導する統領政府を樹立した】を計画したのが、この議長執務室だった。

もっとも驚くに値するのは、マリ・ド・メディシスの私的な礼拝室に由来する礼拝堂の存在である。フランス革命期、そこは監獄に変えられ、ついで倉庫に、やがてルイ18世【在位1814-15、15-24】によってふたたび信仰の場となった。この礼拝堂に隣接してもうひとつの礼拝堂がある。ファサードがルネサンス様式のこれはカルワリオ女子修道院の名残で、1845年に隣接するヴォージラール通りが拡幅された際、中庭の奥(同通り17番地2号)に後退を余儀なくされた。

る。さらに、こうした対策を完璧なものにするため、1939年には公園内の2か所、すなわちオデオン小径とプラテヌ小径に掩壕も掘られた。これらは真昼に攻撃された際の補助的な避難所としてもちいられることになっており、庭園師たちは人々をそこに誘導して、難を避けさせる任務を帯びていた。この掩壕は2層構造で、300人を収容することができた。

だが、ことは計画通りに運ばなかった。同年6月14日、ドイツ軍がパリに無血入城する。以後4年間、リュクサンブール宮は敵の空軍司令部に奪われた。そして1940年、ドイツ軍は元老院の建物を要塞に変え、フランス人が築いた避難所に手をくわえて占拠したのである。この場所は今も当時のまま残されており、衛生設備やガスマスク、電話交換局、診療所、さらに故障の場合に、兵士が漕いで発電機を作動させる自転車が4台みられる。そこにはプレジダンス庭園にある階段が通じているが、残念ながら避難所は一般公開されていない。

サン゠シュルピス教会

（1646-1870年）

教会の大勢の参拝者に見合った聖水入れ【通常は聖水盤】

- **創建者**：サン゠シュルピス小教区
- **計画・目的**：増加した小教区民を受けいれるため、より大きな教会を築く。
- **建築家**：ダニエル・ジタール【1625-86。ル・ヴォーの弟子で、王室お抱え建築家】＆ジャン゠ニコル・セルヴァンドーニ
- **革新的特徴**：壮大な規模を誇るこの教会は、カトリック信仰の復活を具現化している。
- **継起的用途**：「理性の神殿」（1793年）や馬糧倉庫をへて、1802年に信仰の場にもどった。
- **所在**：サン゠シュルピス広場（6区）
最寄駅：地下鉄サン゠シュルピス駅

「身廊に2000脚もの椅子があるのは、サン＝シュルピスが家具置き場などではなく、われわれがそれを必要としているからである」。サン＝シュルピス小教区の代表はこう断言している。事実、パリで最大規模を誇るこの教会にはかなりの数にのぼる信者が集まる。たしかに身廊の長さはノートル＝ダム司教座聖堂より若干短いものの（119メートル対130メートル）、幅は9メートル以上広い。10世紀にはここにはすでに墓地を有する礼拝堂があった。やがて強大なサン＝ジェルマン＝デ＝プレ大修道院に属するこの重要な小教区には、相ついでいくつもの教会ができた。だが、人口増のため、教会はたえず拡張しなければならなかった。17世紀前葉、同小教区はサン＝ジェルマン地区からサン＝テティエンヌ＝デュ＝モン地区まで拡大し、さらにグルネルやヴォージラール地区【パリ南西部】からヴァンヴやイシ【パリ南郊】近辺までをふくみ、数万の小教区民を擁するまでになる。

　当時、パリは人口、都市化、経済の面で著しい発展を遂げており、それは宗教改革と結びついた危機のあとの、カトリック信仰の再生と符合していた。ジャン＝ジャック・オリエ【1608-57。1642年から没年までサン＝シュルピス教会の主任司祭をつとめた。1645年、彼は聖職志願者教育をになうサン＝シュルピス聖職者団を創設し、翌年には、現在の同教会の建立をルイ14世の母后アンヌ・ドートリシュに求める一方、教会前の広場に神学校を開設してもいる。また、リモージュやナントなどにも神学校を創設し、これらの神学校で学んだ聖職者たちをカナダに派遣した。彼らはこの新天地でさまざまな施設を建て、やがてこうした施設は繁栄をみることになる。1730年、フランス聖職者身分会議は、彼に「傑出した聖職者にして、フランス聖職者の栄光と輝かしい象徴」との称号を与えている】は、トリエント公会議【1545-63年】のあとの霊的改革者のひとりで、彼の「赤子」であるサン＝シュルピス教会はその重要な証人となった。彼はまた当局に古い小教区教会に代わる新しい教会の建設を働きかけて成功する。この老朽化した旧教会の狭さは、マリ・ド・メディシスによって建てられたばかりのリュクサンブール宮の豪華さとは著しい対照をなしていた。

　新教会の建設は1646年に始まる。だが、竣工は224年後（！）の1870年だった。工事の中断や設計図の修正、構造の変更などのためである。興味深いことに、工事の一部費用は1721年に売り出された富くじの利益があてられた。教会は賭け事を一切認めていなかったにもかかわらず、である。サン＝シュルピス教会は中世のゴシック芸術に背を向けてルネサンス芸術をとりいれた、新しい建築様式を反映している。彩色のステンドグラスがないため、教会内は光に満ち溢れ、主祭壇も内陣の奥ではなく、身廊のより前方に位置している。こうしてそれはカトリックの典礼における明るさの欠如という批判を一掃しているのである。

外部

不自然な双子塔

　サン＝シュルピス教会のふたつの塔の非対称性と高さの違い（73メートルと68メートル）は、ノートル＝ダム司教座聖堂のより目立たない塔とは異なり、なんら意図的なものではない。それは連続しておきた事態の急変と不運に由来するのである。建築家のセルヴァンドーニ【1695-1766年。フィレンツェに生まれ、パリで没した画家・建築家・舞台装飾家】が計画していた2基の小尖塔は、本格的な塔を望んでいた小教区民たちに不快感を与えた。そこで、別の建築家であるウド・ド・マクローラン【？-1772。スコットランドの数学者で、エジンバラ大学教授だったコーリン・マクローリン（1698-1746）の庶子とされる】がその建設を請負った。彼は1749年、現在の南塔と同一の塔を2基建てた。だが、それも成功とはいえなかった。教会のファサードと調和しないと非難されたからである。

　こうして3人目の建築家がよばれる。ジャン＝フランソワ・シャルグラン【154頁参照】である。彼は1777年、北側の塔をとり替えることからはじめた。しかし、フランス革命によって使命を成しとげることができなかった。一方、マクローランが築いた南塔はそのまま、北塔に倣って再建するため、長いあいだ木製の足場に囲まれていた。だが、この足場も年月がたって傷みがひどくなり、撤去された。礎石には今も足場が据えられていた穴がみえる。不揃いの穴もかなり残っているが、それは1871年のプロイセン軍による砲撃の痕である。

　最初の建築家であるセルヴァンドーニはまた、ふたつの塔にはさまれた中央破風のひな型を建てていたが、1770年、落雷で破壊され、忘れ去られた。やがて人々は空隙を埋めるため、台座だけを固定した4体の彫像を据えることを考えるようになった。しかし、塔の高さの違いはかなりの嘲笑を買った。たとえば現代の歴史家エロン・ド・ヴィルフォスは「双生児のふたつのメガネは、おそらく同じ手法で焦点を合わせていない」と言い、ヴィクトル・ユゴーもまた「ふたつの巨大なクラリネット」と揶揄している。

シャプの電信機

　総裁政府時代【1795-99】、物理学者のクロード・シャプ【1763-1805】は、エッフェル塔が建つまでパリでもっとも高い建造物だったサン＝シュルピス教会の塔のそれぞれに、【腕木式】電信機を1台据えつけて、一方は南仏のトゥーロン、他方は南西部のバイヨンヌと交信した。空中に突き出た腕木とよばれる長さ数メートルの黒い棒3本を組み合わせた構造物を、ロープ操作で動かしたもので、たしかに見てくれは悪いものの、それでもかなりの進歩ではあった。

　当時はなおも駅馬車や郵便馬車の時代だったが、この技術を使えば、パリとリヨンのあいだでも、等間隔に配置された一連の中継基地を経由して8分もあれば電報が届いた【この腕木の動きを別の基地局から望遠鏡をもちいて確認することで情報を伝達した】。この装置をもちいれば、9000字まで送ることができた。たしかに昼間の好天時だけしか送信できなかったとしても、それは画期的な交信様式だった。

　シャプの電信機は1850年にサン＝シュルピス教会から姿を消し、有線電信機が代わりに設置された【ちなみに、1794年、北仏パ・ド・カレ県のコンデでフランス軍がオーストリア軍を撃退した重大事を伝えるため、はじめて北仏のリールとパリを結ぶ電信がもちいられ、これにより、撃退後1時間以内にその知らせがパリに届いたという。この功により、国民公会はシャプに「電信技師」という称号を授けた。やがて彼は新たな通信網を築く使命を与えられたが、その発明にかんする特許権に異議申し立てが出され、精神的に疲労して憂鬱症に罹ってしまう。そしてついに、電信機器の工房があった自宅の井戸に身を投げて自殺した】。

1840年頃にサン＝シュルピス教会の塔にそなえられたシャプの通信機。

回春治療の鐘楼

2000年代に計画された北塔の大修復工事は11年以上かかっており、大がかりな物量作戦が必要とされた。工事期間中、鐘楼は一時サン＝ローラン＝ド＝ラ＝プレム（フランス西部メーヌ＝エ＝ロワール県）にある、ペロー・フレール工場【1760年設立】に移された。だが、高さ12メートル、重さ38トン、さらにその階段やコンソール（渦形持送り）、補強板などをくわえれば、約55立方メートルになるこの鐘楼を塔から降ろすのは、なみたいていの作業ではなかった。

1781年までさかのぼ

2007年から2009年にかけて、アンジェ近郊のペロー工場で若返りの手当てを受けていた鐘楼。

る木組みの鐘楼は、時がたつにつれて床が沈み、2層目のヴォールトと柱廊に隣接する梁間を異常なまでに圧迫していた。そのため、鐘楼を解体して、木枠の柄（ほぞ）や柄穴を手直しし、梁に磨きをかけ、雨水で傷んだ横木をとりのぞかなければならなかった。鐘楼の各部はチェーンブロックをもちいてとりはずされ、すべてがそのために建てられた倉庫に納められた。鐘楼の中央部には、鐘を模した大量のコンクリートも置かれた。そして2年にわたる慎重な手当てのあと、鐘楼は部品および部分ごとにふたたび組み立てられ、北塔の上に据えられた。

モデルとなる建物

建築家のセルヴァンドーニはまた舞台装置家でもあり、オペラ座の装飾を数多く手がけている。1732年にサン＝シュルピス教会のファサード建築を任されたとき、彼はそれを数多くの柱とバロック的な飾りを駆使して舞台装飾に似たものにしようと考えた。この種の建物を毛嫌いしていたヴィクトル・ユゴーは、それについてこう描写している。「渦巻、リボンの結び目、雲、虫跡形キジュジシャの葉。これらすべての装飾があろうことか石でできているのだ」。

遠近法と影のもちい方に精通していたセルヴァンドーニは、教会ファサードの売り物として壮大な広場も考えた。だが、それを実現するには、現在の広場にあった神学校を解体しなければならなかった。当然のことながら、その計画は激しい反発を招いた。こうして彼は計画を断念したが、1754年、サン＝シュルピス広場の6番地にモデルとなる建物【通称「セルヴァンドーニの家」】をつくった。広場に面した他の建物は、これをモデルとして建てられることになった。

一方、神学校はフランス革命によって閉鎖され、1808年に解体された。だが、セルヴァンドーニの計画がふたたび組上にのせられることはなかった。おそらく「売り物」となるような記念碑的な広場が、もはや流行しなくなっていたからである。

セルヴァンド（ー）ニ通りの14番地は、18世紀につくられた扉をもつ囲い地である。その上に彫られたメダイヨンのひとつは、サン＝シュルピス教会の図面を広げているセルヴァンドーニ（愛くるしい！）を表わしている。

ガランシエール通り1096番地

サン＝シュルピス教会の周りをまわるか、教会の後扉から退出すれば、ガランシエール通りに出る。その正面楣石に貼りつけられた2番地という地番表示のかたわらに、古い地番である1096という数字の痕跡がかろうじて判読できる。かなり短い通りになぜこれほど大きな数の地番があるのか。なかば消えかかってはいるが、それは通りの地番づけが地区ごとになされた革命期の遺産にほかならない。当時、地番は地区全域の通りの片側からその端にいたるまで、途中、小さな中庭や小路、袋小路をふくめて連続してつけられていたのである。こうして1096番地のような大きな数字がみられることになったが、たしかにこれは例外に属する。

サン＝シュルピスでの買い物

サン＝シュルピス教会とそれに隣接する神学校の重要性と影響力が大きくなると、付近の通りにつらなる店での祭具や宗教書、そして多少とも精巧な楽器の販売も増大する。これらの商品は「サン＝シュルピス芸術」とよばれた。この異名はやがて意味を広げて、一帯から離れた地での信仰関連品の商売もさすようになった。

4人の説教家たち

サン＝シュルピス広場の中央部を飾るルドヴィコ（ルイ）・ヴィスコンティ【1791-1853。ローマに生まれ、パリで没した建築家】作の巨大な泉水は、他所の泉水（コンコルド広場やキュヴィエ通り、モリエール通り、ルーヴォワ小公園の泉水など）とほぼ同時期の19世紀中葉に登場している。これらすべての泉水は、だれもが飲料水を自由に、だが1日あたり1リットルを限度として得ることができる、パリ市の新しい給水システムに組みこまれていた。

カトル＝オラトゥール＝サクレ【字義は「4人の説教家」】と公称されたこの泉水はまた、皮肉をこめてカトル＝ポワン＝カルディノー【「4方位基点」】ともよばれた。4体の司教像が泉水の4方位を飾っているが、彼らはルイ14世時代の有名な説教家でもありながら、咽喉から手が出るほど願っていた枢機卿(カルディナル)【複数形はカルディノー】の深紅の衣を、ついにまとうことができなかったからである。

この揶揄の対象にされた説教家たちは、北を向いたボシュエ【1627-1704。パリ東郊モーの司教で、フランス教会のローマからの独立（ガリカニスム）の主唱者】、西を向いたフェヌロン【1651-1715。サン＝シュルピス神学校出身で、北仏カンブレの大司教。ボシュエの論敵。『テレマックの冒険』（1699年）で絶対王政を批判した】、東を向いたフレシエ【1632-1710。南仏ニームの司教で、アカデミー・フランセーズ会員】、そして南を向いているマシヨン【1663-1742。クレルモン司教で、ルイ14世への弔辞でも知られる】である。

雄弁な銘

サン=シュルピス教会北塔基部の外壁には、通りの表示板に代わって、かつての呼称を示す銘が刻まれている。サン=シュルピス通りは1697年から1815年までアヴーグル（複数）【字義は「盲人」】通りとよばれていた。1636年に初出するもともとの通り名はアヴーグル（単数）だった。アンリ・ソーヴァル【1623-76。パリを生没地とする歴史家・史料編纂官。1区のソーヴァル通りは彼を名祖とする】によれば、その呼称は、教会周辺に数軒家を有していた富裕な視覚障害者が、1595年当時、そこに住んでいたことに由来するという。

教会のまわりを歩けば、さらに興味深い表示板が2か所まとまってみつかる。古釘が四隅を支えているその一方には、古フランス語の綴りで「パラティヌ通り（rüe）」とある【現代フランス語ではrue】。他方は「ガランシエ（Garenciers）通り」と記され、これが現在の呼称であるガランシエール（Garancière）通りとなった。なぜそうなったのか。一説によると、1400年頃、ここに染色工房があり、一帯の傾斜を流れ落ちてセーヌ川にそそぐ前の川水をもちいて、アカネ（ガランス）による染色をおこなっていたからだという。あるいはまた、18世紀に、当時ネーデルランドから買い求めていたはずのこの染色用植物を、ここで栽培する試みがなされたからだとする説もある。ちなみに、Garancièreという語はアカネ畑【古義】と同時にガランス（あかね色）に染色する場所ないし工場を意味する。

建築実習生たちに対する難問

ガランシエール通り2番地【4番地は政治家・外交官のタレーラン・ペリゴール（1754-1838）の生地】にある、聖母に捧げられた小聖堂後陣の外壁は、通りの上にかなり「突き出ている」。これは入隅迫持に支えられた持送り式の壁龕状をなしており、その石切のみごとさは称賛に値する。このささやかな、だが驚くほど均衡のとれた構造物は、国立高等美術学校における建築科の教育で手本としてとりあげられ、演習では学生たちに石をどのように巧みに組みあわせるか、設計図をひかせたりした。この張り出した壁龕は1774年、ジャン=バティスト・ピガル【1714-85。廃兵院（アンヴァリッド）の聖母像などの作品で知られる。9区には彼の名前を冠した通りと広場がある】に注文した、聖母像を引きだたせるためにつくられたものである。

パラティヌ通り7番地、サン=シュルピス教会の南面外壁には、ノーモン（指時針）と石に刻まれた文字盤からなる垂直式日時計がみられる。身廊が建てられた際につくられたそれは、なおもその様式を残しているが、そこに記された銘文はかすれてしまっている。それはつぎのようなものだった。「fugacem dirigit umbram」（それはまたたくまにすぎゆく影に意味をあたえる）。

奇妙な部屋**

壮大なサン＝シュルピス教会のすみには、多少とも独立しているが、たがいにしがみついているような部屋がある。北塔のそこには長いあいだ鐘撞役が住んでいた（彼が現場に住むことは不可欠だった）。やがてある画家がその後釜となったが、2000年代の修復工事以降は無住となっている。もうひとつの部屋は南側交差廊の上方にある。かつて助任司祭と聖具室係が住んでいたそこに行くには、ガランシエール通りに面した入口から、同じ形をした石で支えられているみごとな螺旋階段を上る。

アヴーグル墓地からミス・ベティの娼館へ

サン＝シュルピス小教区教会は、場所と規模は時代で変わったが、つねに墓地をともなっていた。計6か所の墓地が相ついで設けられ、3番目の通称「アヴーグル墓地」は1664年、教会の北側に、アヴーグル通り（現在のサン＝シュルピス通り）をはさんで設けられた。墓地の扉口と教会の脇扉は互いに向き合っていた。この墓地は7か所に共同墓穴があり、それぞれが7年ごとに再利用され、3方向を建物で囲まれていた。だが、1785年頃、市内の墓地全体を首都の外に移転するという条例によって、この墓地も閉鎖された。1800年頃、跡地はゼフィール舞踏会場とよばれる娯楽場となり、かつて墓石があった場所（！）で毎晩のようにダンス・パーティが開かれた。やがて狭い矩形の区画は分譲されるようになる。その具体的な結果が、サン＝シュルピス通り36番地の狭い建物である。これは外壁に組みこまれていた陶製の大きな数の地番表示板が示しているように、娼館だった。ミス・ベティなる女性が経営していたそこは、聖職者を顧客として招きいれていた。アルフォンス・ブダールはそれに着想をえて、小説『サン＝シュルピスのマダム』【1996年】を書いている。

至上の存在があなたを迎える

教会の主扉の半月形破風には銘文があり、薄れていてはいるものの、それは以下のように判読できる。「フランス人は至高の存在と霊魂の不滅さを認める」。フランス各地のおよそ30か所の教

会にみられるこの銘文は、革命の嵐の名残である。サン＝シュルピス教会のそれは、キリスト教が市民権を失っていた1793年から94年に木板に記されたものである。当時は唯一の神性として「至高の存在」だけを認める、理性崇拝ないし理性信仰に回心しなければならなかった。サン＝シュルピスをふくむ多くの教会は、こうして理性の神殿に模様替えされた。それは啓蒙思想の理念によってつくられ、世間とはかかわらず、人間の運命にも介入しない「宗教」をとなえた。

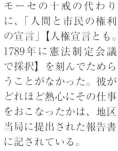

中央扉、木がはめこまれた半月形破風の輪石の左右に打ちこまれた鉤は、盛大な葬儀、とくに貴族たちの葬儀時にかけられる織物を支えるためにもちいられた。

革命的修正

　至高の存在を喚起させる前項の銘文は、より控えめな革命の名残となりあっている。それらはポーチ下部の浅浮彫りにみてとれる。もともとは人間の道徳に不可欠な枢要徳や対神徳【信徳・望徳・愛徳】、さらにそれぞれの属性をあらわしたものだったが、革命期、権力を掌握したジャコバン派はこれら「封建制と俗信の徴」をすべて、教会の壁を飾る宗教的なエンブレムをすべてとりのぞくよう命じた。この公然たる蛮行作戦に狩りだされた彫刻家のなかに、とくに熱意や模範的な愛国心、そして悪魔的な想像力の持ち主がいた。フランソワ・ドージョン【1759-1844頃】である。彼はパリの数多くの教会内で「作業」をし、すべての宗教的な徴を愛国的なイメージに変え、

モーセの十戒の代わりに、「人間と市民の権利の宣言」【人権宣言とも。1789年に憲法制定会議で採択】を刻んでためらうことがなかった。彼がどれほど熱心にその仕事をおこなったかは、地区当局に提出された報告書に記されている。

　前述の浅浮彫りにはドージョンによる興味深い修正が残っている。中央扉の上にある信仰を表わすそのひとつでは、松明が聖杯にとって代わり、小天使が手にした磔刑像が、生まれたばかりの共和国の象徴であるリクトル（束桿）【斧のまわりに細く長い枝を束ねて革ひもでゆわえたもの。38頁参照】となっている。その左手、剛毅【聖霊の賜物のひとつ】に捧げら

れた浮彫りでは、十字架が盾で隠されている。さらに愛徳は光線の交差部に位置し、中心に目【摂理の象徴】が配された神学的な三角形（3位格で示される神の象徴）をともなっていた。だが、その交差部に今はなにもない。

南側列柱廊の小聖堂には、上部の渦巻装飾のなかに、ふたりの天使が捧げ持つ「人間と市民の権利の宣言」が表現されている。これは理性の崇拝を象徴するひとりの女性をたたえるよう求める革命的修正の図柄で、一度も手直しされていない。

靴の泥を落としてください

靴の泥落としは歩道が普及し、車道が整備されるまで、きわめて有益なものだった。通りが塵芥や糞尿のむき出しになった下水渠だった時代、家に入る前は、あらかじめ用意されていた鉄の刃で靴底についた泥をかきとることがしきたりとなっていた。この泥落としは扉口の左右いずれか、あるいはその双方の壁にとりつけられ、高さは地面から15センチメートル

ほどだった。それは泥や土だけでなく、木靴の柔らかな底に食いこんで、床を傷つけかねない小石も除去した。こうした泥落としは、崇敬と衛生にかんがみて、教会や施療院ないし病院の入口に必ず設けられていた。サン＝シュルピス教会もまたその入口すべてにそれがあった。

内部

革命の蛮行

サン＝シュルピス教会の内部には、その外壁と同様、宗教的ないし王権を想起させるシンボルが数多くあったが、革命期にそれらはすべて念入りにとりのぞかれた。小聖堂の装飾も、サクレ＝クール小聖堂を除いて解体された。ある市民がこれらすばらしい木彫品ないし木製品を入手したが、ふたたび組み立てることができなかった。それらはフランス革命期に完全に裸同然とされる前の、小聖堂群のみごとさを今もなお示している。だからこそパリ市当局は第２帝政期【1852-70年】に小聖堂を飾るための壁画を注文したのだった。

しかし、なかには略奪をまぬかれたものもあった。たとえば、市民の説教者たちが訓話のために必要とした説教壇である。内陣入口の大理石やブロンズに金箔を張った欄干もまた、そこを日時計が横切っているため、「科学の名において」救われた。革命後、教会の主任司祭だったシャルル・ド・ピエール【在任時期不詳】は、革命の名残を教会の内部から消し去った。彼の後任たちもまた完全に裸同然となっていた主祭壇を壮大なものとした。

ドラクロワと聖水盤

サン＝シュルピス教会のいくつかの聖水盤は、おそらくパリでもっとも人目をひくものである。巨大な貝、すなわちオセアニア原産のオオジャコの殻をもちいてつくられたそれらは、ヴェネツィア共和国からフランソワ１世【在位1515-47】に献上され、1745年、ルイ15世【在位1715-74】によってサン＝シュルピス小教区に寄贈された。これら貝殻の重さはそれぞれ100キログラム以上あり、ジャン＝バティスト・ピガルは白大理石の上に置かれそれらを海のモチーフ、すなわち甲殻類や海藻、ヒトデなどに

よって美しく加工した。

のちにドラクロワはこれにヒントをえて、大木の節くれだった幹の前面に『天使とヤコブの闘い』【1861年】を描いている。聖天使小聖堂の壁にみられるのがそれである。この壁画を制作し、さらに小聖堂の他の装飾も手がけるため、ドラクロワは教会からさほど遠くないヒュルスタンベー

ル広場に転居し、数年かけて、典礼の合間をみて作業にうちこんだ。こうして1861年、壁画が完成するが、それは彼の死の2年前だった。

サン＝シュルピス教会のオベリスク

この教会には子午線が走っている。交差廊の床面に真鍮の直線で示されたそれは長さ40メートル近くあり、左手袖廊を進んで、高さ10.72メートルの模造大理石のオベリスクにまで伸びている。反対側、つまり南側袖廊の奥にある窓の端にのぞき穴がふたつ配され、その一方が夏至、他方が残りの時期に採光窓の役割をしている。そこを通った陽光が床面に光の円盤を形づくり、正午きっかりに床の子午線と交錯する（ただし、季節と太陽の高度で交差地点は異なる）。

この正確な科学的装置は、1743年、小教区司祭の賛意をえて、パリ天文台の天文学者たちによってつくられたもので、その目的のひとつは、キリスト教暦の移動祝日である復活祭主日（3月21日後の最初の満月に続く日曜日）と関連する春分点の日を確認することだった。現行のいわゆるグレゴリオ暦は、1582年、春分点のずれを是正するために採用されたが、オベリスク＝日時計の台座に刻まれたラテン語の銘文は、それについての経緯を説明している。

このオベリスクには革命期の検閲印が打たれ、国王ルイ15世と閣僚たちにかんする記述の箇所は消し去られた（ただし、右手の新たに置かれたパネルには、それが復元されている）。同様に、中央部の2か所の装飾も隠されているが、おそらくそれは宗教的ないし王権の徴なのだろう。ただ、ここにこの科学的装置があるということは、宗教と科学が完璧なかたちで協和的に結びついていたことを立証するものといえる。

遍在するエンブレム

横枝2本の十字【ロレーヌ十字】をはさんで2つのSが向きあう、サン＝シュルピスの小教区印は、堂宇内のいたるところにみられる。鍵の装飾やステンドグラス、手すりの鉄覆い、さらには入り口近くの天井にまで刻まれているのだ。身廊の2000脚近くある椅子の大部分も、その背にこのモノグラムの焼き印が押されている。こうした膨大な数の焼き印はかなり珍しく、他の教会ではさほど多くない。おそらくそれは18世紀に小教区とサン＝シュルピス神学校が有していた影響力の大きさを示している。

作家たちのミューズ

ダン・ブラウンが問題の書『ダヴィンチ・コード』【2003年。サン＝シュルピス教会、とくに子午線とオベリスクが重要な役割をになっている】を発表するよりかなり前、サン＝シュルピス教会は多くの作家たちにインスピレーションを与えていた。文学作品に数多く登場するそれは、数多くの小説の背景にもちいられた。たとえばヴィクトル・ユゴー【1822年、20才になった彼はこの教会で幼なじみの許嫁と挙式している】は『レ・ミゼラブル』【1862年】の舞台のひとつをここにし、近くのカセット通りに住んでいたバルザックの『娼婦たちの栄光と悲惨』【1847年】では、神父エルラがこの教会でミサをあげている。

サン＝シュルピス教会はまた多少ともはっきり

2012年にカフェ・ド・ラ・メリ（サン＝シュルピス広場8番地）の外壁に張り付けられた【Eのない】表示板は、ここに住んで『パリという地の憔悴の試み』を書いたジョルジュ・ペレックをたたえている。表示板の「欠落字」は、リポグラム【特定の1文字を避けてつくった文章】による小説『消失』【1969年】において、ペレックが課した制約、すなわちEという文字の欠落を想いおこさせる。

した形で以下の小説にもみることができる。アベ・プレヴォー『マノン・レスコー』【1731年】やジョリス＝カルル・ユイスマンス『大伽藍』【1898年】、アナトール・フランス『天使の反逆』【1914年】、ジョルジュ・ペレック『パリという地の憔悴の試み』【1982年】、ジャン＝ポール・コフマン『天使との闘い』【2001年】などで、ほかにアルフォンス・ブダールの一風変わった小説『サン＝シュルピスのマダム』【173頁参照】にも登場している。

説教壇と告解場

サン＝シュルピス教会内の南側には、本堂から独立してアソンプシオン（聖母被昇天）小聖堂がある。驚くべきことに、これは単なる小聖堂などではなく、くすんだ色の板張りで囲まれた円形状のそこは、かつて貧しいために礼拝用の椅子を借りることができなかった小教区民たちを受け入れていた（往時はミサの前に貸椅子料金徴集人に使用料を支払うことが通例だった）。この小聖堂内には立派な説教壇があり（説教はかなり狭い空間でおこなわれたはずである）、告解場と対をなしていた。こうした両者の

結びつきはおそらく他に類例がないだろう。ここでのミサは毎週平日にあげられている（アクセスはガランシエール通り3番地から）。

教会の下の教会*

パリのいかなる教会も、サン＝シュルピスほど広大な地下礼拝堂を有してはいない【より広いのはノートル＝ダム司教座聖堂】。その面積はおよそ5000平方メートルもあり、地上の礼拝堂全体の広さに匹敵する。17世紀にあまりにも手狭に

教会地下の平面図

周歩廊のそれぞれの柱近く、床面から30センチメートルほどの高さにある鉤は、正体が不明である。おそらくは宗教行列の際に幟か旗の竿を支えるためのものだったと思われる

なった聖堂を新しくすることになった際、これを荘重なものにするため、周辺の通りや家屋より一段高い場所に築こうとした。こうして新しい聖堂は旧聖堂より5メートルあげて建てられた。ただし、後者は解体されず、高さ4メートルまでにあったものはすべて保存された。現在みられる教会のヴォールトは、かつての壁と柱に支えられているが、この新旧聖堂の基軸は同じではない（地下礼拝堂は毎月第2日曜日、あらかじめ予約したうえで訪問できる）。

多様な小聖堂*

　旧聖堂は鐘楼もふくめて、新しい聖堂にまるごと組みこまれている。それはいわば聖遺物のようであり、そのまわりに20あまりの小聖堂が互いによりそうように建てられた。最初期のそれらは旧聖堂をとりかこんでいたが、いずれもかなり小さいものだった。やがてはるかに大きな地下礼拝堂が旧聖堂の枠を超えて、現在の聖堂の地下に設けられた。その結果、この礼拝堂全体は迷路状かつ不調和なものとなった。12世紀の柱、16世紀の内壁、19世紀に描かれたフレスコ画、といったようにである。一部の小聖堂が礼拝の場としての機能を失った一方、他の礼拝施設、たとえばヴィエルジュ（聖母）小聖堂下のアンファン＝ジェジュ（幼子イエス）地下礼拝室や、袖廊地下の「ヴァティカンⅡ（ヴァティカン第2公会議）の間」、あるいはルーマニア正教会が使用するサン＝フランソワ地下礼拝室のように、なおももちいられているものもある。

　さらに、ロゼール（ロザリオ）地下礼拝室には、ローマのカタコンベから着想をえて描かれた、驚くようなフレスコ画を擁している。これは1870年、若い女性たちにカテキズムを教えるため、サン＝シュルピス教会の司祭セゼール・シール【生没年不詳】が注文したものである。1940年、地下の迷路は倉庫に転用された。ドイツ軍の爆撃を避けるため、パリ市内の教会が有する彫像やステンドグラス、芸術作品がここに運ばれたのである。

サン＝シュルピス教会ではまた、身廊や内陣、さらに14世紀に設けられた鐘楼へと続く階段などの、最初期の素朴な地下構造を見ることができる。現在の聖堂は以前のものよりはりかに広く、地階もまた同様だった。この地階にはとくに古い広場があり、さらにかつては中央部にあった井戸も目にできる。

渇望された地下礼拝堂

　サン＝シュルピス教会は再建後、とくにサン＝ジェルマン小教区の貴族たちから高い評価を受けた墓所となった。この場所への心酔は遺体が3日で乾燥し、その結果、他のいかなる場所よりも保存状態がよくなるという噂に由来していた。こうして17世紀から18世紀にかけて 約1万5000体がここに埋葬された。そ

の墓所が満杯になることに好意的だった小教区民の祝福とともに、である。ありていにいえば、小教区にとって、この埋

サン＝ミシェル礼拝室の古い壁には、説明板を備えた壁龕が1か所ある。ミサ用の小瓶が置かれていたのは、その祭器棚だった。ミサのあいだもちいられる水は、そこから溝を伝って流れおちた。

葬はかなりの収入源になった。

地下墓所に入ることを望む家族は、小教区に定期的になにがしかの金銭を納め、だれかが死んだ場合、この醵出金が墓所の一角を保証してくれた。だが、死者の家族はさらに墓穴金を支払わなければならず、その金額は埋葬費用に50フラン、完全な葬儀費用なら150フラン、6歳から15歳の子どもの場合は半額と、役務によって異なった。料金表にはまたかなりの追加料金も明示されていた。ひとりないし10人程度の聖職者、少年聖歌隊、供花、オルガニストなどに対する費用である。

この地下礼拝堂に埋葬された高名なパリ市民としては、たとえばモリエールの妻だったアルマンド・ベジャール【1700頃没】や女流文学者のラ・ファイエット夫人【1634-93】、モンテスキュー【1689-1755】などがいる。司教用墓穴には地方（フラジュス、アル、カオールなど）の高位聖職者が数多く葬られているが、これはいささか厄介な問題をはらんでいた。彼らがサン＝シュルピス司祭団に属しており、みずからが学んだ神学校のかたわらにあるこの特権的な墓所で、同輩たちとともに埋葬されることを望んでいたからである。

組織化のモデル*

18世紀中葉、物見高い野次馬たちがヨーロッパ各地からサン＝シュルピス教会にやってきた。その「石屑土」と模範的な管理で有名だった、「サン＝シュルピスの巨大墓穴」を訪れるためである。サン＝シュルピスの墓堀人たちはフォソワイユール通り（現セルヴァンドニ通り）に住み、地下礼拝堂のなかでかなり組織化された作業に精を出していた。「鉛の地下室」【鉛製の棺が安置された墓室のこと】と「大理石貯蔵庫」のあいだを行き来しながら、

革命の所業*

革命家たちはこの貴族たちが眠る地下墓地で思い切り愉しみ、墓所を穢したり、鉛製の棺を回収して弾薬に変えたりした。こうしてすべての墓室から散逸した遺骨は1837年に収集され、サン＝ジュスト地下礼拝堂の壁龕に納められた。それらは今でも格子越しに見ることができる。他所と同様、ここでもまた王権にかんするすべての示唆は、黒炭で書かれた単純な碑銘と同じように、紋章板から消し去られて

いる。ごくわずかな地下埋葬室だけはなおも無傷のままだが、おそらくそれは略奪者たちが忘れた（マルギエ埋葬室）、あるいは革命期の混乱後に埋葬されたためである。たとえば1815年に没したレヴィ＝ミルポワ侯のブランス・ド・ベリュルの埋葬室は、後者の事例として難を逃れている。

1690年に没したロザリ・ド・モンモランシー・ド・ヌーヴィル【不詳】の紋章板。フランス革命期にハンマーでたたかれた。

ルイズ＝エリザベト・ドルレアン【1709-42。ルイ15世の摂政フィリップの娘】の墓所。11歳でスペイン王位継承者【ルイス1世。国王在位1724年】と結婚し、14歳でスペイン王妃、数か月後に未亡人となった彼女は、運命に翻弄されて33歳で他界した。この墓碑銘からは「REINE（女王）」という文字が消されている。

らは次々と共同墓穴を掘り、黒炭をもちいてその壁に大文字で丹念につぎのように記した。「XX礼拝室、YY（年月）からYY（年月）まで」。アンファン＝ジェジュ地下礼拝室のそれはもっとも保存状態がよく、そうした細部へのみごとなまでの配慮を示している。

パリ歴史文化図鑑――パリの記念建造物の秘密と不思議

フランス学士院宮殿
（1666-84年）

- 創建者：マザラン枢機卿
- 計画・目的：フランスが新たに植民地化した4か国の学生たち用の学寮と調教学校、図書館をふくむ集合建造物の建設。
- 建築家：ルイ・ル・ヴォー
- 継起的用途：統一学寮（1791年）、監獄（1792年）、穀物倉庫・公安委員会本部（1793年）、砂糖倉庫・ボザール（美術）宮殿、フランス学士院（1805年）。
- 有名因：1795年に創設されたフランス学士院の本部が置かれていることによる。現在この学士院は以下の5アカデミーから構成されている。アカデミー・フランセーズ、碑文・文芸アカデミー、科学アカデミー、芸術アカデミー、モラルと政治学アカデミー。
- 所在：コンティ河岸通り23番地（6区）
  最寄駅：地下鉄ポン＝ヌフ駅

マザラン枢機卿【1602-61】は晩年、巨額の財産を有すまでになっていた。死期が近いことを悟った彼は、かねてより抱いていた計画を具体化するため、遺言状を作成した。それは新たなフランス領土、すなわちアルトワ、アルザス、サヴォイアの一部、さらにルシヨン・セルダーニュ地方の貴族や富裕市民の子弟60人を給費生として受けいれる学寮を創設する、という計画だった。この宰相の巧みな政策もあって、これらの地は1648年のウェストファリア条約と59年のピレネー条約でフランスに編入されていた。こうして創設された「カトル・ナシオン【字義は「4カ国」】学寮」は、外国文化を出自とする若者たちに高度な教育をほどこし、「よいフランス人、よいフランス語話者、よいカトリック」にするという使命を帯びていた。

マザランの計画にはまた貴族の子弟たちに科学や芸術、乗馬、兵学、ダンスなどを教える調教学校と、週に2日一般開放される図書館の創設もふくまれていた。この3施設の創設計画は1661年3月6日、つまり彼の死の3日前に、公証人立ち合いのもとで明確に決定された。マザランはその際、工事の費用にくわえて、運転資金用の年金も用意した。

この学寮はフランス革命期に閉鎖され、監獄や砂糖倉庫に転用されたが、のちに教育の場にもどる。そして1801年、第1統領【ナポレオン・ボナパルト】は、当時ルーヴルにあった美術学校をここに移す。イタリアで手に入れたさまざまな美術品をルーヴルにおさめるため、その場所を確保しなければならなかったからである。これにより、それまでのカトル・ナシオン学寮はボザール（美術）宮殿と改称され、セーヌの対岸にあるこの宮殿とルーヴルを結ぶ鋼鉄製の歩道橋が架けられた（1801-04年）。この橋は当然のことながらポン・デ・ザール（芸術橋）と命名された。

1805年、ルーヴル宮殿を一大美術館にしようとしていたナポレオンは、1795年の創立以来そこを拠点としていた学士院に移転を申し出る。これを受けて学士院はセーヌを渡り、旧カトル・ナシオン学寮の跡地に移る（それにともなって、美術学校もまたセーヌ左岸の少し上流、今のボナパルト通りに移り、これが現在の国立高等美術学校となる）。建築家のアントワヌ・ヴォードワイエ【1756-1846。息子のレオン（1803-72）も建築家で、1845年、旧サン＝マルタン＝デ＝シャン修道院を国立工芸院に改築している】は、その改築工事を請負い、学士院が新たな使命をになえるようにした。

翼棟の建設

カトル・ナシオン学寮の建設は楽な作業ではなかった。まず場所を空けなければならなかったが、それにはエールの門とネールの塔【3人のブルゴーニュ公女による密通事件の舞台（1314年）】、およびその幕壁、さらに尊厳王フィリップが築いた市壁ないし防壁の一部をとりこわし、窪地を埋めることが不可欠だったからである。こうして確保された土地は細長いきわめて不規則なものだったが、建築家のル・ヴォー【23頁参照】はそれを最大限活用した。セーヌ河岸に、ドームをいただきき、両脇に湾曲した翼棟を配した中央の礼拝堂を擁する、安定して調和的なファサードをもつ宮殿を建てるという偉業をなしとげたのである。

ただ、上から俯瞰するか設計図を見るかすれば、西側の翼棟は裏手がセーヌ通りによってかなり「窮屈になっている」ことがわかる。それほどまでに厄介な一角に調和的な建物を築く。ル・ヴォーが発揮した天賦の才には驚くべきものがあった。彼は対照的な建物全体が軸方向に配置されているとみせることで、市壁の斜線を忘れさせる術を心得ていたのである。

マザリヌ通りをセーヌ川のほうに下っていけば、そこが母屋と礼拝堂の裏手にありながらファサードだと思わせるような連続的な段差に出る。かつては私有地が学寮の一角をかなり密にとり巻いていた。それゆえ1930年代から40年代にかけて、ここを風通しがよく、通行も円滑な一角にするため、一部の家屋を撤去しなければならなかった。この解体によってガブリエル＝ピエルネとオノレ＝シャンピオンの小公園が生まれた。その結果、マザラン通りは12番地から、セーヌ通りは6番地から始まるこ

西側翼棟の「窮屈さ」は上から俯瞰するか設計図を見ればはっきりとわかる。

とになった。

1661年版のSMS言語

柱廊玄関のフリーズに刻まれている銘文はそれを見る者、いや、どれほど熟達したラテン語学者でも面食らわずにはいられない。IVL. MAZARIN. S. R. E. CARD. BASILICAM. ET. GYMNAS. F. C. A. MDCLXI. という銘文である。破風の長さに制限があるため、この銘文はかなり省略されており、いささか理解しがたいものがあるが、これを本来の文章にもどして翻訳すれば、以下のようになるだろう。IVL*ius* MAZARIN*us Sanctæ Romanæ Ecclesiæ* CARD*inalis* BASILICAM ET GYMNAS*ium Faciemdum Curavit Anno* MDCLXI（聖ローマ教会枢機卿のジュール・マザランは、1661年、礼拝堂と学寮を建てた）。こうした省略法は長さを短くするため言葉の綴りを変え、認められた字数（1メッセージ160字）を越えないようにするSMSの先駆といえる。

ネールの塔の陰で

学士院の東壁（コンティ袋小路側）は、フィリップ・オーギュストの市壁跡である。この市壁はパリ奉行の名にちなんでアムランとよばれ、1300年からは隣接する邸館の名をとってネールと改称された巨大な塔にまで続いていた。建物のファサード（コンティ河岸通り側）にかかっている大理石の見取り図からは、その正確な位置が読みとれる。マザリヌ（マザラン）図書館の閲覧室はまさにその塔の跡地にある。今日よりはるかに広かったセーヌ川は、洪水時にその土台をおそった。

カトル・ナシオン学寮の借家人たち

学寮ないし学院・学校を創設する。たしかにそれは称賛すべきことだが、問題はそれを持続させる手段をいかに確保するかである。用意周到なマザランは遺産を学寮に与え、誰に頼ることもなくその将来を確実なものにした。マザランが用意したこの運転用年金を補完するため、ル・ヴォーはマザリヌ通りとゲネゴー通りに沿って「ポルト・コシェール」【馬車が通行できるよう両開きにした表門】を備えた家を16棟建てた。これらの家は富裕者や商人たちに貸し出されたが、マザリヌ通り5番地と23番地のあいだには、今も同じようなつくりで、切石のファサードをもつそれらを見ることができる。もともとの美しいポルト・コシェールを残した家は、とくに7、9、11番地にある。

学寮が店を構えるとき

定期的な収入を学寮に約束するため、ル・ヴォーはまた学校両翼棟の1階にあった店舗を整備している。礼拝堂の反対側にも、アーケードの下に27軒の小さな店がならんでいた。製本師や金銀細工師、時計商、書籍商、外科医、清涼飲料商、ワイン商などの店である。そのなかにはセーヌの水を若返りの霊水だとして高価で売りつけ、巨万の富を築いた有名なシャルラタンのバルブローもいた【生没年不詳のこのシャルラタは、1667年、『普遍的精神』を著わしている。なお、シャルラタンについては蔵持著『シャルラタン——歴史と諧謔の仕掛人たち』（新評論、2003年）を参照されたい】。

1805年に建物が学士院に与えられると、これら商人や職人たちは追い出されてしまう。その仕

通りから斜め方向にはっきりとみえる。それ以後、学士院の建物に入るための一般用歩廊を維持する必要がなくなった。これにより学士院は場所が確保できた。アーケードは1873年から76年にかけて壁で囲まれ、ブキニストとよばれる古本商たちは、すでに近接の河岸に販台を構えていた露天商たちと合流するようになった

30数本のロウソク

マザリヌ通りのセーヌ側の端に位置する学士院の礼拝堂外壁には、その石組の数か所に壁龕の跡がみえる。オイルによる公共照明の名残である（この照明については「ヴォージュ広場」の項を参照されたい）。それらは獣脂ないしセイヨウアブラナから抽出したオイルを燃料とするランタンをかけていた渦巻持ち送りが、かつてそこにあったことを示している。1766年に科学アカデミーにそれを提示した考案者にちなんで、「ブルジョワ・ド・シャトーブラン」【ないしシャテルブラン】と通称されるこれらのランタンは、金属製の反射鏡を備え、それぞれロウソク30本分の明

かりを供給していた。

1769年から82年にかけて、パリ市内の通りには1200基のシャトーブラン型街灯が設置された【ドミニク＝フランソワ・ブルジョワ（1697-1781）は時計師。自動人形の考案者とされるジャック・ヴォーカンソン（1709-82）の協力者だったが、1736年、後者はブルジョワが発明した自動アヒルを盗作したと訴えられ、投獄された】

事が火災を招く恐れがある。それが理由だった。やがてヴォードワイエはそこに屋根つきの歩廊を設けるため、解放された空間を得ようとする。公道を通すという目的もあった。それまでのセーヌ河岸は、交通がきわめてむずかしかった。道幅が現在より狭く、くわえて手すり壁と張り出した学士院の建物のあいだで渋滞が起きていたからである。ヴォードワイエによって新たに敷設された舗装路は車道を解放し、以後、馬車の往来が自由にできるようになった。一方、学士院の歩廊には版画商や書籍商に貸し出された小さな店がならぶようになった。

も馬車の往来を円滑にするには十分ではなくなった。それゆえ1850年代には、より抜本的な解決策を考えなければならなくなった。こうしてセーヌの土手にかなり進歩的なコンティ河岸通りが建設されることになる。この工事によって誕生した通りの端は、マラケ河岸

歩廊から手すり壁まで

交通量がつねに増していくと、学士院前での車道の混雑が問題化した。ヴォードワイエの舗装路

レンヌ通りの延伸問題

レンヌ通りの延伸問題について、学士院とパリ市当局は長いあいだ対立していた。だが、1853年、事態が急展開する。オスマンがモンマルトル駅と北駅を真っ直ぐの立派な幹線道路で結ぶことを決めたからである。その最初の区間（現在のレ

ンヌ通り）はサン＝ジェルマン大通りとの交差点まで敷設された（レンヌ通りは41・44番地からはじまる）。残る区間はセーヌ川まで向かい、さらにそこを横断することになっていた。

当初オスマンが計画していたのは、学士院の広い中庭を通り、ル・ヴォーとルバとよばれる翼棟を切り裂く通りだった。そうなれば建物のメイン・ファサードは西側に移されることになる。だが、学士院会員たちの反対運動で計画は頓挫した。とはいえ、それは一時的な中断にすぎなかっ

た。1911年、オスマンの計画がふたたび俎上に上がったからである。第一次世界大戦によって、この議論は延期を余儀なくされたが、1935年にはレンヌ通りの完成をめぐる議論が再開する。しかし、またしても戦争で議論は棚上げとなった。そして戦後の復興期、他に優先事項が出てきたため、学士院はこの脅威から解放されるようになった。

邪魔しないでください

パリの南北を結ぶ地下鉄4号線は、ルーヴル通りやセーヌにかかるポン・デ・ザール橋、学士院、さらにレンヌ通りの下を通ってポルト・ドルレアン駅まで向かうはずだった。だが、この真っ直ぐな路線計画もまた、学士院会員たちから猛反発を受けた。地下鉄車両が会議室の下を通過することで、彼らの作業が妨げられる。それが理由だった。その結果、路線は迂回してシテ島の東側とシャトレ広場の下を通らざるをえなくなった。この学士院会員たちの介入によって、最終的に南北の主たる交通を受けいれる有効な迂回路が敷設される。これが現在のセバストポル大通りである。

革新的な技術

セーヌ川を渡って芸術宮殿（ルーヴル）とボザール宮殿を結ぶ歩道橋——当然のことながらアール歩道橋と命名された——は、1802年に架けられている。その重要な新しさは鋳鉄製だったところにある。これを選んだのは、おそらく石よりも金属を好んでいたであろう第1統領時代のボナパルトだった。実際、軍事遠征の際、彼は架橋工兵たちの軽量素材による装備が実戦的かつ強靭であるということを確認した。この架橋計画では、とくに建築家より土木技師たちを頼る方がよかった。くわえて、のちの皇帝は建築家たちを毛嫌いしていた。彼らがかなりの浪費家で、国家を破綻させ、とくに「ルイ14世を破滅させた」として難じていたのだ。

ナポレオンにとって、鉄骨の歩道橋は経済性と機能性という点で理想的なものだった。この橋は空中庭園として考えられた。それゆえそこは最初から馬や馬車の通行を禁じ、散策の場となった。そこに入るには、通行税の徴収会社に1スーを払ってから、石段を数段のぼった。歩道橋のアーチは、1852年、コンティ河岸通りの拡幅時にセーヌ左岸の1本がとりのぞかれ、1983年には全体的な改修によってもう1本も除去された。今日、7本のアーチがみられるが、7本のアーチのうち、より大きなそれらは川の流れとよく似合っている。

中庭の構成

　学士院の前庭は入り口から2番目の中庭に面している。1688年当時、それはパリでもっとも大きな前庭とみなされていた。その左側はフィリップ・オーギュストの旧市壁に接し（ひとつの建物はそれを背にしている）、右側には教室や食堂（1階）、教授室、助教室（複数階）がならんでいる。学生たちにもそれぞれ部屋が与えられていたが、この部屋は定期的に立ち入り調査され、リキュール類や偏向的な書物、投石用の石、放火用の火口

脱獄の望みなし

　1790年、神学校は閉鎖され、学寮は監獄に転用された。ジャック・ギヨタン【1738-1814。医師・政治家で、従来からあったにもかかわらず、彼の名前を冠せられた断首刑（ギロチン刑）の提唱者】や、ジャック＝ルイ・ダヴィッド【1748-1825。ナポレオン1世の寵愛を受けた宮廷首席画家で、皇帝の戴冠式を描いた大作（1806-07年）で知られる】が幽閉されたのがここである【前者は1793年、後者は1795年】。やがて穀物倉庫になるが、前庭には1階と2階の窓にがっしりした鉄格子がはめこまれている。これは短期間ながらもちいられた監獄の名残である。

などが没収された。中庭に面した旧い部屋は、今日では応接室と作業室になっている。
　3番目の中庭はより狭く、共用の施設に囲まれていた。料理場や事務所、洗濯室、使用人たちの居室などである。ポルト・コシェールからマザリヌ通り（3番地）に直

接出られるそこにはまた、錬鉄で飾られた井戸があった。今でも3個のベルがついたカリヨンが時報を告げ、学寮の遠い昔を想い出させてくれる。

二重の日時計

　学士院には特殊な日時計がいくつかある。それらは二重日時計、すなわちふたつの文字盤からなるもので、一方は午前の時刻、他方は午後のそれを示す。これらの日時計はカトル・ナシオン学寮の学生たちに時間を告げるとともに、教育用でもあった。学寮では天文学も教えられていたからである。一方の日時計は軸組の壁の上にみられる午前用の日時計である。かつて一緒にあった午後用のそれは、おそらく1856年におこなわれた改築工事の際に姿を消している。金色の地に黒線で描かれた前者には、黄道十二宮が配されている。もうひとつの日時計はより完全なもので、旧運動場の南側ファサードにみられる。これはより簡素なもので、窓の両側に2枚の絵のように描かれている。その格言は消失していたため、2008年につぎのような新しい格言が記された。「汝の時間は短いゆえ、時間を不滅の作品に捧げねばならぬ」。

ヴィクトルの転倒

　学士院の敷石はフランス語のさまざまな落とし穴（！）と同様に危険なものである。学士院会員たちはそのことを多少とも知っていた。ヴィクトル・ユゴーはすでに『見聞録』【1887年】で、彼らが前庭のポーチの下でみごとに転倒するはずだと語っている。それはまた彼や他の多くの者たちにとっても同様だった。1列につらなる中庭は、かつてマザリヌ通りとセーヌ河岸を結ぶ公道だったからである。たしかに学士院の建物は今日よりはるかに開かれていた。

夜の大時計

　学士院の大時計は、何人かの写真家（たとえば1932年のケルテース・アンドレ【1894-1985】）が強調しなかったなら、かなり目立たないものだったろう。その文字盤はオルセー美術館の大時計に倣って全体が透明だからである（旧オルセー駅とは反対に、学士院の曲がりくねって狭苦しい屋根は、一般人を受けいれる使命を帯びてはいなかった）。この透明性のため、歩行者が見上げても、暗い文字盤しか見えなかった。時計師のジャン・ヴァグネール【1800-75】が考案したこれは、19世紀中葉に据えつけ

られた。当時、おそらくその裏側には照明装置があり、夜間でも文字盤がみえる仕掛けとなっていた。この革新性は北仏のル・アーヴルに住んでいたドレ【不詳】によるものと思われる。

建築家のイヴ・ボワレ【1926-2018】が、建築家アンドレ・ギュトン【1904-2002】の原画をもとに描いた丸天井の3変容

巧みな変身

厳めしい礼拝堂をどうすれば快適な会議室に変身させられるのか。1805年、旧学寮を学士院に転用するため、建築家のヴォードワイエは建物の反りを減らそうとし、ドームの下に軽い骨組みの平らな天井をすえつけ、その上に彩色された布を広げて、丸天井に似せた。このいつわりの天井はさながら舞台装置を思わせるが、こうしてホールの量感と高さが縮小し、音響や暖房が改善された。さらに選ばれた数体の彫像がすえられ、壁をアカデミックな緑の布地で覆うことによって、変身が完成したのだった。

ドームと楕円形の天井*

学士院の礼拝堂は建築学的にみて驚くような特徴を備えている。外からは完全な円形に見えるドームが、下から見上げれば楕円形の天井をしているのだ。そこでは二重壁が円形から楕円形に巧みに変えられている。ルーヴルの「クール・カレ（方形中庭）」とポン・デ・ザールの歩道橋の軸線上に位置するこのホールの主扉は、フランス国内外の国家元首だけが通れる。ホールの円柱基部にはさまざまなグラフィティないし署名がみられるが、おそらくそれらはフランス革命期に公安委員会のメンバーが刻みつけたものだろう。

壁龕にあった書見台*

エドゥアール・ドゥタイユ【1848-1912】の水彩画に、説教者の書見台を背にした『学士院会員ナポレオン・ボナパルト』【制作年不詳】がある。行方不明となっていたこの書見台は、1998年に見つけ出された。学士院天井の壁龕)にスト

ックされていたのである。だまし絵と古典的なメダイヨンが刻まれたそれは、修復後、元の場所にもどされている。

フランス学士院宮殿

折衷的で意表を突いた建物**

　学士院の建物は、セーヌ河岸から見えるファサードのきわめてクラシックな様式で統一されているわけではない。その内部と外部は時代と様式を異にする多様な建物からなっているのだ。式典ホールや奇妙な形をした部屋のすみ、ファサード大階段、廊下などである。そのすべてに過去からの遺産である折衷的な家具、たとえば胸像や飾り枠つきの大時計、タピスリー、整理ダンスなどがまさにいきあたりばったりに備えられている。分厚いビロードの絨毯は廊下の細部まで覆って足音を吸収し、こまごまと集塵してもいる。興味深いことに、学士院の建物にはかなり強い臭いが蔓延しており、空間ごと、部屋ごとに独自の臭い、蝋や蜂蜜、木、匂い紙などが発する臭いがある。宮殿はまさにそうした貴重な工芸品で飾られており、その床は頻繁にワックスがけられてもいる。

先人たちの階段

　マザリヌ図書館に通じるファサードの大階段は、古代ローマのそれを思わせる。1824年にこれをつくった建築家のレオン・ビエ【生没年不詳】は、狭い空間を受けいれ、塔頂部から光に照らされる楕円形の中空の軸柱の周りに段石を積み、螺旋状のまわり階段をつくった。きわめて純然たる新古典主義様式のこの階段は円柱や壁龕、さらに古代の重要人物たちを表した胸像群と調和している。厳めしい顔つきをしたこれらの胸像のなかには、いかにも場違いな醜い童顔の胸像があり、その不均整な表情が歩廊を楽しいものにしている。はたしてこれはだれであり、作者はだれなのか。謎である。わかっているのは、これが革命時に没収されたものだということだけである。

パリ歴史文化図鑑――パリの記念建造物の秘密と不思議

フランス学士院宮殿

マザリヌ図書館とマザリナード

　マザラン枢機卿の私設図書館は、17世紀にはヨーロッパ最大の蔵書を誇っていた。やがてそれはフランス最古の公共図書館となる（創設は1643年頃）。枢機卿が没すると、蔵書は彼が創設した学寮に移される。公共の場とみなされていたこの図書館は革命時の略奪をまぬがれ、それどころか修道院や亡命者宅から押収した約5万冊が新たに収蔵された。皮肉なことに、マザリヌ図書館はまたマザリナードのもっとも重要なコレクションを有し、その点数は1万2000に及ぶ。これはフロンドの乱の時期【1648-53年】に書かれた風刺・誹謗・批判文書で、枢機卿とその側近たちを攻撃したものだが、収集したのは彼自身である。

押収された家具・調度品

　マザリヌ図書館の閲覧室は革命時に押収された家具・調度や芸術品で飾られている。そのなかには、たとえば「グルネル通りの亡命者コンティ」からのマホガニー製テーブル、コンディ公爵家からの筆記道具一式、パジョ・ドンサンプレ【1678-1754。ドン・サン・ブレとも。時計師だったが、その膨大なコレクションで知られ、哲学や物理学、数学、化学、博物学など諸学に通じてもいた】の骨董・美術品保管室から「科学的な装飾のある」暖炉、サン＝ジェルマン＝ローセロワ教会からの金張りの格子ないし鉄柵、ノアイユ元帥家からとりはずしたブール式シャンデリア、さらにポンパドゥール侯爵夫人【1721-64】からの注文でつくられたブロンズ製のシャンデリア2灯などがある。ルイ15世の寵姫だったこの侯爵夫人の大紋章は、今も目にすることができる。ふたりの小天使が守る3基の銃眼がついた塔である。革命、ありがとう！

紙張り子のグリフィンたち*

　一般に開放されたマザリヌ図書館と、学士院会員や招待された研究者のためだけの学士院図書室は、マザランがつくらせたとされる門扉によって切り離されている。百科全書的な目的を託された後者の図書館は、学士院が現在の場所に移された1805年から整備された。そこにもまた革命時に押収された家具・調度品の一部が置かれている。サ

ン＝ドニ大修道院からの19世紀の木工品などである。反対に、作業台はなおもルーヴルにあった学士院の注文でつくられたもので、興味深いことに、その脚部にはブロンズをまねた紙張り子のグリフィンが鎮座している。
　それにしても、高貴さとはいささ似つかわしくないこの素材がなぜ選ばれたのか。ただ、紙張り子はつねに軽蔑されてい

たわけではない。18世紀にはそれは非常に流行し、「強勢を張った装飾」に多用された。浅浮彫りや豊かに飾られた刳形、マントルピース（火から守るために石膏が塗られていた）、さらに前頁に載せた写真のような椅子の脚部などである。フランスはこうした紙張り子を革新し、「型紙」をもちいての家具や信仰具を流行させもした。だが、かなり実用的なものであったにもかかわらず、この素材は時代の変遷に抵抗できなかった。今日、紙張り子はフランス各地の博物館のカタログで、全部で16点しかみられない。

青になった緑の礼服

アカデミー・フランセーズ会員の「緑の礼服」着用は義務ではない。すべての会員がそれをもっているわけでもない。仕立てがかなり高額だからである（自費で約3万ユーロ【約35万円】）。それゆえ貧しい会員たちは、不滅の人々【アカデミー・フランセーズ会員は「不滅の40人」とよばれる】の子孫たちから遺贈された礼服のストックに頼ったりする。彼らは学士院の衣裳部屋でケープや燕尾服、胸当て、二角帽、佩剣【聖職者以外】などを探すことができるからである。

遠くから見ればどの礼

服も似通っているが、近くで見れば同じものはふたつとない。ウール地の青はそれぞれに彩度が違い、刺繍も異なっているのである。国立古文書館に保管されている見本が示しているように、この礼服は当初はきわめて独特なアカデミック・グリーンだった。だが、やがて刺繍は黄色からさまざまな彩度の緑を経て青になった。

一方、佩剣はときに新会員の友人や近親者たちの寄付金によって与えられる。それは柄頭から鞘の鐺にいたるまで、多様なシンボルや称賛、さらに謎に満ちている芸術品であり、新会員はこの佩剣を身につけて、先輩会員たちの前で就任演説をおこなう。そこではアカデミー・フランセーズの伝統にのっとって高度な知的曲芸を披露する。たとえ新会員が詩人の、無神論者が聖職者の後任であっても、その前任者を称賛しなければならないからだ。

投票壺と愚か者*

アカデミー・フランセーズ会員は新会員や受賞者の選出時、2通りの投票壺をもちいる。ヴィクトル・ユゴー【2度の落選をのち、1841年にアカデミー・フランセーズ会員に選出された】はそれを「赤褐色に染められたふたつの白金製のもの」と記し、「醜い片手鍋」に見立てている。そして、これらのオブジェにうんざりしたこの詩人

は、ある日、投票するかわりに、つぎのような4行詩を急いで書きなぐった紙を提出した。「私は投票などしない／妬みは落とし穴に満ちており／才能や感性の代わりに／これらの壺からは愚か者たちが出てくるからだ」。

美しいイギリス風書体**

　毎夜、学士院の達筆な才があるとして選ばれた用務係のひとりは、気分によってゴシック体もしくは美しいイギリス風書体で、翌日に開かれる会議のプログラムを書き記す。学士院を構成する5つのアカデミーは、それぞれ毎週決まった曜日に宮殿を自由に使えることになっている。

学士院屋根裏部屋のweb局**

　学士院の屋根裏部屋にもっとも近代的なラジオ局がある。いささか予想外のことだが、それは学士院会員たちの仕事を、インターネットをもちいて世界中に放送・発信しているのだろうか。

封緘委員会*

　科学アカデミーの驚くべき慣習のひとつに、1733年から存在している通称「封緘委員会」というものがある。商業的ないし財政的にいかなる権限ももっていないが、この委員会はしかじかの発見の報告を示す書状を「封緘」したまま委託する考案者ないし発明者に、必要とあれば、それが新発見であるとの証明を与えることを保証す

る。この委員会は100年以上前から年に2回、文書によって自分の考察や視点、仮説、メッセージ、科学的ないし技術的な発明を書き留めようとした人々から送られた封緘状を開く【その数は現在1万8000通にのぼり、現在もなお年間で平均50通受け取っているという】。

　アカデミーが受け取った封緘状は、当初からの伝統に従ってただちに帳簿に記載され、それから「眠れる森の美女」となる。こうして封がほどかれ、読まれ、注釈がつけられるまで、1世紀ものあいだ古文書庫の棚で眠りにつく。すなわち、わずか15分ほどの栄光のあと、ふたたび、そして

おそらく永遠に忘れ去られるのだ。

　実際のところ、わずかな例外を除いて、これら封緘状が基本的な発見をして、技術的ないし科学的な分野で革命を起こしたことはない。だが、それらは科学史家たちには貴重な証言を提供してくれる。予備的な研究や試行錯誤ないし最初のつまづきなどを示しているだけでなく、時代の政治的・経済的・社会的な関

心を反映しているがゆえに、きわめて感動的なものですらあるのだ。

パリ歴史文化図鑑──パリの記念建造物の秘密と不思議

国立廃兵院
（1671-76年）

- 創建者：ルイ14世
- 計画・目的：傷痍軍人や高齢退役兵のための養護施設建設。
- 建築家：兵士用施療院・教会はリベラル・ブリュアン、ドーム教会はジュール・アルドゥアン＝マンサール、地下礼拝堂はルイ・ヴィスコンティ
- 革新的特徴：これほど大規模な兵士用養護施設は他に存在しない。
- 有名因：フランスの軍事的栄光を具現し、ナポレオン1世の墓所がある。
- 所在：アンヴァリッド遊歩道（7区）
  最寄駅：地下鉄アンヴァリッド駅

オテル・デ・ザンヴァリッド（旧廃兵院）の歴史にはふたりの人物が深くかかわっている。建設推進者のルイ14世と、その軍事的威信を堅固なものとしたナポレオン1世である。1670年、太陽王は「高齢・老衰および障害をもつすべての公吏や兵士を収容し、彼らの生活を保証することができる大きさと広さをもつ王館」の創設を決定した。国王は兵士たちを戦場に駆り立てなければならなかったが、退役したあとの兵士を待つ運命が従軍をためらわせていたからである。障害者ないしあまりにも年老いた軍隊の「廃物たち」は、それまで物乞いをするか、修道院に入って鐘をつき、庭を掃除する見返りに寝床と食事にありつかなければならなかった。つまり、引退後の彼らは尊敬とはおよそ無縁な日々を送っていたのである。

王立廃兵院はルイ14世の時代におけるパリ最大の建築事業だった。それはグルネル平原の真っただ中に建てられた。最初期の収容者たち——大部分がルイ13世時代における戦争の生存者——は、1674年10月に受けいれられている。ただ、彼らがそこに兵舎と同じような猥雑な雰囲気を求めようとすれば、落胆したはずだ。廃兵院の規則はきわめて厳格で、修道院のそれとさほど異なってはいなかった。その目的が魂の救いを準備し、退役兵たちを厳しい管理下に置くことにあったからである。ここに入った彼らは基本的な宗教教育をほどこされ、40日間は外出が許されなかった。

以後、彼らは刑務所同然の厳格な規則、たとえば居室を清潔に保ち、食べ物を秘匿したり、タバコやワインを取引したりしてはならないといった規則に従わなければならなかった。この規則に少しでも違反すれば、その罪状に応じて、木馬の上でさらし者にされたり投獄されたり、さらにビセートル施療院【矯正・監獄施設併設】に幽閉ないし年金を剝奪されて追放処分にあったりした。

帝政期、廃兵院は軍事的な英雄のパンテオンに変わり、19世紀末にはふたたび当初の役割にもどされて、砲兵博物館（1872年）、パリ軍事政府本部（1898年）、軍隊博物館（1905年）に転用される。1900年、収容者は数十人のみとなり、1904年には、建物の一部が軍人病院に変えられ、今日では超近代的な内・外科の複合医療施設となっている。

オテル・デ・ザンヴァリッドの前庭は公式行事の舞台となっている。

広場

ルイ14世のモノグラム

広場に面した2棟の哨舎の裏には、ルイ14世のモノグラムが武具飾りとともに石板に刻まれている。この太陽王のモノグラムはパリ市内の通りや他のモニュメントにはほとんどないが、オテル・デ・ザンヴァリッドには随所にみられる。とくに数多いのが兵士用食堂やドーム教会である。

砲口

広場の北側には溝に沿って大砲が1列にならんで展示されている。鋳鉄製の砲架にのせられたこれらの大砲は、「栄光の砲列」とよばれた【大部分の大砲には「ウルティマ・ラシオ・レグム(国王の最後の理性)」の銘が刻まれている】。古い伝承によれば、廃兵院の兵士たちはこれを大きな行事の際に鳴らしたという。たとえば他界した国王の埋葬やその後継者が即位したときで、後者の場合は祝砲が101発鳴らされた。フランス革命時に散逸したこの「栄光の砲列」は、1804年、廃兵院総督だったジャン＝マチュー・セリュリエ元帥【1742-1819。ナポレオン1世の麾下で頭角を顕わしたが、元老院時代に皇帝廃位に賛成票を投じて王党派に転向した。だが、百日天下ではふたたびナポレオンを支持した。遺骸は廃兵院に埋葬されている】の求めに応じて新たに鋳造された。

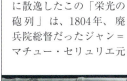

これらの大砲は1918年まで戦勝を祝うために鳴らされたが、ドイツ軍は占領期にこれを奪い取った。第2次世界大戦後、大砲群はふたたび元の場所にもどされ、以後、今

にいたるまで、新しい大統領の就任時に祝砲が鳴らされている。だが、王政時代の祝砲101発は、1958年、ド・ゴールによって21発に減らされた。今日、大砲は象徴的にエリゼ宮に向けられている。その住人【大統領】に「民衆が主人であり、彼らがいつでも武器を手にする」ということを思いおこさせるためである。

オテル・デ・ザンヴァリッドの広場には、さらに別の大砲群がある。「戦勝の砲列」とよばれるもので、入口の両側、石の台座の上に据えられている。いずれも敵軍から奪った20門の戦利品である（16門はオスマン軍、3門は中国軍、1門はコーチシナから）【中庭には馬関戦争時にフランス海軍によって押収された長州軍の大砲も展示されている】

前庭

収容者たちの庭

　旧廃兵院の収容者たちは数メートル四方の土地をもつことができ、そこで草花を栽培したり、スイカズラや野ブドウで飾られたトンネルをつくったりした。中庭にできたこれら緑の区画は、そのまま小庭園の風をなしていた。第2次世界大戦でドイツ軍がここを占拠していたあいだも、士官たちはこの伝統にならって西棟の中庭で野菜を栽培した。

「飲めばきわめて危険な水」**

　廃兵院が建てられて以来、衛生はその首脳部の中心的な懸案事項だった。そこで清潔さを保証し、施設を害虫から守るため、きわめて画期的な設備が導入された。椅子つきのトイレや医務室の浴場などである。当時かなり貴重だった水さえ惜しまなかった。中庭のいくつかのすみには水栓が設けられ、そこからの水でしばしば小水を排水溝に流した。こうした水栓のひとつが今もヴァルール中庭にみられる。そこにはつぎのような警告文が刻まれている。「飲めばきわめて危険な水」。おそらくこれはセーヌ川からの水で、この中庭に一般人は立ち入ることができなかった。

時間厳守

　前述したように、廃兵院の収容者たちはかなり厳格な生活を強いられていた。晩課や食事の時間に少しでも遅れれば処罰された。こうした違反行為を制限するため、1679年から1770年まで、少なくとも7基の日時計が前庭の4か所あった入口の3か所に刻まれており、北側にあったそれはのちに大時計をともなうようになった。極端なまでに複雑なものだったこれらの日時計は、実際の太陽時にくわえて、施設の歴史と生活にとって重要な暦日、たとえば聖ルイ王の祝日【8月25日。オテル・デ・ザンヴァリッドにはこの聖王に捧げられた教会がある】を示してもいる。

　日時計にはまた、いささか気ままな綴りだが、啓蒙時代の慣行で以下のような文字盤が記されている。「人工時」、「惑星時」、「夜の大きさ（隆盛）」、「昼の大きさ（隆盛）」、「バビロニア時」、「イタリア時」…。さらに、赤レンガの上には黄道十二宮の星座もみてとれ、歩廊に貼られた説明板には、これら日時計それぞれの原理が詳細に記されている。

語呂合わせによる報復

　ルイ15世の陸軍大卿だったフランソワ・ド・ルーヴォワ侯爵【1639-91】はかなり虚栄心が強く、他人のではなく、みずからが手がけたものをしきりと自賛していた。廃兵院の数か所に、国王の大紋章にならべて、自分のそれを刻ん

だ。国王はただちにそれを消させたが、怒った侯爵はある妙策に訴えたという。紋章を永久に廃兵院にとどめようと、前庭

に面した建物の屋根窓に、地面を見下ろす狼(ルー)の像を1体刻ませたのだ。「ル・ルー・ヴォワ(狼が見る)」という語呂合わせである。

中央破風の右から5番目のマンサード屋根東側

「チビ伍長」の受難

司教座聖堂の北側ファサード、大時計の下の壁龕を背に、シャルル=エミール・スール【1798-1858。ナポレオン伝説の普及に一役買った彫刻家。偉人たちの彫像連作で知られる】が制作したナポレオン1世【愛称「チビ伍長」】の彫像がたっている。これは1833年から63年までヴァンドーム広場の円柱を飾っていたものだった(81頁参照)。そこから撤去されたのち、この彫像はクルヴォワ【パリ北西郊】にあるデファンスのロータリーに移された。だが、1870年の普仏戦争時、帝国の敵軍がパリに近づくと、ある噂がとびかった。彼らがナポレオン像の首にロープをかけ、戦利品としてベルリンまで引きずっていく、という噂である。そこでパリの守備司令官は、1870年9月、それを船でただちに廃兵院まで運ぶよう命じた。だが、時すでに遅し! ヴェルサイユを奪取したプロイセン軍はすでにパリの市門にまで達していたからだ。

それを知って、急いで彫像を平底船に積もうとすると、頭部が胴体からはずれてしまった。だが、それを直すまもなく、彫像をタールを塗ったロープで包み、頭部は脚部にしばりつけた。ところが、あろうことかその全体がヌイイ橋の上流37メートルのところで、セーヌ川に落ちてしまったのだ。4か月後、すべての危機が去ると、皇帝ナポレオン3世はそれを

川から引き揚げさせ、ユニヴェリシテ通りにあった大理石倉庫に納めた。それから40年間、彫像は分解したままそこに置かれたあと、1911年に原型に修復され、最終的に廃兵院に移された。この彫像の細部は興味深いもので、脚の部分には銃弾3発と砲弾1発がのめりこんでいる。

スールの彫像がヴァンドーム広場の円柱廊にすえられたのは1833年のことだった。当時、それは嘲笑の的となっていた。ナポレオンの脚がきわめて細く、遠目には「2本の糸で吊り下げられた凧」(《ル・モンド・イリュストレ》紙、1863年12月号)のように見えたからである。これに気分を害したスールはナポレオン像のフロックコートを長くし、両脚間の隙間を埋めるため、付属物をいくつかつけくわえたのだった。

17世紀版の身体障害者配慮

オテル・デ・ザンヴァリッドは17世紀のたたずまいを保っている。現在だれもが自由に歩ける回廊は、むき出しになった根太を残し、階と階をつなぐすべての階段は、身体障害者が容易に上がれるよう段差が低くなっている。

ガス照明の名残

オテル・デ・ザンヴァリッドの通廊にはかつてガスの照明設備があった。今でもランタンの支え具やランタン下の壁にはめこまれた金属製の壁龕がみられる。この壁龕の内部にはガス栓があり、故障や修理時にこれをひねると、ガスの供給を止めることができる。

軍事博物館内のアンシャン・レジーム室

メイド・イン・アンヴァリッド

小人閑居して不善をなす。それゆえ、廃兵院の収容者にはなにか仕事を与えなければならなかった。こうして1676年、彼らの心身を忙殺し、くわえて施設に相当の収入をもたらす工房がいくつか設置された。そこではもっとも器用な収容者に宗教書の写本装飾があてがわれたが、それは廃兵院のもっとも名声を博す活動となった。とりわけこの技術に優れていたのは、片手のない者たちだった。別の収容者たちはタピスリーを織り、これもまたその品質ゆえに評判となった。さらに大部分の収容者は、前庭に面した棟の3階にあった縫製や靴修理の工房で働いた。彼らは国王軍や宮廷向けの制服や靴下、リボン、靴などをつくった。

だが、こうした大量生産は、廃兵院に免税特権があたえられたことに嫉妬したパリの同業組合から敵視された。そして1691年にその推進者だったルーヴォワ侯爵が没すると、生産は下火となり、1720年頃に停止した。19世紀に生産は復活するが、それは軍事博物館の収蔵品修復工房（金属、繊維）としてである。

刻まれた短靴

2点のグラフィティが靴製造工房の活気を今に伝えている。かつて2階の収容者室としてもちいられていた回廊には、柱に刻まれた短靴のグラフィティがはっきりと判読できる。ルイ14世時代の末期に貴族たちのあいだで非常に流行した、踵が前方に曲がった靴である。これらのグラフィティは前庭の北・西の角にあるケスノワの回廊にある。

博物館

チビ伍長の墓石

　一般人は立ち入り禁止だが、ニーム回廊からはっきりと見える芝生には、おそらくだれも知らないナポレオンの墓石が横たわっている。セント＝ヘレナ島で没した皇帝の遺骸を最初に覆っていた墓石である。彼の忠臣

たちはそこに「ナポレオン」と刻みたかったが、イギリス当局は「ボナパルト将軍」と刻ませようとした。両者の意見は折りあいがつかず、最終的に墓石は無銘となった。

　1840年、この墓石はナポレオンの遺骸とともに戦艦ベル＝プル（「美しい雌鶏」）号でパリに運ばれ【同年12月15日、国葬が営まれた】、墓石は1978年までサン＝ルイ教会内に置かれ、それから教会の脇に移された【遺骸は1861年4月2日にドーム教会の地下納骨堂に安置された】。そのそばには柳が植えられたが、それはナポレオンが生前埋葬されることを望んでいた、セント＝ヘレナ島のゲラニウム谷の青々とした風景を想いおこさせるものだった。

立体地図の博物館

　オテル・デ・ザンヴァリッドの屋根裏部屋は、1777年から「国防機密」のコレクションで占められている。たとえば、1668年にルイ14世が作成させた王国内の陸・海要塞を示す一連の模型で、これらは戦争時に効果的な防衛体制を組織し、敵の攻撃や包囲戦をシュミレートするためのものだった。1697年、こうしてつくられた600分の1の縮尺模型は141点を数えるまでになった。それぞれの模型は全長数メートルで、町と砲弾が届く範囲までの周域を表した。その精密さは唖然とするほどである。

　ナポレオン3世時代までの歴代廃兵院長は、これらの模型を活用し、コレクションを増やしていった。その戦略的な利点にかんがみて、模型へのアクセスは国家の高官たちに限定されていた。1900年までは立体地図の収蔵通廊でメモをとったりデッサンしたりすることも禁じられた。やがてそれは国防機密の指定を外され、今では中世から1870年【普仏戦争】までの大砲の進歩に対する都市防衛の発展や、風景や都市化の変遷を追うことができるようになっている（さまざまな写真によって模型と実際の場所との比較もできる）。

消えた森**

　現在のブルトゥイユ大通り【7区。オテル・デ・ザンヴァリッドに向かう南北の大通り】一帯には、かつて広大なクリの森が広がっていたが、廃兵院の建設によって姿を消した。ほとんどのクリの幹が、船体を逆さにしたようなみごとな形状のサン＝ルイ教会の骨組みにもちいられたためである。この場所もまた一般人は立ち入ることができないが、その骨組みは、たとえば立体地図博物館の屋根組みに見ることができる。

国立廃兵院

ソルダ教会

通信センターの跡

　古いワイン倉庫を整備して設けられた旧廃兵院長の射撃場は、2007年、マルチメディアの空間につくり変えられた。これがシャルル＝ド＝ゴール歴史館である。その改築工事の際、オーステルリッツ中庭の窪地の地下から第2次世界大戦時にドイツ軍が使っていた通信センターの跡が見つかった。建設業者たちが線路で強化した鉄筋コンクリートの壁にぶちあたってそれがわかった。絶対に破壊できそうにないほど頑丈だったため、この施設は新しいレンガ壁で囲われた。なおも見ることのできる唯一の名残は、鋼板で補強された扉である（ホールにはド・ゴール将軍の写真が70葉近く展示されている）。

ハトの飛翔

　サン＝ルイ＝デ＝ザンヴァリッド教会ないし「収容者たちの内陣」とよばれる教会は、収容者たちの信仰やミサに向けられていた。聖霊降臨の主日【復活祭後の第7日曜日】、聖具室係たちは巧みな演出をおこなっていた。典礼のクライマックス、彼らは天井の穴から、使徒たちに天から降りてきたという聖霊を象徴するハトを数羽放った

のである。天空へと飛翔するこれらハトたちを目で追いながら、信者たちは信仰熱を増幅させた。この穴はさほど目立たないが祭壇の真上にあり、通常は木製の揚げ蓋で閉じられている。

例外的教会

　「ソルダ（兵士たち）教会」は、フランスの教会や司教座聖堂のなかで、つねにさまざまな軍旗で飾られている唯一のものである。フランス革命期にマルスの神殿に変えられたこの教会は、敵から奪った軍旗の新たな置き場となり、ノートル＝ダム司教座聖堂とならぶ特権を得た。ナポレオン1世はここを信仰の場にもどしたが、それでもなお戦利品を受けいれ続け、1814年、身廊に下げられた軍旗は1417枚（！）を数えるまでになった（現在は104枚）。
　プロイセン・オーストリア・ロシア・イギリスの連合軍【第6次対仏大

同盟】がパリに入城した同年3月30日、廃兵院長のセリュリエは、敵軍に奪われないよう、教会に掲げられていた軍旗を中庭ですべて燃やした。この焚刑をまぬかれたのは、オーストリア軍旗の4枚だけだった。当時、それらが元老院にあったからである。祭壇の裏側にフランスのさまざまな

軍旗が常時掲げられているのも例外的で、それはこの教会が特別な地位、すなわち軍隊司教区の中心的な教会であることを示している。

聖なる標石

ソルダ教会には神聖な標石が2基納められている。ひとつは「聖地の標石」とよばれ、1914年から18年の戦争における12の異なる戦場の土が納められている。フランス（5基）とアメリカ合衆国（1基）にあるが、これは第1次世界大戦で戦死したフランス兵と同盟国兵たちに捧げられた標石群の一部である。もうひとつは「自由への道の標石」とよばれ、その呼称からわかるように、フランスの自由のために戦死したアメリカ人兵士たちの墓地から1945年に採取された土が納められている。

廃兵院長たちの地下墓所*

主祭壇の地下には、廃兵院長をつとめた将軍や元帥、提督たち、さらに偉大な軍人たちの墓所がある。ここにはもはや開いている墓室は1か所しかなく、それは在職中に死去したオテル・デ・ザンヴァリッドのつぎの所長のために——それを本人が望むなら——確保されている。この地下墓所で眠る人物としては、将校で『ラ・マルセイエーズ』【原題は『ライン方面軍のための軍歌』、1792年】の作者だったクロード・ジョゼフ・ルージェ・ド・リール【1760生】がいる。1836年に没した彼は、最初パリ南東方のショワジー＝ル＝ロワ墓地に埋葬された。

だが、1915年、フランス軍が北仏のアルトワ地方でドイツ軍に敗れると、ときの大統領レモン・ポワンカレ【在任1913-20】は、軍隊の愛国熱をかきたてるため、リールの遺灰をパンテオンに移す決定を下したが、共和国政府は突然その方針を変える。砲声が近づいていたため、それが理由だった。こうして同年7月14日、遺灰は廃兵院に移され、受けいれの儀式のあと、「一時的に」地下墓所に納められた。しかし、遺灰は今も墓所入口の右手、最初の墓室に安置されている。その案内板には彼の生年月日だけが記されている。この地下墓所にはガイド付きの訪問者だけが足を踏み入れることができる。

革命のはじまり

フランス革命が真に始まったのが、旧廃兵院だったということを知っているだろうか。1789年7月14日払暁、3万の群衆が武器と弾薬を求めてここまで行進したのである。この一団の指導者のなかにカミーユ・デムーラン【1760-94年。弁護士・ジャーナリスト。バスティーユ攻撃を計画し、「街灯の主席検察官」(フランス革命時の民衆歌に「貴族どもは街灯に吊るせ」の歌詞がある)との異名をとった】がいた。廃兵院の砲手たちは院長の命令に勇敢に立ち向かって砲撃をこばみ、群衆の行動を黙認した。ときの院長シャルル・フランソワ・ド・ソンブルイユ【1723-94。1786年から廃兵院長をつとめたが、のちに反革命分子としてギロチン刑に処された】は、サン=キュロットたちが廃兵院にストックしていた武器を奪いにくると考え、数日前にこれらの武器を地下に隠すよう命じていた。だが、そこは粗末な隠し場所だったため、速やかに発見された(あるいは傷痍軍人たちによってあきらかにされた)。当時、廃兵院には小銃2万8000丁、大砲24門が集められていた。ただ、弾薬がなかったため、革命家たちはそれを探しにバスティーユに向かい、同日の夜、この要塞を陥落させたのである。

高所のグラフィティ**

ソルダ教会の内陣上方にはテラスがある。一般人は立ち入り禁止となっているが、屋根裏を伝って行くことができる。かなりの数の収容者や徴集兵たちはそこに足を踏み入れ、来訪の記念とばかり、しばしば自分の名前や日付、認識番号などを刻む機会に恵まれた。こうして数多くのグラフィティが、小ドームの亜鉛板や乾式消火栓に、さながら縞模様のように刻まれることになった。一部のグラフィティはサイズや規則性が際だっている。おそらくそれらは署名入りで作品を修正しようとした仲間によって刻まれたものだろう。たとえば「トレトン1810年」のように、である。

さらにテラスをのぼり、サン=ルイ教会の丸天井の内側と外側の隙間に身を滑らせれば、そこにも古いグラフィティが

大量にあることがわかる。たとえば、「ピエール・ロワゼル1699年」というもので、おそらくこれは丸天井の建設時のものだろう。「L. HAN 14」(1805年)という署名は、フレスコ画の修復にかかわった人物のものと思われる。

アルカヌム**

小ドームの基部へと向かう通廊には、奇妙なサインが刻まれている。これらはあきらかに「アルカヌム（arcanum）」【字義は「秘密の神秘・秘伝」】という言葉と結びついている。このアルファベットは中世末から多少とも秘密の組織、とりわけフリーメイソンに広くもちいられ、19世紀には職人組合（とくに自由の掟派大工たち）によって真似された。ここに署名を残したのは施工業者である。それを判読すれば次のようになるだろう（ほかの解読も可能である）。

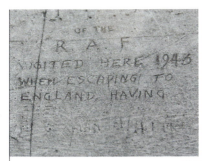

DUMOUSSES
CVDD

この1行目はおそらく姓だが、2行目は掟派ガラス職人（Compagnon Vitrier Du Devoir）の略だろう。彼らガラス職人たちはモニュメントにステンドガラスやガラス壁をとりつけるのを請負った際、そこに署名を記すのが習わしだったからである。

航空兵の訣別**

第2次世界大戦中、ドイツ軍司令部は廃兵院の収容者や職員を東棟に追いやって、その西側に兵舎を建てた。この強制的な共存に退役軍人たちは歯ぎしりして怒った。そのうちのひとりで、第1次世界大戦を生き延びた【だが、片目を失った】ジョルジュ・モランは、妻ドゥニーズとともに廃兵院で生活していた。この妻は「美術品工房の無給監視人」に昇格し、すべてのドアを開ける夥しい数の鍵束を見張っていた。

1942年から夫妻はしばしば啞者の「友人やイトコたち」を受けいれていた。それはパリ西方のエヴルー近郊で軍用機が撃墜された、イギリスやアメリカ軍のパイロットたちだった。ノルマンディの農民たちは彼らを救出し、モラン夫妻のもとに送った。夫妻が彼らパイロットたちを非占領地帯に送りこんでいたからである。

通常、廃兵院での彼らの滞在はわずか1日だけで、夜になる前には、彼らに服と食料と身分証明書を与えなければならなかった。だが、その滞在が長引き、ときには10日になることもあった。パイロットたちは出発までモラン夫妻の居室に身を隠した。ドゥニーズはそんな彼らをドームのテラスにまで連れだし、少し息抜きをさせた。彼らの何人かが小ドームの亜鉛板に次のような文言を刻んだのは、まさにこのときだった。「わたしはフランスを解放するために来た」や「RAF（イギリス空軍）のJ.Gat、ドイツ軍の対空砲火で撃墜されたのち、イギリスに脱出するべくここを通

過した」。その近くの乾式消火栓にも、匿名だがこの占領期の証言がみられる。「1942年、われわれみな健康」

こうしてモラン夫妻は危険を冒したが、それはとても正気の沙汰ではなかった。1942年から44年にかけて、彼らはイギリス人パイロット50人とアメリカ人パイロット80人を、非占領地帯に送ることに成功した。だが、1944年7月5日、ついに夫妻はゲシュタポに逮捕され、拷問を受けたのち、強制収容所送りとなった。ジョルジュ・モランは収容所で没し、妻と娘だけがそこから脱出できた。

国立廃兵院

ドーム教会

兵士の教会と国王の教会

ソルダ教会と連動してのドーム教会の建立は、上席権問題の結果だった。国王は軍規の乱れた兵士たちに混じって、同じ扉から教会に入るわけにはいかなかった。それでは権威をそこないかねなかったからである。この厄介な問題を解決するため、ルイ14世は建築家のジュール・アルドゥアン=マンサールを招いた。負託を受けて、マンサールは既存の教会と対になる新しい教会を反対向きに建立することを提案した。これにより、国王は自分専用の入口から教会に入ることができるようになった。ただ、身廊こそ別だが、内陣は共有で、その状態はドーム教会の中央部に地下礼拝所がつくられるまで続いた。おそらく太陽王はこの礼拝所に自分の墓所を設けることを願っていた（彼の遺骸は最終的にサン=ドニ大聖堂に安置されている）。

政治的思惑

ルーヴォワ侯は軍事卿、ジャン=バティスト・コルベール【1619-83】は財務総監などを歴任しているが、ふたりは互いに相手を毛嫌いしていた。ドーム教会の外壁（売店と並行している側）にみられる段差は、ふたりの憎悪に満ちた対立を物語っている。廃兵院を設計したリベラル・ブリュアン【1630頃-97。サルペトリエール施療院の礼拝堂（1669年）などの建築で知られる】は、コルベールの庇護を受けていた。ルーヴォワはあらゆる策をもちいてブリュアンをしりぞけようとし、工事の遅れやドーム教会の形状にかんするこの建築家の逡巡を非難した。こうしたルーヴォワの策動は最終的に目的を遂げる。ブリュアンは解雇され、1675年、はるかに若い建築家マンサールにとって代わられたのである。前述の段差はこの後継建築家が工事を指揮した場所を示している。なぜかは不明だが、このわずかな段差は技術的に必要なものだった。

マンサール一族の才能

オテル・デ・ザンヴァリッドの象徴的なドームは、マンサールの想像力ではなく、彼の大おじであるフランソワ・マンサール【1598-1666。サント=マリ・ド・シャイヨ

教会やラ・ヴィリエール館（1635年）、現在のフランス国立銀行などを建て、今もなおマンサルド様式とよばれる建築様式を考案した】の書類に紛れていた紙ばさみに由来する。この大おじは完成こそしなかったものの、サン＝ドニにブルボン王家のために建てる礼拝堂の見取り図を描いていた。それは入れ子構造の二重の丸天井を備えた、建築的にきわめて革新性に富んだ礼拝堂だった。外から見れば、タンブール【入口内側の二重扉】には2段の窓がついているのが分かるが、内側からは1段しか見えない。一方、内側の丸天井は真ん中が開いていて、外側のそれを見せてくれる。後者は先頂が閉ざされており、外部からしか見えない2段目の窓ごしに陽光が差しこむ構造になっていた。

不完全な遺骸のための豪華な墓

親衛隊の緑の制服に身を包んだナポレオン1世の遺骸は、腿の上に置かれた二角帽とともに、6重の柩に納められている。一番外側のそれは白金製で、2重目はマホガニー製、3・4重目は鉛製、5重目は黒檀製、そして6重目の柩はナラ材を素材とする。その全体は、ヴォージュ地方産の緑色花崗岩を台座とする、カレリア地方産の赤斑岩の石棺に安置されている。こうしたロシア人形【マトリョーシカ】風の被覆は、古代エジプトの石棺を想い起こさせる。興味深いことに、ここでもちいられている赤斑岩はナポレオン帝国最大の敵国（！）だったロシアの採石場から運ばれたものである。

ただし、この豪華な墓はナポレオンの遺骸全体を納めてはいない。防腐保存の際、皇帝の最期に立ち会ってもいた神父ヴィニャリ【1784-1836。医師・神学者。セント・ヘレナ島でナポレオン付き司祭となり、終油の秘蹟を授けた】が、おそらくその肋骨の2片と腸の端片、さらに性器の一部を「回収」していたからである。だが、これら肋骨と腸の一部は遺骸の移送中に消失してしまった。性器片は1969年に見つかり、クリスティーズのオークションでアメリカ人の泌尿器科医がこれを3800ドルで買い取っている。現在、それはニューヨークにあるコロンビア・プレスビテリアン病院のケースに安置されている。

革命家たちの略奪

ドーム教会に通じる2枚の巨大な扉には、Lの2文字を組み合わせた太陽王ルイ14世のモノグラムと、この教会が捧げられた聖王ルイ（Saint Louis）のSとLを組み合わせたそれがみられる。木をもちいて刻まれたこれらのモノグラムは、フランス革命期に、扉板に散りばめられたユリの花【フランス王の象徴】とともに削り取られていた。だが、2008年に修復がなされ、輝きと金箔と浅浮彫りが2枚の扉にもどった。

金の容器

ドームの金箔は悪天候や大気汚染に敏感なため、これまで数度修復されている。1853年、67年、1934年、89年である。この最後の修復は、フランス革命200周年を祝うため、可及的速やかになされた。ケナガイタチの毛でつくった刷毛をもちいて、繊細な金箔55万枚（金12キログラム以上）を張り付けて、形を整えなければならなかった。だが、悪天候にわざわいされて、金箔師たちの作業は著しく制約された。微細な金粉を亜鉛版に正確に付着させることができなかったのである。現在もなお金箔は亜鉛版からはがれ、ドームの下にあるテラスの水落ち口の窪みに溜まらないかぎり、首都を吹く風に乗ってどこかへ飛び去っている。

パルマンティエの十字軍**

アントワヌ・オーギュスタン・パルマンティエ【1737-1813。農学者・薬剤師で、のちに学士院会員・保健行政監察官。1769年にフランスを襲った凶作と食糧難を前にして、栄養価のある新しい野菜を探し、かなり以前からドイツで食されていたジャガイモの栽培を奨励した】の貢献がなかったなら、ジャガイモは今もなお単なる装飾用植物にとどまっていただろう。17世紀には、ジャガイモはハンセン病をひきおこし、瘰癧の原因となり、消化しにくいために「腹が張って」、人体に害を与えるものとされていた。

パルマンティエは1757年、捕虜生活を送っていたロシアでジャガイモに出会った。そこではジャガイモを豚や囚人に食べさせていた。それを見て、彼は相つぐ飢饉時の救荒食用に、フランスでも普及させようとした。やがて釈放された彼は廃兵院の王室調剤師に任じられた。1769年から70年にかけてフランスが恐ろしい凶作に見舞われると、彼は捕虜時代に芽生えた考えを想い出す。そして、ドーム教会近くにあった自分の実験室の窓下にジャガイモの塊茎を数個植えた。と同時に、彼はジャガイモの栄光にかんする論文を数多く書き、国王にそれが滋養に満ちていることを納得させる。

だが、民衆同様、宮廷もまたジャガイモを食するのをなおも嫌がった。その実験的な野菜畑を拡張しようとしていたパルマンティエは、理想的な土地を探して、パリと周辺を踏査した。彼が欲しかったのは、乾燥していて不毛な土地だった。きわめて懐疑的な者たちに、どれほどの悪条件でもジャガイモが育つということを証明するためだった。こうしてたどり着いたのが、不毛で石と砂だらけのサブロン平原【パリ西郊】だった。そして収穫が近くなったとき、彼はある天才的なアイデアを思いつく。ジャガイモ畑の周囲に柵をめぐらし、武装させた見張りを配したのである。ただし、それは昼間だけだった。

パリの人々は農作地への立ち入りが突然禁止されたのを知って好奇心にかられ、態度を一変した。以後、夜ともなれば、きまってジャガイモが引き抜かれるようになる。パルマンティエにしてみれば、まさに我が意をえたりだった。彼の戦略は成功し、数多くのパリ人たちが種芋を自分たちの菜園に植え、できたジャガイモを日常的に食するようになった。このジャガイモは19世紀まで「パルマンティエール」とよばれた。

木頭の傷痍軍人

18世紀の廃兵院では、ビジュタージュとよばれる新入りいじめが軽傷兵のあいだで盛行した。新入りがその包みを係に預けると、古株たちが院内のとりきめ事や慣習を教えたのち、ある傷痍軍人のことを好んで話したものだった。それはいわば伝統的な歓迎式で、新兵にとっては義務的な通過儀礼だった。彼らがいかにもいわくありげに語ったこの傷痍軍人の話は、新入りの好奇心を大いに刺激し、やがて自分でそれを調べるようになる。こうして各人が自分で話に尾ひれをつけ、問題の人物の肖像画をそれぞれ描いていくのだった。鼻が欠け、目がなく、上下のあごもない、そしてついには頭の代わりに木の頭を…といった肖像画である。なにしろ義足や義眼、義手の傷痍軍人が多く住んでいた廃兵院のことである。頭が木製でも不思議ではない。噂を鵜呑みにしたお人よしは、この人物を探して、総延長17キロメートル、3290もある部屋を空しく行き来し、やがて自分が集団的なたぶらかしの犠牲になったことを悟るのだった。

「アルジェ中庭」に突き出たパルマンティエの実験室。外壁にとりつけられた木箱は、食料ないし医薬品をあらゆる悪天候から守って、新鮮な状態に保つことができた。

パリ歴史文化図鑑——パリの記念建造物の秘密と不思議

エッフェル塔
（1887-89年）

北側支柱の足元に置かれた、アントワヌ・ブールデル作のギュスタヴ・エッフェルの胸像

- 創建者：ギュスタヴ・エッフェル
- 計画・目的：1889年の万国博で工学分野におけるフランスの優れた技術を示すため。
- 建築家：モーリス・ケクラン、ギュスタヴ・エッフェル
- 革新的特徴：歴史上もっとも高い鉄骨塔。
- 反響：明白な敵意を公言する重要人物たちの激しい反対。
- 有名因：パリを象徴するランドマーク（のちに電波塔）。
- まぬかれたこと：解体。エッフェル塔は先頂にラジオ・アンテナがとりつけられたおかげで救われた。
- 所在：シャン＝ド＝マルス（7区）最寄駅：地下鉄トロカデロ駅ないしビル＝アケム駅

エッフェル塔の建設計画当初には、ふたりの人物がかかわっていた。いずれもエッフェルという名前ではなく、当時、鉄橋建設のパイオニアだったエッフェル社で働く技術者たちだった。1889年のパリ万国博が近づくと、入口に設ける巨大なモニュメントを建設するためのコンペティションがおこなわれることになった。そこでエッフェル社の技術者であるモーリス・ケクラン【1856-1946。バルトルディの『自由の女神』像のため、鉄骨の骨組を設計している】とエミール・ヌーギエ【1840-97。パリの通称「聖ベルナール橋」の橋床は彼の最後の仕事】がそれに応募した。彼らのアイデアは、常日頃図面をひいていた橋台だったが、それははるかに巨大なものだった。

彼らはこうして作成した柱塔の設計図を社長のエッフェルに提出した。それを見た当初、エッフェルは満足せず、まったく関心も示さなかった。だが、設計図がしだいに具体化していくと、彼は考えを変え、その鉄塔の特許権を、当時としては破格の金額（現在の金額で40万ユーロ相当）で買い取った【1884年。この年の9月、設計図はパリ装飾美術展に出品されている】。周知のように、後代まで伝わっているのはエッフェルの名前だけである。ケクランとヌーギエは鉄塔の建設に多大の貢献をしたが、のちにふたりは、エッフェルが計画を最後までなしとげるうえで、かなり大胆な才覚を発揮したことを認めるようになる。

コンペティションへの応募は107点あったが、採択されたのはエッフェルとケクラン、そしてヌーギエ3人による応募作だった。競合相手のそれにはいささか幻想的ないし気まぐれなものもあった。たとえば、革命100周年を象徴するためのギロチン塔や、旱魃時にパリに水をまくためのじょうろ塔などである。わずか150人の労働力だったが、鉄塔は2年2か月5日で建設された。その建設にはだれもが無関心ではいられなかった。ある芸術家集団は1887年2月14日、《ル・タン》紙に宣言文を載せ、鉄塔の速やかな解体を要求した。詩人のポール・ヴェルレーヌ【1844-96】はこの鉄塔を「鐘楼の骸骨」、作家のジョリス＝カルル・ユイスマンス【1848-1907】は「穴だらけの座薬」と呼んだ【とくに有名な皮肉は、モーパッサンの「パリでエッフェル塔が見えないのはこの場所（エッフェル塔内）だけだ」がある】。

エッフェル塔はまた「反教権的」だとして批判されてもいる。高さが69メートルのノートル＝ダム司教座聖堂に対し、312メートルもあったからである。竣工後の数か月間、年代記者や素描画家、さらにシャンソン作詞家たちは先を争うかのようにエッフェル塔を揶揄した。しかし、最終的にそれは民衆のあいだで大評判をとり、批判や揶揄の口を封じた。民衆が記した初年度の芳名帳をひもとけば、訪問者の感動が伝わってくる——

「私は初孫の娘にエフリヌという名前をつけるとエッフェル君に約束する」（ボルドー在住G・グレゴリ）。

「なんと美しいのか！ 私のかわいこちゃんたちがこれを見ることができるなら、驚嘆するだろう」（ル・アーヴル在住ルコク氏の称賛）。

エッフェル塔の建設に向けられた投資は、完成後わずか1年間の入場券販売でもとがとれた【1889年の入場者数は約200万人】。だが、1909年、エッフェル塔は解体されることになっていた【所有権がパリ市に移るため】。それを救ったのが電波だった。1904年から軍事用の無線電波基地としてもちいられるようになったのである。1909年には無線技術がかなり進歩し、これほど美しいアンテナを解体すべきだとはもはやだれも思わなくなった。それは賢明な判断だった。1914年から18年までの大戦中、フランス軍がここを無線電信センターにして大いに活用したからである【ここからドイツ軍への妨害電波も発信された】。やがてエッフェル塔は音のつぎに画像を発信するようになり、1925年には電送写真、10年後にはテレビ画像も送られた。そして今日、そこには120本のアンテナがとりつけられて、パリ地方のテレビ41チャンネル、ラジオ32局への送信が可能になっている。

外部

火花の騒音*

1904年、ギュスタヴ・エッフェルはエッフェル塔無線電信局（TSF）の設置に出資した。場所は南側支柱から約150メートルのところにつくられた、20メートル四方のバラック小屋のなかだった。塔の先頂に張られた1本のワイヤが、ケーブルによってシュフラン大通りのプラタナスの木まで延ばされて、アンテナの代わりをしていた。この装置は、しかし1909年に改修されなければならなかった。みてくれの悪さにくわえて、「火花の騒音」に悩まされた近隣住民からの苦情がその理由だった。そこで電信局はさらに50メートルほど南に移されて半地下式となり、同時に実験室や試験室、機械室、店舗、要員用の住宅などが整えられた。そして、1本のトンネル（現存）を通すことで、南側支柱を経てケーブルとアンテナを結ぶことができるようになった。

この電信局は1911年から天気予報を、さらにラジオによるささやかなコンサートも発信するようになる。1914年に第1次世界大戦が勃発すると、ここは高度な戦略的情報発信地となり、兵士たちによって昼夜の別なく守られた。いわばそこは一種のトーチカであり、軍隊が電波を介して送られるメッセージを受信したのがここだった（アンテナしか残っていないエッフェル塔の先頂ではなかった）。

第2次世界大戦でも、電信局は同じ役割をになった。1962年に「秘密軍事組織（OAS）」【1961年から63年にかけて、アルジェリアの独立に反対した右翼組織】の攻撃が幾度も起きたときは、コニャク＝ジェ通りの建物の偶発的な破壊に備えて、救護スタジオが併設された。補強ドアを備え、屋根をうっそうとした緑で隠したこの施設は今もそこにあり、エッフェル塔の事務所とレストラン用備蓄倉庫が入っている。

ちなみに、問題の「トーチカ」は正確にどこにあったのか。それについては手掛かりがひとつある。それによれば、シャン＝ド＝マルスの芝地の中央部、鉄細工の脇の「ドライエリア」【地下室の採光・防湿のために建物と道路のあいだに設けられた窪地】にあったという。このドライエリア

今もなおトンネルの入り口にはケーブルの先端部がみられる。

は地下室に陽光を導く天窓の役目をしていた。

工場の煙突

エッフェル塔の西側支柱近く、レヒュズニク小路【レヒュズニクとは冷戦時代に旧ソ連当局が他国への移住を禁じたロシア系ユダヤ人のこと】に沿って、銃眼があいた赤レンガの小塔がたっている。エッフェル塔建設時にもちいられた巨大な資材置き場の唯一の名残である。この煙突は1887年の基礎工事時に建てられた。塔の南側支柱内部には機械室が置かれているが、これらの機械は工事現場やとくに資材を異なる階に運び上げるエレベーターに動力を送った。ただ、たしかに強力な機械ではあったものの、大量の煙を出すため、それを排出しなければならなかった。そのため、煙を煙道で吸いこみ、煙突から外部に出したのである。この煙突は以後止むことなく使われ、現在もなお発電装置が出す煙を排出している。

エッフェル塔の「70人」

エッフェル塔の4面にはいかなる人物の名がみられるのだろうか。いずれもフランスの特殊な頭脳をもった男性だけである。化学者や物理学者、技師、数学者など、独特の頭脳をした72人で、彼らはその名をなんらかの方式や科学的法則、あるいは発明に残している。煙管ボイラーやスクリュー、「トレスカの降伏条件」「最大せん断応力説」、シャールの定理、ベルグランの下水道システム、最小2乗法【データ解析法】などがなかったなら、いったいどうなっていただろう。他の数多くの学者たちもまた、19世紀の科学の発展に大いに寄与したことで、エッフェル塔に名を残す名誉に値するが、この塔は拡張できない。それゆえ72人だけなのである。

1文字の縦サイズは60センチメートル。それが配された各コンソール（渦形持送り）のスペースは12文字しか入らないため、長い姓の学者はその業績がどれほど偉大なものであってもはぶかれている。したがって、当然そこに入るべき人物ではあっても、ジャン・バティスト・ブサンゴー（Boussingault）【1802-87。化学者で農学創始者のひとり】やサント=クレール・ドゥヴィル（Sainte-Claire Deville）【1818-81。アルミニウムの研究で知られる化学者】、ジョフロワ・サン=ティレール（Geoffroy-Saint-Hilaire）【1772-1844。博物学者・学士会員。生物変移論の先駆者】、ミルヌ=エドワール（Milne-Edwards）【1800-85。動物学者】の名前はない。当時、これらエッフェル塔の「70人（セプタント）」は、前3世紀に旧約聖書のギリシア語訳【通称『(70人訳聖書（セプトゥアギンタ)）』】をおこなったとされる、ユダヤ人学者72人になぞらえて語られていた。これらの名前は20世紀初頭に塗料の下に隠れてしまったが、1987年の修復キャンペーン時に、ふたたびその金文字が姿を現した。

テナルディエ男爵

　エッフェル塔の「70人」のうち、後代、意に反して、科学的業績より破廉恥な性格で有名になった人物がいる。過酸化水素水やコバルト青、鉛白（塩基性炭酸鉛）を、その発明者である化学者のルイ＝ジャック・テナルディエ（1777–1857）【コレージュ・ド・フランス教授や元老院議員などを歴任した】と結びつけることなく、である。コバルト青は耐火性に富み、国立セーヴル製陶工場で広くもちいられた。しかし1841年、フランスが8歳以下の児童の労働法を採用した際、政治家でもあったテナルディエは、児童の1日の労働時間を16時間から10時間に減らそうとするヴィクトル・ユゴーの主張に反対した。この冷淡さに憤慨したユゴーは、『レ・ミゼラブル』【1862年】のなかで、テナルディエを少女コゼットを搾取する憎むべき宿屋の主人として描いた。

3色の塔

　エッフェル塔の色は、もとは腐食防止のために酸化鉄とアマニ油を合成してつくった鮮紅色だった。この「鉄の貴婦人」は5年ごとに2階部分から先頂まで、さらに10年ごとに塔の表面全体が塗り替えられている。その工事期間は1年半、塗料は60トン必要だが、そのうちの4トンは大気中に排出し、風にあおられて飛沫となって飛散してしまう。現在の色は、当初の赤褐色やイエローオーカー、栗色、灰色を経て、1968年に採用された「バルベディエンヌ・ブロンズ」である【フェルディナン・バルベディエンヌ（1810–92）は有名なブロンズ鋳造家で、ロダンの作品も手がけている】

　魅惑的なこの色は、塔の基部から先頂にかけて3通りの異なる色調でパリの空に溶けこみ、塔がすっくと高く立つさまを印象づけると同時に、洗練されたものにもしている。そして夜ともなれば、ナトリウム照明がエッフェル塔の崇高さを演出する。その光は光学的効果によってブロンズ色を「黄金色」に変える特性を帯びている。

登攀防止装置

　エッフェル塔には毎年平均で650万人もの見学者が訪れる。だが、そのすべてが純粋に観光だけを目的としているわけではない。1889年のオープン以来、この塔はたえず自殺志願者も引き寄せてきた。今日まで身投げ者の数は400人近く。ただ、この数は、1969年にヴィジピラト計画【対テロ対策】と結びついた厳しい安全規格（各階に高い保護柵の設置）が実施されて以来、急速に減っている（あえていえば）。塔の基部から素手でのぼろうとする者は、警告音を発するセンサーによって速やかに感知されるからである。その結果、公式発表では自殺者は年に1人未満となっているという。

　有名なロッククライマーのアラン・ロベール【1962-】は、1998年12月、プリシラ・テルモン【1975-。写真家・旅行作家・環境保護運動家】とともに、スパイダーマンの格好でエッフェル塔をよじのぼった【同年11月には新宿センタービルにも登って逮捕され、2003年には映画『スパイダーマン』の宣伝のため、ロンドンのロイズ・ビルにも登っている】。

エッフェル塔の内臓部で*

　エッフェル塔の支柱は、しばしば考えられているのとは異なり、水圧ジャッキの上に乗ってはいない。建築時、たしかにこの種の装置は支柱4本の水準を調整し、それらが2階と連結することを可能にした。だが、やがてこのジャッキはコンクリートを詰めたカーソンにとって代わられている。一方、1899年に設置された水力装置は、東および西側の支柱を昇降するエレベーターの半数（他のエレベーターは電動）を作動させている。何台ものポンプが水を貯水槽に供給し、加圧された水が何基ものピストンを押し上げて動力を釣合おもりに伝え、これによってケーブルと連結している巻上機が作動し、エレベーターのかごを持ち上げるのである。

　この歴史的なエレベーター装置は、ヨーロッパ文化遺産の日、もしくはガイド付き見学に限って例外的に一般公開されている。今日でこそエレベーターは日常的にありふれたものとなっているが、当時としては真に画期的な技術革新だった。水圧式であろうと電動式であろうと、エッフェル塔というモニュメントの重要な要素であるエレベーターは、厳しいチェックを受けている。ちなみに、これらエレベーターの年間総稼働距離は10万3000キロメートル、つまり地球を2周半まわっている計算になる。

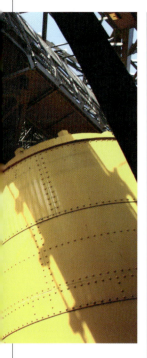

歴史的せりがね*

エッフェル塔の支柱は当初は垂直に立っていた。だが、やがてそれらを傾けなければならなくなった。そこで2通りのせりがねシステムがもちいられ、それによって正確に傾斜の調整ができるようになった。まず西洋式合掌【山形に組んだ部材。トラス構造】の基部に据えられた水圧ジャッキで高さを調整した。ひとたびこの作業が終わると、つぎに精密なせりがねが台座と合掌のあいだに差しこまれた。これらのせりがねは今もそこにあり、地下室見学時に目にすることができる。一方、支柱の傾斜を調整するため、合掌を組み立てる際に砂箱システムが利用された。この砂箱は合掌を垂直に保ち、砂がなくなると、合掌が傾いた。これら2通りのシステムを併用することで、エッフェル塔の水平さの基準となる1階の構築が可能になった。

愛国的サボタージュ

ドイツ軍がパリを占拠した1940年6月、エッフェル塔の上で働いていた機械工や技術者の一団は、ラジオの送信装置を「トーチカ」のなかで打ちこわし、塔の先頂で翻っていたフランス国旗を隠し、主要な部品をとりのぞいたり、減らしたりして、エレベーターを動けなくした。ドイツ軍はただちにエッフェル塔を接収し、パリ市民の接近を禁じた。それと同時に、彼らはエレベーターを修理しようとしたが、それは空しい努力だった。交換部品が入手できなかったからである。そこで彼らは健脚ぶりを発揮して、戦争期間中、自分の足でエッフェル塔をよじ登らざるをえなかった。やがて国土解放の翌日、機械工のひとりが占領初期に隠しておいた部品類を元にもどし、エレベーターは新たに油がさされて動きだすようになった。

1940年6月、エッフェル塔の下で撮影されたあるドイツ兵の写真。

2階で

土産用置物のスキャンダル

立案者の権利が守られている夜間照明を除いて、エッフェル塔の図像は公有財産に属している。だが、それはもう少しで異なる話となった。開業当時、オ・プランタン百貨店の創業者で、大安売りの「発案者」でもあったジュール・ジャリュゾ【1843-1916】は、ギュスタヴ・エッフェルにエッフェル塔からの落下した金属製部品を自分だけに譲ってくれるよう頼みこんだ。それを加工して、文鎮やランプの脚にもちいる塔の模型をつくるためである。さらにジャリュゾはエッフェル塔の複製品の専売権を購入することも申しでた。

エッフェルはそうした提案に危うく同意しそうになった。だが、激しい抗議運動に直面して、考えを変えた。それはパリの職人たちによるもので、彼らはすでに塔の絵や模型をつくっていたため、うまみのある商いが卵のまま死滅してしまうと憤ったのである。世論もまた、エッフェルが塔にかかわる権利を譲渡するのを知って憤慨した。パリ市がその建設資金の3分の1を出資していたからである。

軽量化されたエッフェル塔

巨大なメカノ（組立式玩具）とでもいうべきエッフェル塔は極端なまでに軽量で、空気よりも軽い。鋼鉄製の骨組み本体は7300トンだが、同等の立体空気の重量よりも軽いのである。4本の支柱の基部を1本の紐で囲み、その基部を構成する金属を溶解して紐の内側

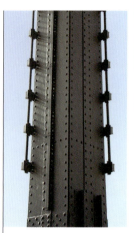

合掌構造にそって走る目立たない光ケーブル。

に置けば、金属の層は厚みが8センチメートルたらずとなる。ただ、光ファイバーセンサーがたえず塔のずれや、とくにそのもどり具合を監視して、塔がつねに元の位置にもどるかどうか確認している。風のため、塔が傾くからである。たとえば1999年に嵐が吹き荒れた際（時速240キロメートル！）、塔は13センチメートルずれた。

当然それは熱気の影響もうけ、高温時、太陽にさらされた塔は日陰時より膨張する。日射を避けるため、先頂は直径18センチメートルの楕円を描き、夜に元通りとなる。ギュスタヴ・エッフェルはエッフェル塔が70センチメートルの振幅にも耐えられるよう設計したが、そうした状態になったことは一度もない。塔はまた夏と冬に伸縮し、外気が零下10度から摂氏30度になると、高さが15センチメートル伸びるという。

配管網

地面から先頂まで循環する「流体」は、エレベーターのかごや合掌に沿って、黒くて太い何本もの配管に集められ、これらがテレビやラジオの放送に不可欠な同軸ケーブルを保護している。このケーブルはエッフェル塔の先頂に設置されたアンテナと、南側支柱の足元にある旧フランス国営放送送信公社（TDF）の建物とのあいだに電波を

伝える。栗色の配管の中には澄んだ水や灰色の水が流れ、塔全体の屋根で集められた雨水はトイレでもちいられている。

エレベーターの名残

エッフェル塔の3階から4階に上るには、当初は世界で唯一だった、長さ80メートルの水圧ジャッキによるエドゥー社のエレベーターがもちいられていた。だが、冬ともなれば、このエレベーターは問題を抱えた。結氷によって動かなくなってしまうのである。そこで1983年、それは解体され、デュオリフト＝オティス社の電動式エレベーターに替えられた。

きわめて勇気のある者は、かつては3階から4階まで螺旋階段を伝って登った。だが、この階段も1983年、エレベーターをとりかえるのと同時に撤去された。その際、階段は22個に切断され、そのうちの18個は競売にかけられ、大部分がアメリカ人の収集家たちに売却された。しかし、2個だけは博物館（パリのラ・ヴィレット科学産業博物館とナンシー近郊ジャルヴィルの鉄の歴史博物館）に寄贈された。もうひとつは彫刻家のアルマン・フェルナンデス【1928-2005】が入手し、これをもちいて集積彫刻を制作した（この作品はパリ南西郊ジュイ＝アン＝ジョザースのモンセル城で見ることができる）。残りの断片はエッフェル塔の2階（南側支柱近く）に展示されている。

ジュールとジョブ

エレベーターの昇降はハンドルさばきでおこなわれていた。ケーブル・システムが水門を作動させ、この水門が水圧ジャッキを押し上げていたのだ。エレベーター係はかごの外の下方に座っていた。やがて時代が進むと、エレベーター・ボーイたちは中に座り、そこからドアを開け閉めするようになった。今日、ジュールとジョブと命名された塗装樹脂のふたりの人物像が、東側支柱のエレベーターのうえに置かれているが、それは両足を宙に投げ出したままだった、これら危険な操作係のありようを追憶させる。

塗料はこの小さな矩形の格子から合掌の内部に入りこむ。

アクロバティックナな塗装工たち

エッフェル塔の修復キャンペーン時、採用された塗装工たちはいずれも眩暈や閉所恐怖症とは無縁だった（！）。彼らの使命は合掌のなかに身を滑らせ、その内壁に腐食防止の塗料を塗りつけることだったからだ。

塔の「腹部」を見上げると、格好状のテクニカル・エリアが見える。

内部の技術的ゾーン

2階と3階のプラットフォームの下には、技術的な装置群（電気パネル、リフトなど）が下げられている。高所にレストランがあるため、特殊な配置が必要だからである。厨房の調理器具は当初は電気と蒸気がもちいられていたが、1960年代になってラック・ガス（ピレネー地方で採掘される天然ガス）仕様の器具が装備された。これらの調理器具は現在はすべて電化されている。一方、防災規則はきわめて厳しく、エッフェル塔内では火気厳禁である。それゆえバースデーケーキのロウソクも模造品で代用されている。

3階で

少なくとも2段

エッフェル塔の1階から3階までの階段の段数を数えて疲れる。それはまったくむだなことである。あまりにも段数が多いからだ。ただ、面妖なことに、東側支柱の階段は西側のそれより2段多い（669段対667段）。このささやかな差は地上レベルでの構造の違いによって説明される。

正午砲

かつてエッフェル塔は、パレ＝ロワイヤルにならって小型の大砲を有していた。これは「正午砲」とよばれていたが、呼称は砲手が毎日正午に大砲に点火していたことに由来する。それは鳩たちを怯えさせるためでは

なく、時計の時間を合わせる時報だった。このサービスは、時計の正確さがなおも求められていた20世紀初頭でも評判だった。1889年と1900年の万国博の際、大砲はさらに午後6時にも鳴らされた。訪問者たちに閉館時間を知らせるためである。それは塔の西側支柱のすみ、第2プラットフォームに置かれていたが、1914年にとり去られた。

高所での印刷

　開業当初、フィガロ紙の支社とも呼ぶべき部屋が、エッフェル塔の第2プラットフォーム、コンコルド広場を見下ろす側の木造小屋にあった。塔の訪問者たちはガラス壁越しにその編集作業やガス輪転機の印刷の様子を見ることができた。1889年の万国博期間中、同紙は紙面全体をエッフェル塔にかんする記事で埋めた特集号を組んでいる。

4階で

落雷

　放電のためにつねに最短距離を選ぶ雷は、エッフェル塔の巨大な尖端に頻繁に落ちる。塔が避雷針の代わりをしているのである。金属製の突針と棒をいただくその尖端は、嵐の際に雲と地上のあいだでできる静電気を引き寄せる。すべての避雷針と同様、避雷針を中心とする円形ゾーンと、突針の影響力が及ぶ範囲、すなわち地表の半径300メートルの円内を保護している。先頂の突針は扇状に開いて雷を「捕まえる」。それは合掌沿いに帯水層まで移動する16枚の銅製の帯板と連結している。これらの帯版（写真右）は雷衝撃カウンターと連動しており、塔が雷に襲われたときは、地面まで電流を流すことができる。

パリ歴史文化図鑑——パリの記念建造物の秘密と不思議

垂直標尺

　かつてエッフェル塔の見学者たちは、エレベーターに乗っているあいだ、1メートルごとに垂直に目盛りが付された標尺を読んで自分のいる位置を知り、その高さと他の建物との高さを比較することができた。たとえば20メートルは新しいパリの家屋に課された高さの制限に相当し、43メートルはヴァンドーム広場の円柱、46メートルはニューヨークの自由の女神像、69メートルはノートル＝ダム司教座聖堂の尖塔の高さである。122メートルまで昇れば、見学者はガラビ橋【オーヴェルニュ地方の高架水道橋】、170メートルでは、エッフェル塔にその玉座を奪われるまで世界最高の高さを誇っていた、ワシントンのオベリスクの高さに立つことになる。だが、この標尺は1基の身長計と4階のプラットフォームを囲む保護ネットのために撤去された。やがて新たな標尺が設けられ、今でもさまざまなモニュメントの高さを比較しながら、眺望を楽しむことができるようになっている。

類例のない実験室

　1886年にその計画を提出したギュスタヴ・エッフェルは、塔の科学的な有用性だけがライバルたちからそれを守り、存続期間を長くすることができると知っていた。万国博の受注条件明細書に従って、塔が20年後に解体されることも知っていた【エッフェル塔は1889年の万国博期間中は国家の、翌年にはパリ市の所有するところとなった。エッフェルはその経営権を1890年1月1日から1909年12月31日まで認められ、この契約期間後に解体されることになっていた】。そこで彼は塔の科学的役割、すなわち天候と天文観測、さらに物理学的実験、戦略的観測、光学的電信などの有効な拠点になり、さらに電気照明の灯台の役割にもなえるということを力説したのだった。

　実際、1889年以降、塔

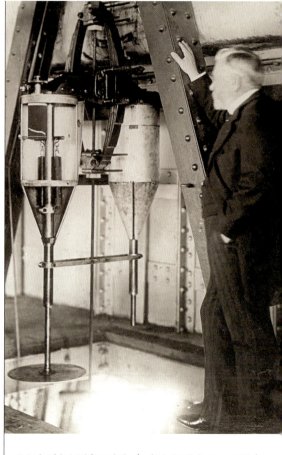

はさまざまな測定や試験の実験室としてもちいられ、数多くの機材、たとえば圧力測定装置の較正をおこなうための巨大な検圧計、コリオリの力（転向力）を立証するため、3階に吊り下げられたフーコーの振り子、高度に応じて変わる風速と大気温度の測定具などが備えられた。先頂には天文台の設置も検討された。エッフェルのこうした主張は功を奏し、1910年、パリ市当局が塔の接収と経営をさらに70年延期した。だが、この実験室の名残はなにもない。1956年1月3日の火災によって、テレビの放送基地や5階から張り出した展望台などが破壊されてしまったからである。

救い主のエッフェル塔無線電信局（TSF）

1910年、エッフェル塔は70年の猶予をえたが、しかし、それは将来の解体をまぬかれるものではなかった。その危機を永遠にとりのぞいたのが、塔の先頂にあるラジオ・アンテナとそれに託された重要な使命だった。TSFのパイオニアだった電磁気学者のウジェーヌ・デュクルテ【1844-1915】は、1898年、送信機を設置するため、パリ一帯でもっとも高いエッフェル塔を選んだ。そして同年、4キロメートル離れたエッフェル塔とパンテオンのあいだを、はじめて電波回線で結んだ。

さらに1903年、ギュスタヴ・フェリエ将軍【1868-1932】によって新しい一歩が刻まれる。才能に溢れた彼が軍事用無線通信網の整備を提案したのである。この提案は光信号や伝書鳩の方がより信頼できるとした軍隊から無視されたが、エッフェルはフェリエの計画を信じ、シャン＝ド＝マルス（213頁参照）の送信機とつなげるアンテナの設置を、財政的に支援した。

こうしてできあがった長距離の通信回線は、第1次世界大戦で戦略的な利を大いに発揮した。これが決定的な情報を傍受し、その「勝利の無線電報」によってドイツ軍のマルヌ攻撃を失敗させたのである【1914年9月のマルヌの会戦】。さらのこの情報によってマタ・ハリも逮捕された【芸名マタ・ハリ、本名マルガレータ・ヘールトロイダ・ツェレ（1876-1917）は、オランダ出身の美人ダンサーで、ドイツ軍とフランス軍の二重スパイとして活動したとされ、終戦後、パリのサン＝ラザール刑務所で銃殺刑に処された】

南側支柱の足元にあるTDFの建物。

鷲の巣

　エッフェル塔の先頂にある円窓からは、ギュスタヴ・エッフェルの事務所として展示されている小部屋が一瞥できる。蝋人形たちによって再現されたそこでは、エッフェルがその居室兼実験室でトーマス・エジソン【1847-1931】と話をしている。しかし、エッフェルがここで仕事をしたことは一度もない。ここは最初気象学の実験室としてもちいられ、ついで1910年代には、フェリエのTSF実験室となったからである。

百日咳に対する確実な治療

　エッフェル塔は物理学ないし熱力学の実験にのみ向けられた場ではなかった。そこはまた人間モルモットの昇降による肺と呼吸、脈管の緊張の変化などにかんする生理学的な研究の舞台でもあった。エッフェルの義弟で医師のアルベール・エノク【1840-1902】は、実践的な治療法の研究をおこなううえで、そこはきわめて相応しい場所だと評価してもいた。彼はとくに19世紀末当時、患者7人のうち1人を死にいたらしめる結核を抑止する研究をおこなっていた。それまで提唱されていた唯一の治療法は空気がきれいな山地への転地療養だったが、エノクは「エッフェル塔の3階以上に移されたすべての患者」は呼吸が深くかつ容易になり、肺の活動もより速く、規則的で耐久力を増すということを観察によって確認した。むろん、精神的に高揚して、快活さをとりもどし、会話も活気を帯びて楽しいものになる、ということもある。

　こうして彼は高所でのヘモグロビンによる酸素の吸収条件に関心を抱き、うつ病や百日咳の治療を高度300メートルでおこなうことを提唱した。彼の義兄もやがてそれを支持する。孫たちが百日咳を発症した際、エッフェルは彼らを塔の4階まで移し、こう言明したという。「この薬なら確実に治る」、と。

灯台のトロッコ

　ギュスタヴ・エッフェルは最初、エッフェル塔にフレネル・レンズがついた海洋灯を設置していた。やがてそれはトロ

ッコに載せた2台の電動投光器にとり替えられ、夜になると、係がレール上のトロッコを押して、最上段のプラットフォームをまわった。その照明が10キロメートル先からも見えた投光器で、90秒ごとに3色の光を放った。この装置は1952年、戦争中に破壊されたモン＝ヴァレリヤン【パリ西郊の丘で、第2次世界大戦中、ここで1000人近くのレジスタンス活動家や人質がドイツ軍によって処刑された】に設置されるはずだった、航空用投光器に再度とり替えられた。そのビームは300キロメートルにまで届いた。今日、それは80キロメートルにおさえられているが、4基の電動投光器はそれぞれ90度回転して、360度回転する海洋灯台のビームを再現している。

販売用鉄材

1925年、ある詐欺師がアルセーヌ・ルパンを思わせる優雅な物腰で、エッフェル塔を軽率で信じやすいくず鉄業者に売った。詐欺師の名はヴィクトル・リュスティグ。巧みな弁舌を駆使して詐欺を働いていた彼は、パリの盗賊たちとも親密な関係にあった。ある日、新聞を読んで世紀の大詐欺を思いついた。それは、エッフェル塔が大規模な修復工事をおこない、そのため、パリ市としては塔の部分的かつ一時的な解体も考えている、という記事だった。そこで彼はある文書偽造者に、パリ市長とエッフェル塔の運営会社の名が入ったレターヘッドの作成を頼み、さらにパリ市から派遣された競落者を装って、首都の主要なくず鉄業者5人とコンタクトをとった。そして、メンテナンスに莫大な費用がかかるエッフェル塔が、採光入札者にその鉄材を量り売りする予定であるということを信じこませるのである。

くず鉄業者のひとりだったアンドレ・ポワソンは、この好餌にまんまとひっかかり、融資契約を保証するため、私邸を抵当に入れてしまった。こうして彼は手形に署名し（買取り総額は不明）、所有権者の肩書でエッフェ

ル塔の下に行き、解体の日取りを尋ねるのだった…。だが、物笑いの種になるのを恐れて、ポワソン氏は決して訴えたりはしなかった【リュスティグ（1890-1947）はボヘミア出身で、「エッフェル塔を売った男」として有名になった。彼はのちにアメリカ合衆国に渡って贋金をつくり、逮捕されてニューヨークの監獄に幽閉されたが、裁判前夜に脱獄する。しかし、1935年に再逮捕され、15年の禁固刑を宣せられ、アルカトラスに送られて獄死した】

それから35年たった1960年、イギリス人のデーヴィッド・スティムソンという青果商が、エッフェル塔が「解体のため」にその鉄材を売却するという話をふたたび大胆にもでっちあげる。そして、あるオランダの企業に、1キログラム当たり20サンチームという売却価格で「取引」をもちかけた。話を信じた企業は契約書に署名し、前渡金50万フランをこの詐欺師に支払った。だが、この詐欺師もまたまもなく姿をくらましてしまった。

はるか西まで

最高の条件下では――晴天ないし晴れた日の午後遅く――、エッフェル塔の先頂からははるか遠くまでが見渡せる。だが、四方の地平線が同じように見えるわけではなく、その視野は方角で異なる。すなわち、西は70キロメートル、東は65キロメートル、北は60キロメートル、そして南は55キロメートルまでである。

パリ歴史文化図鑑——パリの記念建造物の秘密と不思議

コンコルド広場
（1757-63年）

- 創建者：パリ市および王室
- 計画・目的：回復した平和と国王ルイ15世をたたえるための広場。
- 建築家：アンジュ＝ジャック・ガブリエル
- 革新的特徴：広場は3方に開かれ、テュイルリー公園が展望でき、セーヌ川も見渡せる。
- 継起的用途：処刑場（1793-94年）、国王広場、祝祭場
- 所在：コンコルド広場（8区）
  最寄駅：地下鉄コンコルド駅

コンコルド広場北側にある旧海軍省とクリヨン館

興味深いことに、コンコルド広場とパンテオンはパラチフスでつながっている。1744年、メスを訪れていたルイ15世の命を奪いかけた病である【1774年、ヴェルサイユ宮で没】。調剤師や接骨師たちはさほど国王の皮膚に注意しなかった。死を覚悟したこの「最愛王」は、終油の秘蹟を受ける前、みずからが犯した過ちを公に告解した。だが、瀕死の病だったのもかかわらず、恢復した。そして、その誓約にしたがって、サント゠ジュヌヴィエーヴ大修道院付教会（146頁参照）を再建した。

一方、国王の快癒を祝い、王国に平和がもどったことに感謝するため、パリ市の名士たちは1748年、彫刻家のエドメ・ブーシャルドン【1698-1762。新古典主義の旗手としてロココ様式派と対立した】に彫像を依頼した。問題はそれに相応しい設置場所だった。そこでこの場所をどこにするかを決めるコンペティションないしコンクールが催され、アンジュ゠ジャック・ガブリエル【1698-1782。国王筆頭建築家で、ヴェルサイユ宮のプティ・トリアノンなどの建築を手がけた】の計画案、すなわち隅を省いた8角形の広場を建設する案が採用された。

凹凸のある湿地帯で、テュイルリー公園と開渠の上に張り出した旋回橋によって結ばれていた広大な土地が、こうして急速に様相を変える。ガブリエルはまず広場予定地の三方にオープンな遊歩道を敷設することを計画した。それは広場が「宝石箱」のなかにはめこまれなければならないとする、当時としてはまさに画期的な考えだった。ただ、地下には水がたまっていた。そのため、ガブリエルは遊歩道の周りに排水溝の代わりに大きな濠を掘り、技術的な制約を審美的な切り札に変えた。

やがて相ついでさまざまな整備がなされ、広場が少しずつ形をなしていった。1790年にはコンコルド橋が架けられ、1802年には北側にリヴォリ通りも開通した。1836年から46年にかけては船嘴模様が彫られた円柱（街灯柱の代わり）や泉水が設けられ、1836年にはオベリスクも建てられた。そして1852年には濠も埋められた。のちにオスマン男爵は、オベリスクや泉水を撤去して、ガブリエルが望んだとおりに広場をレイアウトしようとしたが、徒労に終わった。それは男爵のわずかな挫折のひとつとなった。それ以後、広場の様相を変えようとする大規模な試みはなされず、1937年には歴史的記念建造物に指定された。

旋回橋の記憶

コンコルド広場の建設計画がもちあがる前、フォブール・サン゠トノレからの大排水渠がのちの遊歩道を横切ってセーヌ川に注いでいた。それはルイ13世の市壁の名残である、通称「黄色い濠」のなかを通っていた。広大な土地とテュイルリー公園を結ぶ可動式の旋回橋が、その下水溜りの上に渡されていた。これは1716年につくられた木橋で、アウグスティヌス修道会のきわめて創意工夫に富んだ修道士、ニコラ・ブルジョワ【生没年不詳】によって架けられたものである。この跳ね橋と水門の中ほどには防御地点があり、暴動の際、テュイルリー宮殿への道をそこで切断するのである（さらに柵で囲む）。それは当時のパリ名所のひとつだったが、だれもが自由にここを通ることができた。規約が明記しているように、「きちんとした身なり」

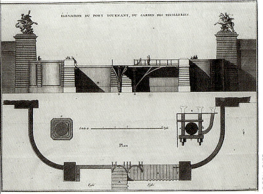

をしているかぎり、テュイルリー公園が万人に開かれていたからである。

この旋回橋は、コンパスの脚のように、水平に回転するふたつの部分からなっており、昼間には橋げたが水平に開き、夜には閉じられた。アントワヌ・コワズヴォクス【1640-1720。宮廷彫刻家】が制作した有翼の天馬像が2体、その橋げたを飾っていた。北側の像はメルクリウスを、南側のそれはペーメ【ギリシア神話の女神で、噂や名声の神格化】をそれぞれ背に乗せていた。旋回橋は1817年に撤去されたが、有翼馬はなおもテュイルリー公園入口に後ろ肢で立ちあがっている。

警備隊詰め所

ジュー・ド・ポーム美術館のテラスの地下にある書店は、ヴォールト天井の部屋に入っているが、ここはテュイルリー宮殿を監視するスイス人警備隊の詰め所であり、17世紀から3世紀にわたってもちいられてきた。20世紀になると、テュイルリー公園の守衛たちが、この部屋の奥に備えられた共同寝室で順番に休息をとり、洗面所でさっと身づくろいもできた。1980年代には公園は同性愛者たちの出会いの場となった。そこではまた公務員たちが猫やハツカネズミたちと遊び、これらの小動物たちは閉門後も残って、鉄柵によじ登ったりしていた。1992年頃には、守衛たちはカスティリオヌ通り【コンコルド広場とテュイルリー公園を結ぶ通り】の延長上にある小屋に移った。旧警備隊詰め所の書店でも、ガーデニングにかんする書籍が鳥の鳴き声や軍隊関連の書籍にとって代わった。

無機質な残留物

アンジュ＝ジャック・ガブリエルが設計したコンコルド広場は、かつて幅20メートル、深さ約5メートルの何本もの濠に囲まれていた。これらの濠を渡るため、5本の石橋と1本の旋回橋があり、一段高くなった遊歩道の周囲には石の手すりがめぐらされていた。濠はさまざまな花の咲く花壇で飾られ、19世紀初頭までパリ市民の格好の散策地となっていた。夜ともなれば、そこでは数多くの娼婦たちが春をひさいでもいた。

だが1852年、皇帝ナポレオン3世は道徳的な健全化のため、濠を埋めたてるよう命じる。娼婦たちでだけでなく、パリ市民たちもまたその命令を残念がった。彼らが堪能する新鮮な空気や緑が失われてしまうからである。こうして石の手すりは無用の長物となり、今では姿を消した濠の輪郭を偲ばせる亡霊と化している。

三面記事的悲劇

1770年5月16日、王太子、のちのルイ16世【在位1774-92】とマリー・アントワネット【1755-93】が挙式する。それを祝って、王家は民衆に大がかりな花火を提供した【5月30日。場所はルイ15世広場】。だが、その打ち上げ花火が群衆の上に落ち、恐ろしいパニックを引きおこした。10万以上の人々が広場で押し合いへし合いとなり、その多くが濠に落ち、女・子どもをふくむ150人もの人々が踏みつけられ、窒息死した。

哨舎の不法入居者たち

旧ルイ15世広場、現在のコンコルド広場【改称は1830年】の最初の整備工事では、8か所の角のそれぞれに、鍋の蓋に似た石膏製のカロット【半円球の円天井】をいただく哨舎ないし小屋が設けられた。これらの哨舎は非常に渇望されていた2層の住居だった。各階は3か所の採光窓から光が差しこみ、螺旋階段も備えていた。北仏リール市を象徴する女神像が上に鎮座する哨舎には、憲兵隊の伍長が泊まり、リヨン市のそれには近接する海軍省の雇人で、ブドウ園や野菜畑の手入れをしていたブランシャールなる人物が住んでいた。マルセイユ市の哨舎には治安判事、ボルドー市とナント市の哨舎では、それぞれワイン商と売春も斡旋する清涼飲料業者が生活していた。この後者は濠のなかに板張りのバラックを建て、悪天候を避ける顧客たちを受けいれた。これらの哨舎はじつは広場の地下道に通じており、治安警察の報告書によれば、清涼飲料業者はそこで10人あまりの女性たちに売春をさせていたという。

こうして旧ルイ15世広場では、だれにも請わず、だれからも請われることなく、だれもが田園風のパラダイスを享受できた。この広場が1798年から1828年まで30年近く、所有者不明のまま放棄されていたからである。実際、そこはフランス革命後にパリ市の所有ではなくなっていた。しかし、そうした所有権にかんする曖昧さは、5年以内に美化工事をおこなうという条件つきで、広場とシャンゼリゼをパリ市に帰属させた1828年8月20日の法令によって解消される。それ以後、哨舎は、現在その地下が駐車場となっているブレスト市とルーアン市のものを除いて、パリ市が雇った作業員たちの箒と散水ホースだけの置き場となった。ルーアン哨舎の地下入口には、ふさがれた採光窓の輪郭が今もみられる。

立ち消えになったトゥールーズ

美化作業の一環として、1838年、建築家のジャック=イニャス・イットルフ【1792-1867。パリ市と共和国の専属建築家となり、サン=ヴァンサン=ド=ポール教会の建立などを手がけた】は、哨舎の女性像に帽子をかぶせた。これらの像は、広場をフランス全土に見立て、その大まかな地理的位置に相応する8か所に配された主要都市の寓意である。リヨンやマルセイユ、ストラスブール、ボルドー、ルーアン、ナント、リール、ブレスト【フランス革命に

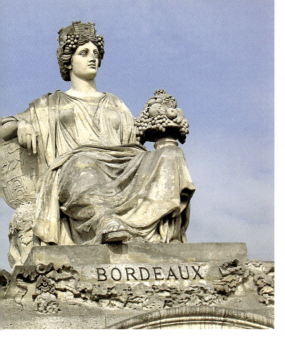

コンコルド広場

喪に服すストラスブール

彫刻家のジェームズ・プラディエ【1792-1852。リール像も彼の作】は、コンコルド広場のストラスブール像を、自分の心を揺さぶっていた愛人ジュリエット・ドルエ【1806-83】に似せてつくった。この女優がヴィクトル・ユゴーと出会ったのが、ほかでもない彼のアトリエだった。のちに彼女はユゴーの愛人となって長いあいだ生活を共にするようになるが、この彫像【制作年不詳】は登場以後半世紀にわたって重要な愛国的崇拝の対象となった。プロイセン帝国によってアルザス＝ロレーヌ地方が併合されたあとの1871年、それは失われた領土の化身とされたのである。その服喪の徴として、像に紫色の喪章がつけられた。これは学校に張り出された大地図で、両地方が紫色で示されていることにならったものだった。パリ市民たちはしばしばこの像を訪れ、その足元に花や国旗、手紙、花型帽章などを捧げた。そのなかにはジュリエットから「私の親愛なトトル」とよばれたユゴーもいた【ユゴーは彼女への手紙にTotorと署名していた】

場違いなうり二つ

リール市を象徴する女性像を制作するため、プラディエはフランス国王ルイ＝フィリップの王女マリ＝クレマンティヌ【1817-1907】をモデルとした。1864年、この彫像は相手の愛が冷めたことに怒ったある若者によって壊されてしまう。彼は彫像の顔が自分から去った恋人にあまりにも似ているとして、これに復讐したのである。

貢献した8都市】の各都市は、いずれも国土防衛を象徴する王冠をいただいているが、それぞれの女性像にはまた独自の特徴がつけくわえられてもいる。たとえばリヨン像は糸のかせで満ちた籠の上に座し【リヨンは織物の中心地】、港町のマルセイユは船の上に据えられている。一方、ボルドーはブドウの房で飾られ、ナントはその基地があったガレー船の上、ブレスト【フランス最大の軍港】は大砲の上に置かれている…。

こうして8都市は美しいハーモニーを奏でているが、そこから外されて不満を抱く都市がある。トゥールーズである。その理由はただひとつ、都市群のシンメトリーを崩すという理由である【方角的にボルドーと重なるため】

波しぶき

コンコルド広場にはかつて4か所に巨大な泉水があった。そのうちの2か所、すなわち「メール（海）」や「フルーヴ（川）」とよばれた泉水は1840年に撤去された。広場の北側に海軍省があり、南側にセーヌ川が流れていることから、泉水の主題は当然のことながら航海だった。その装飾には海にかかわる定番のイメージが数多く選ばれた。トリトン【ギリシア神話でポセイドンの子。半人半魚の姿で海馬に乗り、ほら貝を鳴らして海を鎮めたとされる】、ネプチューン、ゴカイ、魚、貝、イルカなどである。それはフランスの優れた航海術をたたえるとともに、生活用水がパリに通ったことを祝うためでもあった。

二重水盤を備えた泉水の造形は、ローマのサン＝ピエトロ広場のそれに着想を得ていたが、鋳鉄を素材に選んだのは独創的だった。より正鵠を期していえば、水盤は鋳鉄製で、池で水浴する彫像群は石、1932年にはブロンズでつくられた。それぞれの泉水は重さ約50トン。それらを制作するにはいくつもの鋳型をつくり、とくにこれほど大量の鉄を溶かすことができる窯をみつけなければならなかった。手法はなお未熟ではあったが、鋳鉄の量は鋳造技術を完全に自家薬籠中にしていたことを示している。ブロンズ色のさまざまな色合いを駆使した特別な配色による色の調和もまたみごとである。すなわち彫像の「肉」にはフィレンツェ・ブロンズ（濃褐色）、着衣にはヴェネツィア・ブロンズ（緑色）、装身具や装飾にはブロンズ・ドレ（金色）がもちいられているのだ。

識別番号のついた街路灯

海をイメージした広場の情景は、パリ市の紋章【波間に漂う船を描いたもので、その意味は「たゆたえど沈まず」】を象徴する船の舳先で飾られた、16本の海戦記念柱で完璧なものとなっている。豪華に飾り立てられたこれらの円柱は、ルイ＝フィリップ王の「路上施設」とよばれたイットルフの名前が刻まれており【彼がこの「路上施設」を考えたことから】、広場の照明を補う枝付きの街路灯をともなっている。

コンコルド広場は照明の分野でいくつかの技術革新がなされた場でもあった。名誉なことに、1819年にはじめて本格的な公共照明が登場したのがここである。それはガス灯であり、その点灯と消灯は人の手でなされた。点灯係はひとりで70か所のランタンをうけもち、1か所あたり40分で作業をおこなった。これらランタンの一部は真夜中、一部は払暁に消された。

だが、ときには点灯できないランタンもあった。その際、係はランタンの番号を控え、不具合を指摘した。こうしたガス灯の識別プレートは同一の柱身に5枚まで目にすることができるが、これらは柱身から突き出たランタンと対応している。

検印

海戦記念柱の基部にはめこまれた四角形の鋳鉄板には、それぞれあきらかに異なる銘文が刻まれている。その一部はこう読める。「Hittorff Archt（建築家イットルフ）inv」（invとは、ラテン語で「企画者・立案者」を意味するinvenitの略）。別の記念柱には鋳造者の名前が、多少とも詳細な言及とともにみられる。もっとも完全な銘文は、コンコルド広場の南東部に位置する記念柱の基部に刻まれたもので、そこにはつぎのように刻まれている。「ヴォークルール（北仏ムーズ県）近郊のテュゼの鋳造者A・ミュエル」。

恒星ガスによる照明

ガス灯が首都に普及すると、光学機器製造業者のルイ＝ジョゼフ・ドゥルイユ【1795-1862】とアンリ＝アドルフ・アルシュロー【1819-93】は、1843年10月20日、コンコルド広場で電灯の試験をおこない、翌44年12月には、レオン・フーコー【150頁参照】も交えて、新たな試験を実施した。その際、彼らはリール市の影像の膝に「電気卵」、すなわちドゥルイユがつくった直径30センチメートルほどのタマゴの形をしたアーク灯を載せた。2枚の反射鏡を備えたこのアーク灯は、1時間あまりオベリスクを照らした。光束があれば、闇夜であれ霧のなかであれ、ランプから150センチメートル離れた雑誌も読むことができた。《イリュストラシオン》【1843年から1944年まで刊行された絵入り週刊紙】はこのすばらしい出来事を、「恒星ガスによる照明」という見出しで記事にしている。じつにセンセーショナルな表現ではあるが、ガスも星々も無縁である以上、埒もない記事といえる。ただ、たしかに試験は成功したものの、こうした公共照明が発展するようになったのは、1877年からにすぎない。

黒衣の未亡人

革命広場【呼称は1792年から95年まで】、のちのコンコルド広場の処刑台はいったい誰が設置したのだろうか。ギロチン台【隠語で「未亡人」】は広場の3か所でもちいられていた。最初のそれは1792年10月に国有備品保管庁（海軍館）の窓の下に据えられた。王室の宝石を盗み出した犯人たちの首をはねるためである。つまり、彼らは前月に大罪を犯した場所の前で処刑されたことになる。

このギロチン台は1793年1月21日、ルイ16世を処刑するためにふたたび登場している。場所は前のとは異なっていた。今日残されている手がかりから判断すれば、それはブレスト市の影像から12メートル離れた場所、オベリスクへ向かう対角線上に設けられた。それから2か月後、ギロチン台は再再度設置される。自由の女神像と旋回橋の中ほど、つまりオベリスクとテュイルリー公園入り口のあいだに設けられたこれは、1794年6月まで1年以上もちいられた。恐怖政治時代【1793年5月-94年7月】にこの広場でギロチン刑にかけられた犠牲者は計1119人にのぼる（ナシオン広場での処刑者は1306人）。

敷石の並びが、13か月間ギロチン台が置かれていた場所をかなり控え目に示している。

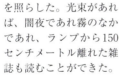

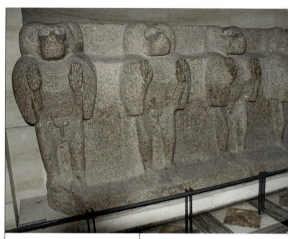

クレオパトラの針

コンコルド広場のオベリスクは齢33世紀を重ね、パリで最古のモニュメントである。その歴史は前1250年のテーベで始まる。ラムセス2世【ファラオ在位前1279-13】の神殿に同形のオベリスクと対で建てられたのである。シャルル10世時代の1830年、エジプト副王ムハンマド・アリー【142頁参照】が、これら1対のオベリスクをフランスに贈った。だが、その内幕については諸説あり、ある説によれば、当時エジプトに駐在していたフランス領事の執拗な要求による「強制的な」贈り物だという。別の説は、1822年にジャン=フランソワ・シャンポリオン【1790-1832】がヒエログリフを解読してくれたことに感謝しての「自発的な」贈り物だとする。

経緯の真偽はさておき、これら2本のオベリスクのうち、まず小さいほうが送られる。それでも重さは230トンあった。これを送るには船荷にみあった大きさの船を建造しなければならなかった。こうして建造されたリュクソール（ルクソール）号は8隻分の大きさとなった。この厄介な贈り物の旅は1年半かかった。ジブラルタル海峡を経て北仏のル・アーヴル港に、さらにそこからセーヌ川を遡行してパリに向かったが、それは文字通りの苦役だった。輸送に当たった技術者はこう述懐している。「2番目のものを望むのはよいが、それは私ではない！」。幸いなことに、それは杞憂に終わった。フランソワ・ミッテラン大統領が、1994年、フランスの「所有物」であるもう1本のオベリスクをエジプトに返上したからである。

「クレオパトラの針」ないし「高い石」と名づけられたオベリスクは、新しく整備されたコンコルド広場を飾るのに建てられた。国王ルイ=フィリップが、体制が変わるたびにさまざまな彫像がつくられる慣行に決着をつけるため、中立的でフランスの歴史とかかわりのないモニュメントを望んでいたからである【このオベリスクの除幕式は、彼の臨席のもと、1863年10月25日に営まれた】。

つつしみのないヒヒたち

オベリスクのもともとの台座はその旅に加わらなかった。それがアモン神殿の壁に組みこまれていたからである。この巨石の輸送をになった技術者のアポリネール・ルバ【1797-1873】は、対になっていたもう一方のオベリスクの台座の一部をもちいて、同じものをつくった。それは後ろ足で背伸びをし、両腕をあげて祈り、局部を露わにしている数頭のヒヒ【古代エジプトの聖獣】の像で飾られていた。ルイ=フィリップはこれをあまりにもつつしみがないとして、ルーヴル美術館の古代エジプト部門（第11室）に移すよう命じた。

ブルターニュのヒキガエル

オベリスクの花崗岩製の台座には、不ぞろいの黒斑がいくつか見える。細長く、そのうちのあるものは幅10センチメートルあるいはそれ以上の種子のようで、石切工や石工たちの隠語で「ヒキガエル」とよばれる。これらの黒斑は、ブルターニュ地方のアベル=イルデュで産出された花崗岩の特徴である。230トンもあるオベリスクを支えるために選ばれたのが、例外的なまでに堅牢なこの岩石だった。その組成

はエジプト産の花崗岩と同じで、異なるのは色が多少濃く、硬さも少し落ちるという程度である。

　問題のヒキガエルは、けっして欠陥ではない。それが岩石の構成要素の一部となっているからだ（しかし、墓石の大理石職人たちはこの種の花崗岩を疎んじている）。興味深いことに、これらのヒキガエルは、オベリスクの台座と台胴【台座中央の角柱状の部分】のうえで、アベル＝イルデュ産花崗岩の特徴であるバラ色長石の結晶と対照をなし、石材がブルターニュからのものであることを想いおこさせる。

金色の兜

　オベリスクは先頂がむき出しのままパリに着いた。当初あった琥珀金（金と銀の天然合金）のピラミディオン【先頂のピラミッド状部分】が、6世紀にペルシア軍がエジプトに侵攻した際、盗

まれたしまったためである。シャンポリオンはすでに1830年、空に向かって飛び出すような太陽の矢をオベリスクにまとわせることを夢見ていた。だが、このモニュメントが、クーベルタン鋳造所で圧延され、金箔がかぶせられたブロンズ板製の、高さ3.6メートルのピラミディオンをふたたび先頂に戴くようになったのは、1998年のことである。

巨大日時計

　1913年、天文学者のカミーユ・フラマリオン【1842-1925。天文学者。1865年から《シエクル（世紀）》誌の科学時評を担当し、70年には、天体の自転運動にかんする重要な研究を完成させた。主著に『想像世界と現実世界』（1865年）などがある】は、セーヌ県知事にある提案をした。オベリスクをもちいて「世界最大の日時計」をコンコルド広場のうえに描く、という提案である。それはじつに驚くべきアイデアだった。だが、時期が悪すぎた。1914年の戦争によって、計画が頓挫を余儀なくされたのである。やがて1938年、パリ南部ジュヴィジ天文台の建築家ダニエル・ロゲ【生没年不詳。1910年、ロゲはフラマリオンが台長をつとめていたこの天文台の入り口に日時計をつくっている】は、ふたたびフラマリオンの計画を推進する。

　こうして翌1939年、パリ市の技術者や陸軍地

誌部の協力をえて、日時計の線が引かれる。時刻を示す5本の文字線がオベリスク南側の路面を削って刻まれ、時間や季節を記したブロンズ製の表示板にまで伸びることになった。だが、またしても戦争【第2次世界大戦】が勃発し、計画はペンディングとなった。

　この計画が最終的に日の目を見たのは、1999年、フィリップ・ド・ラ・コタルディエール【1949生。作家・科学ジャーナリストで、全仏天文学会長などを歴任している】とドニ・サヴォワ【生年不詳。1993年、アヴィニョン近郊のタヴェル・ノール高速道路の休憩地に、当時世界最大の日時計「ネフ・ソレール（太陽の船）」を制作している】の指揮下でだった。そこではオベリスク自体が一種の日時計の針としてもちいられ、時刻線や至点の曲線、昼夜平分線が、路面にはめこまれた真鍮製の釘や、ホ

ットメルト接着剤で歩道に固定されたテープによって表示された。そして、それらの端には、太陽時を示すローマ数字がVII（7）からXVII（17）まで配されている。ただ、かりにフラマリオンの夢が実現していたとしても、それは世界最大の日時計とはならなかった。その栄誉は2009年に、南仏カスティヨンのダムの外壁に描かれた日時計に奪われているからである【ドニ・サヴォワが制作者のひとり】

マルリの馬たち

シャンゼリゼ大通りの角には、通りをはさんで、かろうじて馬丁が御している棹立ち馬の像が2体ある。呼称は「マルリの馬たち」。その由来は、ルイ15世が彫刻家のギヨーム・クストゥー【1677-1746。芸術アカデミー会員で、パリのノートル＝ダム司教座聖堂の『キリスト降十字架像』なども手がけた】に、パリ西方に位置するマルリ城の庭園に設けたテラスを飾るために依頼したことによる。フランス革命時、これらの彫像は市民たちのためにここに置かれた。ただし、いずれもコンクリート製のコピーで、カララ産白大理石のオリジナルは、ルーヴル美術館の「クール・マルリ」【リシュリュー翼】にある。おそらくそこなら、7月14日のパレードに登場する装甲車両の振動の影響を受けないからだろう。

救われた表示板

コンコルド広場とボワシ＝ダングラ通り（旧ボンヌ＝モリュ通り）の角、クリヨン館【旧海軍省の西隣】のファサードには、防護ガラスのなかに入れられた表示板があり、そこには1826年から28年までもちいられた「ルイ14世広場」の地名が記されている。これはまた復古王政期までさかのぼる表示板のうち、現在もみられる最古のもののひとつである。

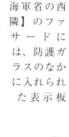

通りのカラーコード

コンコルド広場を縁取るアーケードの偶数地番（2、6、6の2、8番地）には、1805年、セーヌ県知事のニコラ・フロショ【1761-1828。ミラボーの親友。反革命分子として投獄された。1800年、ナポレオンからセーヌ県知事に任じられるが、12年に更迭される。百日天下でナポレオンから示されたブーシュ＝デュ＝ローヌ県知事の職を受けい

れたため、第二復古王政で失脚した】が実施した地番表記にしたがって彩色された番地が保存されている。彼は通りの地番を奇数と偶数で向かい合わせにし、セーヌ川に直角ないし斜めに向かう通りの地番の最初の番号は、奇数と偶数とを問わず、セーヌにもっとも近い通りの入り口に、また、セーヌと並行する通

コンコルド広場

りの場合は、上流側にある入り口にそれぞれつけた。

こうした地番システムはパリ市民たちを仰天させた。1779年以来、彼らは地番が通りの片側から順につけられ、ついで別の側にもどるというシステムに慣れ親しんでいたからである。そこでパリ市当局は、フロショによってはじめられたこの新しい原則をよりよく理解させるため、通りの地番表示を色分けした。セーヌに並行して走る通りは黄土色の地に赤い数字、直行する通りは同じ色の地に黒い数字で、である。しかし、コンコルド広場の場合は異例で、こうしたカラーコードに符合していない。かつて赤だった数字が白に塗りなおされているからである。

第5列を警戒せよ！

軍隊用語の「第5列（サンキエム・コロンヌ）」【字義は「5本目の円柱」】とは、潜入したスパイたちが自国軍隊のため、密かにおこなう秘密の行動——背面からの攻撃、妨害、謀法報活動——などを指す比喩的な表現である。

1944年8月26日、コンコルド広場は慈善祭りの感興に満ちていた。首都の解放を祝うため、パリ市民たちはここに集まり、歓喜する群衆の喝采を浴びながらシャンゼリゼ大通りを下ってくる、ド・ゴール将軍の到着を待っていた。そのなかにあって、フランス国内兵の将校ルネ・トゥーラン【生没年不詳】は危険を察知した。ドイツ人スパイを思わせる平服の男たち10人ほどが、クリヨン館の自動車クラブに侵入したのである。これを脅威と確信したトゥーランは、その不安を戦車隊指揮官に知らせた。だが、指揮官はそれを鼻先でせせら笑い、広場にキャタピラとキャタピラを向かいあわせに方形に整列した装甲車両を彼に示した。それでもトゥーランはなお言い張った。うんざりした指揮官は配下の兵士たちに命じて、もっとも近くにあった戦車4台の大砲をこの心配性の将校が指摘した目標、つまりバルコニーが見物人ではちきれそうになっていたクリヨン館に向けさせた。

ド・ゴールとその行列が広場に入ると、一行を狙ってクリヨン館のバルコニーから突如一斉射撃がなされた。戦車の砲兵たちはただちにこれに反撃し、邸館のファサード中央部と「5本目の円柱」と「第5列」を吹きとばした。トゥーランが警戒していたおかげで、素早い対応ができたのである。やがてクリヨン館の5本目の円柱は再建されたが、石材はもともとのものではなく、大気汚染に対する抵抗力が劣る。それゆえ、この新しい円柱は隣接する円柱より黒ずんでいる。

JCDCの天使

ジャン＝シャルル・ド・カステルバジャク（Jean-Charles de Castelbajac）は、町のなかをひとりで歩きまわるのが好きな婦人服デザイナーで、造形芸術家でもある。彼は長年チョークで壁や木の根元、歩道などに好んで天使のグラフィティをしている。これらは家族や存命ないし他界した友人たち（エリザベス・テイラー、マイケル・ジャクソンなど）、さらには散策中に出会った見知らぬ人々にささげられている。かなりもろく、束の間のグラフィティであるにもかかわらず、その一部は何か月、いや何年ものあいだ、うすれることなく、それだけにより感動的なものとなっている。

公権力の法と議事録

ロワイヤル通り【コンコルド広場とマドレーヌ教会を結ぶ南北の通り】の2番地にある旧海軍省のファサード（ポーチ左側）には、人目をひくくすんだ表示板がかかっており、それにはこう刻まれている。「公権力（公的機関）の法と議事録」。そこにはかつて議会で制定され、市民たちが見ることのできる布告が貼りだされていた。布告には死刑の宣告を受けた罪人の名もあった。いわばそれは一種の官報でもあった。こうした場所は各都市に数か所あり、教会のような人の出入りがより頻繁なところが選ばれた。パリではロワイヤル通りのほかに6か所あった。ヴィジタシオン＝サント＝マリ修道院やサン＝ルイ＝ザン＝リル、サン＝メリ、サン＝セヴラン、サン＝ジェルヴェ、サン＝プロテ、サン＝フィリップ＝デュ＝ルルの各教会である。

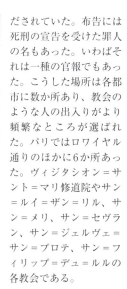

グラフィティ

かつての旅行ガイドブック『ベデカー』【ドイツの出版業者で作家でもあったカール・ベデカー（1801-59）が刊行したもので、1832年から1944年まで、ドイツでは447版、フランスでは226版を重ねた】が勧めるモニュメントに残されたグラフィティを探しに出かける。これはなかなか楽しいことである。このガイドブックは19世紀から20世紀前葉のヨーロッパについて言及しており、パリを訪れた記念にその痕跡を残そうとした、フランス各地や外国からの観光客によってよくもちいられた。

たとえばロワイヤル通りに近いクリヨン館のファサードには、中空の壁龕のなかに1810年（「フランソワ・ラザカ」）や28年、さらに1847年7月29日という日付が入った「イジドール・アルベール」といったグラフィティがある。さらにロ

ワイヤル通り2番地の旧海軍省の建物に入って右手、最初の窓の補強部にもグラフィティが1点刻まれている。これはリベレルという名前の衛兵が、1852年8月30日の最後の勤務を永遠に伝えるためのものである。

動員令

「8区区長は総動員令が布告されたことを区民にお知らせします」。ミサはおこなわれる【転義で「状況は変化しない、後もどりはできない」】。動員は1914年8月2日となっているが、ロワイヤル通り1番地に掲げられている布告文が、オリジナルだったかどうかは定かでない。それはあきらかに1970年代に掲示されたフォトコピーであり、埃をかぶったショーウィンドーの向こうで静かに黄変しているからである。

メダイヨンと王室調度品

建築家のアンジュ＝ジャック・ガブリエル【228頁参照】はコンコルド広場の片側だけに、ロワイヤル通りを彩る同じつくりの建物を2棟建てた。ごく当然なことながら、この建物は同じ幹線道路（現在のリヴォリ通り）に位置するルーヴルの列柱廊から着想を得ている。海軍館（旧海軍省）の建物の東側破風には、白いすべすべした大きなメダイヨンに上体をもたせかけた女神像が彫られている。民衆の至福を表わす寓意像である。かつてその上方にはルイ15世の肖像も刻まれていたが、フランス革命期に慎重に削り取られ、それと同時に、広場の中央にあった国王の騎馬像も打ち壊された。そして、革命政府は旧王室調度品倉庫を国家の管理下に置いたということを市民たちに知らせるため、海軍館のサン＝フロランタン通り寄りのコーニス【建物の各層を区切る装飾水平帯】の下に、こう記した。「国有財産」（ただし、文字はほとんど消えかかっている）。

パリ内奥部の風変わりな散策

技術者のウジェーヌ・ベルグラン【1810-78。オスマンのパリ改造事業に参加した】によって整備されたパリの下水渠は、1894年、市民に開放された。この施設に関心のある者は、返答用の封筒に切手を貼って、セーヌ県知事に書面で申しこまなければならなかった。見学者グループは毎月2回、セバストポル大通りの地下水路で組織された。そして、物見高い人々は機関車がひくトロッコに詰めこまれた。1920年には方式が変わり、ボートに乗ってアスニエールの下水渠網を訪れるようになった。コンコルド広場から地下に降り、ボートでロワイヤル通りの下水渠を一巡したのち、マドレーヌ広場から地上に出るのである。

1975年からは下水渠博物館として整備された地下水路を歩いて見学できる。その入り口は、アルマ橋に近いオルセー河岸通り93番地の真向かいにある。コンコルド広場のセーヌ側に置かれた、旧地下入口の大きな金属板は、かつてそこが出発地点だった風変わりなボート観光の最後の証拠となっている。

パリ歴史文化図鑑——パリの記念建造物の秘密と不思議

凱旋門
(1757-63年)

1885年5月のヴィクトル・ユゴーの葬儀。凱旋門の下に棺台が設けられた。

- 創建者：ナポレオン1世
- 計画・目的：フランス軍の栄光をたたえる巨大な凱旋門を築くと同時に、彫刻家たちに仕事を与えるため。
- 建築家：ジャン＝フランソワ・シャルグラン
- 規模：高さ49.54メートル、幅44.82メートル
- 革新的特徴：壮大な外観。ローマにあるコンスタンティヌスの凱旋門の2倍の高さで、世界最大のメニュメント。
- 反響：凱旋門内部に刻まれた軍事的英雄の名前から、数多くがはずされたことに対する不平不満。
- 有名因：国家的行事がここで連綿と営まれていること。
- はぶかれたもの：巨大な象、オベリスク（コンコルド広場のそれはまだなかった）、夜間に照らし出される大時計をもつ円柱。
- 所在：シャルル＝ド＝ゴール広場（8番地）
- 最寄駅：RER線シャルル・ドゴール＝エトワル駅

たしかに誇らしげで巨大ではあるが、4本の柱の上の屋階からなるこの凱旋門だけを建設するのに、じつに30年もかかった。まさに躊躇と急展開の連続だったからである。政治的・経済的な激動にもかかわらず、建設計画はおぼろげながら進んでいた。ただ、古代ローマに夢中だったナポレオン1世は、自分の軍隊をたたえるための凱旋門を望んでいたにもかかわらず、この種の建造物をさほど評価していなかった。その思いは1806年に書かれたつぎのようなメモからもみてとれる。「凱旋門の建設などというものは、なんの結果ももたらさないむだな事業であり、それが建築学ないし建築法をうながすことができないなら、建てるつもりはない」。だが、やがて考えを変えた。

当初、ナポレオンはパリの4か所に凱旋門を建てる予定だった。「20年のあいだ、フランスの彫刻を育てる」。それが建前だった。問題は場所をどこにするか。バスティーユあたりか（最終的に2か所だけとなった。エトワール広場とカルーゼル広場【ルーヴル宮殿】の凱旋門である）。皇帝は賛否両論を秤にかけ、パリの市域から離れた、なにもない平原の見捨てられた丘を選んだ。そこはテュイルリー宮から広々と見渡せる地でもあった。だが、労働者たちはその工事現場に働きにくるのを嫌がった。現場が遠いだけでなく、夜ともなれば物騒な場所になるからだった。

麦の取引に対して課された税が凱旋門建設費用の一部に充当され、工事は建築家ジャン＝フランソワ・シャルグラン【154頁参照】の指揮下で始まる。彼は基礎をしっかりとしなければならなかった。土地がほとんど使える状態でなかったため、基礎工事には少なくとも2年を要した。この地質学的な困難さなどの悪条件が重なって、工事は遅れた。いや、非常に遅れた。皇帝ナポレオンはそれにいら立ちを隠さなかった。マリア・ルイザ【1791-1847。神聖ローマ皇帝フランツ2世の娘】との挙式が1810年4月に迫っており、婚礼の行列が凱旋門の下を通ることになっていたからである。そこでシャルグランは間に合わせの凱旋門を組み立て、その上にだまし絵を描いた布地をかぶせた。

大工たちは日給4フランだったが、この緊急事態につけこんで、賃金の増額を要求した。まず9フラン、つぎに18フラン、さらに24フランまで要求したのである。結果はどうだったか。警視総監によって徴用された彼らは、最終的に増額がかなわず、くわえて工事現場を離れることも禁じられた。これに違反すれば、将来、パリで職探しができなくなった。こうして凱旋門のひな型が完成する。出来栄えは感動的なものだった。

1812年、ナポレオンは一連の敗北から立ち直る。しかし、凱旋門の工事は優先事項ではないとして、等閑視されてしまう。金銭的な援助を絶たれた現場は以後10年以上も捨て置かれることになる。事態が一変し、4本の支柱もアーチの高さ、つまり地上20メートルあたりで工事がストップした。おそらく1824年、国王ルイ17世【在位1814-15／1815-24】は工事を再開させた。だが、工事が本格的に進捗したのはルイ＝フィリップ時代の1832年から36年のあいだだった。そこでは総勢22人の彫刻家たちが腕を振るい、19世紀のもっとも重要な彫刻群を仕上げた。

ナポレオンは「パリに来る旅行者たちに強い称賛の念を引きおこす壮大なモニュメント」を望んでいた。たしかにその望みは実現した。凱旋門が国家の象徴的なモニュメントになったからである。そんな彼の遺灰は1840年、一時アーチのあいだにとどめ置かれたが、ここで真に手本となった葬儀は、ヴィクトル・ユゴーのそれだった。1885年5月29日から30日にかけて、無数の人々が見守るなか、彼の棺台がここを通った。以来、凱旋門は歓迎行事の舞台となり、1944年8月25日には祖国解放の第2機甲師団の戦車が到着した際や、1998年のワールドカップでフランスのサッカーチームが優勝した際には、それを祝って民衆が歓喜雀躍する場ともなった。

ソフィーの叫び

凱旋門の迫台はそれぞれ巨大なレリーフで飾られているが、多くの人々はそのうちの1点しか注目しない。フランソワ・リュード【1784-1855。新古典主義からロマン主義への転換期に活躍した彫刻家で、当初はボナパルト派だったが、のちに共和派に転向して、1848年に憲法制定会議議員となった】の『ラ・マルセイエーズ』ともよばれる『1792年の義勇兵たちの出発』である。こうした民衆の偏愛はその後もみられた。第2次世界大戦時、ここだけが砂袋を山と積まれて、爆撃から守られたからだ。

レリーフの中央にいる有翼の女性は勝利の祖国の寓意像で、味方の軍隊を叱咤激励している。その表情や輪郭を彫るため、リュードは妻のソフィーをモデルとし、痙攣するまで叫ぶよう頼んだという。それに対し、当然のことながら批判が噴出した。たとえば注文を受けそこなって苦杯を味あわされた彫刻家のダヴィッド・ダンジェ【1788-1856。同時代や歴史上の人物たちをモデルとした肖像メダイユの連作で知られる】は、こう難じている。「もし(この勝利像)が大股で歩くなら、彼女はなぜ翼を広げているのか。もし飛ぶなら、なぜ走っているかのように全開脚なのか?」。同様の問いかけはほかにもあった。前面に見える男の大胆な裸体は、オベリスク(234頁参照)の不都合な表現を削除するのをためらわなかった当時の行政的な羞恥心から、いかにして逃れえたのか、という問いかけである(東側ファサードの北側支柱)。

パリの建築・遺産博物館に展示されているフランスの寓意像「ペーメー」【ユピテルの使者】の頭部複製。

忘れられた者たちからの悪評

1835年、凱旋門はほぼ完成した。だが、欠けているものがあった。だれもそれに気づかなかったが、拱門内側の壁にまったく装飾がなかったのである。そこで考えだされたのが、戦争や共和政および帝政の将軍たちの名前を刻むということだった。そして委員会が組

織され、その名簿を作成した。リストアップされた384人の名がこうして刻まれたが、それはアルファベット順ではなく、とくに戦場や軍隊の階級を考慮しての順だった。しかし、このリストはきわめてよく考えて作成されており、戦死した英雄たちについては、その名前が強調されて刻まれているため、容易に見きわめることができる。

だが、除幕式が終わるとすぐ、数多くの手紙が内務大臣のもとに舞いこんだ。それらは父親や息子、つまり忘れられた英雄たちの名前が刻まれていないことに対する憤りの手紙だった。そこでおのおのの事例が調査され、幾度となくリストが修正されたが、それはさらなる要求を促すことになった。こうして新しい名前が追加され、その結果、ナポレオン1世の弟であるルイおよびジェローム・ボナパルト【ルイ(1778-1846)はオランダのなかにナポレオンが樹立した衛星国家ホランドの国王(在位1806-10)。ジェローム(1784-1860)はナポレオンの末弟でフランスの傀儡国家ヴェストファーレンの国王(在位1807-13)】の名前は、最初のリストから除かれていたが、なんとかより高い装飾帯のあいだに滑りこんだ。最後の苦情は1895年に寄せられたが、なんとか解決した。最終的にリストに盛られた将軍は660人、戦いは128か所におさえられた。

ユゴー将軍の場合

ヴィクトル・ユゴーもまた、この愛する者がリストアップされなかったという「失望」を共有していた。彼の場合、それは父親だった。1837年に書いた詩「凱旋門」にはつぎのような献辞が記されている。「1791年に生まれ、1803年に大佐（連隊長）、1809年に少将、1810年に地方総督、1825年に副司令官、1828年に没したユゴー伯にして国王軍副司令官ジョゼフ・

レオポール・シジスベールに捧ぐ。エトワール広場の凱旋門に名前載せられず」。

リストの作成委員会は、詩人の父親が凱旋門に名前を刻むだけの資格がないとした。それは、この父親の将軍という肩書を、ナポレオンから認められなかった国王ホセ1世【在位1808-13。ナポレオンの兄ジョゼフ。スペインの近代化に意を尽くしたが、自治権をめぐって弟と対立した】に仕えていたスペインで得たからだった。父親が祖国に対しておこなったさ

まざまな奉仕を考えれば、ユゴーが父親の名前がしりぞけられたことに苦い思いを抱いたとしても当然だろう。

こうしたユゴーの思いは、偏向的な名前、たとえばジャン＝バティスト・ベルナドット元帥【1763-1844。ナポレオンの義姉の妹だったことでスウェーデン国王として送りこまれたが、まもなくナポレオンに背き、1813年、第6次対仏大同盟の一翼をになった】や、ジャン＝シャルル・ピシュグリュ将軍【1761-1804。さまざまな革命戦争に参加し、1794年、北部方面軍の指揮官となるが、陰謀家で、のちに王党派に寝返った】。さらにシャルル・デュムリエ将軍【1739-1823。革命戦争のヴァルミーの戦い（1792年）で勝利してベルギーを解放するが、オランダ攻撃に失敗して、敵軍に寝返った】といった売国奴の名前が刻まれているだけに、激しい憤りへと変わった。

誤記と修正

このリストには788人の固有名詞が載っているが、そのうちの200人の表記に問題があるのだ。不完全な名前や小辞が欠けている、アクセント記号が間違っている、ひとつの名前が2つに分割さ

フランソワ＝ド・シャスルー＝ローバ将軍【1754-1833。一連の革命戦争とナポレオン戦争で軍功をあげた】の息子たちは、1841年、同名の参謀副官と区別するため、ローバの名をシャスルーにくわえるよう求めた。これを受けて、数少ない事例だが、ローバ（Laubat）の省略形（AT）が指数のように追加された。

れている、2つの姓がひとつにまとめられている…といった問題である。くわえて、綴りの間違いも全体で52ある。さらに、Bouvier des EclazがBouvier des Eatzに、Houdard de LamotteがH^ard Lamotte、Ledru des EssartsがLedru des Ess^tsといったような縮約形もある。戦争名のFuentes d'OñorがFuente d'Ouoro【フエンテス・デ・オニョロの戦いは、1811年のフランスとイギリス・ポルトガル連合軍との戦い】、ValmyがValmiと表記されてもいる。

ただ、書き手たちの弁護のために、つぎの点を明確にしておこう。フランスの姓が固定するようになったのは、1794年8月23日の法律によってであり、最終的にそれが実施されたのが、1877年の家族手帳の登場からにすぎないということである。したがって、こうしたおおまかな綴りがそれらしいものとして表記されたのはやむをえず、のちにそれらは修正された（次項参照）。戦死ないし戦場で受けた傷がもとで命を落とした人々の名前もまた間違っており、しばしばその修正箇所に下線が付されている。

発音しにくい名前

ヴォロドコヴィッチ伯爵夫人は、凱旋門に夫ジャン＝アンリ・ド・ヴォ

むき出しの頭

凱旋門のシルエットはあまりにも見慣れているため、それが先頂に装飾がない未完成のものであることを忘れさせる。しかし、未完成なのはアイデアが欠けていたためではない。むしろその反対で、先頂の水平部に並列4頭立ての2輪馬車や、地球の上に立つ皇帝像、巨大な星、雄鶏たちで飾られた王冠、さらに鷲【後出】やユリの花【フランス王室の象徴】などを据えようとした。バスティーユ広場の図面からかつての巨象建設計画を採用しようとさえした。だが、ためらいがそれを妨げて、結果的には無しとなった。

巧みに計算された放射路

1853年になされたエトワール広場の整備工事の際、建築家のジャック＝イニャス・イットルフ【230頁参照】は、既存の通りをまたぐ凱旋門を内側にふくむ、連続する箱型の建物でアーチを囲むことを考えたが、そのアイデアは受けいれられなかった。しかし、凱旋門は、それとのかかわりで4つにグループ化された、対称的な12本の大通りの収斂点となっている。凱旋門の上に登れば、これら4グループがはっきりとわかる。そのうちの2本（シャンゼリゼとグラン＝ダルメ）は幅70メートルの大通りで、中心線が凱旋門のファサードに通じている。別の2本（ヴァグラムとクレベール）は幅36メートルの大通りで、凱旋門の横ファサードを起点とする。他の4本（フォシュとフリードランド、マルソーとカルノ）はそれぞれ幅40メートルで、凱旋門をはさんで対角線上に敷設されている。残りの4本（ヴィクトル＝ユゴー、イエナ、オシュ、マク＝マオン）は幅36メートル。これらもまた凱旋門から対角線上にのびている。

凱旋門

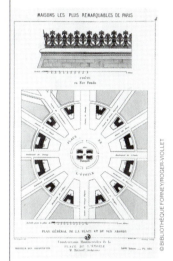

テオドル・ヴァケル『パリでもっとも見事な家屋』（図版4）【1870年、パリ】。下は1860年のエトワール広場と周域の全景。

ロドコヴィッチ【1715-1825。リトアニア出身のポーランド人将軍。革命戦争とナポレオン戦争でフランスについて活躍した。ジャン＝アンリはフランス語名】の名を探した。だが、それを見つけることができなかった。そこで彼女は想い出した。夫の名前が発音しにくいので、同僚たちやナポレオンまでが彼をジャン・アンリ（Jean Henry）と呼んでいたことを。とすれば、凱旋門の西側の柱にアンリ（Henry）と刻まれているのがおそらく夫なのだろう。それを確認した夫人は、1836年、この名を本当の姓に変えるよう求めた。しかし、それは徒労に終わった。

ベンチマーク
詳細は「ポン＝ヌフ橋」の項を参照されたい。

緑の植えこみ

　凱旋門は12棟の豪壮な大邸宅に囲まれている。同じモデルで建てられたこれらの邸宅は、それぞれ凱旋門の周りを環状に走る通り、すなわちティルシット通りとプレスブール通りに面した前庭を有している。建物の高さは比較的低く（16メートル）、凱旋門が影にならないよう計算されていた。だが、オスマン男爵はそれが気にいらなかった。広場の規模と比較して、これらの邸宅はあまりにもみすぼらしい。そう思ったのである。そこで彼は広場の周囲に数多くの木を密かに植えさせたのだった。

無限旋回の揺りかご

　凱旋門の周りをまわるドライバーたちは、自分が無限旋回の揺りかごのなかに入りこんだことに気づくだろう。エトワール広場は1907年、ウジェーヌ・エナール【1849-1923。建築家・都市計画家。1900年の万国博建築部門責任者で、全仏都市計画学会創設メンバー（1911年）】によって、「ロータリー交差正常化システム」を実施するために選ばれた。これはロータリーの衝突地点が完全になくなることを約束するものであり、それ以来、右ハンドル車の神聖不可侵の交通法規が遵守されるようになった。その際、彼は時計の針とは

1926年のエトワール広場。ジェルメーヌ・クルル【1897-1985。ドイツ人女性写真家】『パリの交通』より。

反対方向の走行を選び、警視総監の同意をえて、エトワールのロータリーをこのシステムに変えた。
　今日の運転慣行は当時のドライバーたちのそれとは反対である。そんな彼らに、ロータリーを1周するかわりに、時間を節約して、左方向に行く場合は自発的に左まわりという良識から逸脱することを「教育する」のはむずかしかった。条例にはこう明記されている。「一般的に凱旋門の周り

を走行する車両は右まわりとする。ただし、広場に続く大通りの1本から出て、すぐとなりないし左側の大通りに向かう場合は例外とする」。しかし、広場で交通整理をする警官たちにとって、これは管理がむずかしい例外規定であるということが速やかにわかり、「左まわり」は禁止された。こうした試行錯誤をへて、1908年、この右まわりシステムは全国でも正式に施行されるようになった。

禁じられた偉業

1919年8月7日朝7時、ジャーナリストや写真家、さらに「シネマトグラフの撮影技師たち」12人ほどが、シャンゼリゼ大通りの上手を行きつもどりつしていた。彼らは完全に非合法なため、秘密裏に準備されたあるイベントを待っていたのだ。飛行士のシャルル・ゴドフロワ【1888-1958】が愛機「ベベ」を駆って、これから凱旋門のアーチの下をくぐるというのである。ほら話か、それとも虚栄心のためか。前月の14日、第1次世界大戦で軍用機が大量に参加して勝ち取った勝利を記念して、飛行士たちは歩兵隊にならって歩いてパレードをするよう促されていた。空の英雄たちはそれを侮辱だと思い、それへの反抗として、この狂った賭けにでたのである。

ゴドフロワはまずミラマ橋の下で妙技を披露し、ついで問題の8月7日、イシ＝レ＝ムリノーを飛び立って、グラン＝ダルメ大通りの街路樹の上にやってきた。彼が搭乗した複葉のニウポール戦闘機は翼幅8.1メートル。凱旋門のアーチの下では、両側の余裕はそれぞれ3メートルしかなかった。愛機はぎりぎりのところでそこを通過した。この偉業は撮影されたが、警察当局はフランス国内での上映を禁止した。だが、それはなにほどのこともなく、フィルムは外国で大成功をおさめた。それ以来、戦闘機は軍事パレードになくてはならない存在となっている。

数字の6

第1次世界大戦では137万5000人もの兵士が命を落としている。砲撃によって遺体がずたずたにされて散逸したため、身元の特定もさほど熱心になされぬまま、死体置き場に放置された。痕跡を残さず、墓もなしに姿を消していく。兵士たちは強迫観念にさいなまされた。実際、数十万の兵士たちがそうした運命にあった。国家がこれら戦死者たちをたたえる。一部の作家や議員たちはそれをライトモチーフとして書き、主張した。こうしてひとりの無名兵士を、すべての兵士の象徴としてたたえることになった。当初はこの無名兵士をガンベッタ【156頁参照】の心臓と同じ日にパンテオンに埋葬しようとした。だが、これには愛国主義の右派から猛反発を受けた。それよりコンセンサスがえられる凱旋門が選ばれた。残る問題はどの遺体を選ぶかということだった。軍服からフランス兵であることはわかるものの、身元まではっきりと特定できないからだった。

ちなみに、戦闘がくりひろげられた8防衛区域（アルトワ、ソンム、イル＝ド＝フランス、シュマン・デ・ダム、シャンパーニュ、ロレーヌ、ヴェルダン、フランドル地方）の兵士たちは、上記の基準、すなわち無名兵士たちの象徴となるような兵士の遺体1体を、秘密のままになっている場所から掘り出すよう願い

パリ歴史文化図鑑――パリの記念建造物の秘密と不思議

出た。こうして1920年11月10日、防衛区域のそれぞれから選ばれた8基の柩が、ヴェルダンの地下要塞に安置される。やがて戦争中に行方不明となった兵士の息子で、同じ兵士であるオーギュスト・タン【1899-1982】が、ヴェルダンの戦場で摘まれた花の束を、これら柩のうちのひとつに置いた。なぜそれなのか。タンはこう言明したという。「私の考えは単純です。私が第6軍団に配属されていたからです。さらにいえば、私の第132連隊は、その数字の和が6でもあるからです。これにより、私は決心しました。6番目に出会った柩にしようと」。

無名兵士に捧げるために点火するド・ゴール将軍。1958年6月18日。

永遠の炎

1923年、無名戦士の平墓石に、永遠の追悼を象徴する炎をくわえることが決まる。それは独創的な発想だった。古代ローマのウェスタ巫女【火の女神ウェスタに仕える処女たち】の時代以降、その痕跡は、ローマのアルターレ・デッラ・パトリア（国父の祭壇）を除けば、他のどこにも見つからなかった。ここでの聖火は空に向けた大砲の砲口から噴き出ており、点火装置として剣がもちいられている。この炎はとぎれることなく輝き、退役軍人や戦死者たちのいずれかの組織によって毎日蘇っている。質素だが感動的な点火儀式はこのうえもなく静かに営まれ、無名兵士の墓の前ではいかなる演説もなされない。

点火式の式次第は変わることがなく、毎日18時30分、聖火保存委員会のメンバー数人が追悼の火を蘇らせるために交替で訪れる組織の代表たちを出迎える。代表たちの先頭は花束を抱え、その後ろに旗手たちが続き、平墓石の西側に円状にならぶ。やがてラッパが吹かれ、太鼓が打ち鳴らされると、それが点火の合図となる。剣が振られ、戦死者たちを弔う鐘が鳴らされ、そして国旗が静かに傾けられる。それから参加者たちは芳名帳に署名し、散会する前に、慣例化した賛歌が歌われる。この聖なる火は決して消えることがなく、それはパリ占領時でも同じだった。こうした点火式はまたドイツ軍によって許可された唯一の日常的な行事でもあった。

車いすでの横断注意

1957年、シャンゼリゼ大通りとグラン＝ダルメ大通りの中央分離帯を結ぶ、通称「追悼の地下道」が敷設された。それ以前、エトワール広場の広大なロータリーを横断するには、かなりの勇気と軽率さが必要だった。今日でもなお歩行が困難な人々、つまり身体障害者や傷痍軍人たちは、勇気のあるところを示さなければならない。だが、この地下道は車いすでは入れない。57段もの階段が2か所にあるからだ。建設に際して、当局は勾配がゆるやかなスロープを設けるよう決定したが、それは「モニュメントの全体的な美観」と相いれないとされた。その愚かしさは今も続いている（！）。ただ、たとえ車いすで無事に横断できたとしても、ナポレオンの百日天下を象徴する100本の石柱に支えられた重い鎖を越えなければならない。

凱旋門

ロシア人形
「ルーヴル」の項参照。

美しい日没
年に2度、5月10日と8月2日の21時20分頃、シャンゼリゼ大通りの中

心線から見ると、太陽が正確に凱旋門の下に沈む。同様に日の出を見る場合は、2月7日と11月4日頃の早朝、グラン・ダルメ大通りに立てばよい。

満艦飾からの俯瞰
各種の国家的記念行事の日、1旒の巨大な三色旗（満艦飾とよばれる）が凱旋門のアーチの下に翻る。これはアーチ天井の中心部にあるロザース（円花飾り）に固定され、聖火近くの地面に向けて掲げられている。三色旗がないときは、ロザースの穴にはカメラが1台据えられ、30メートル下の床面を映す。その映像は屋階の部屋に直接送られ、スクリーンに投影される。

屋階の棕櫚
屋階の部屋には284段の螺旋階段が通じている。その壁にはブロンズ製の棕櫚の枝がかかっている。無名兵士とその他すべての兵士たちの勇気に捧げられたものである。勝利の象徴である棕櫚の葉は、あるいはヤシやオリーヴ、月桂樹、コナラなどの葉かもしれない。

雄鶏と鷲
凱旋門のそれぞれの柱では、2種類の家禽、すなわちナポレオン・ボナパルトを象徴する鷲と、ルイ＝フィリップを象徴する雄鶏が共存している。共和政を帝政に変えたとき【1804年】、ナポレオンは国家的な象徴である雄鶏を鷲にとり替えた。「雄鶏はもはや力がなく、フランスのような帝国のイメージには似つかわしくない」からである。ルイ＝フィリップが玉座につくと【1830年】、雄鶏の名誉を回復し、この誇り高く勇敢な家禽を国民軍の旗と軍服のボタンに描かなければならないとする王令に署名した。しかし、2003年と2007年の修復キャンペーンの際、屋階の部屋（棕櫚の壁の向かい）に、皇帝の鷲の絵のために隠された雄鶏の彩色画がみつかっている。

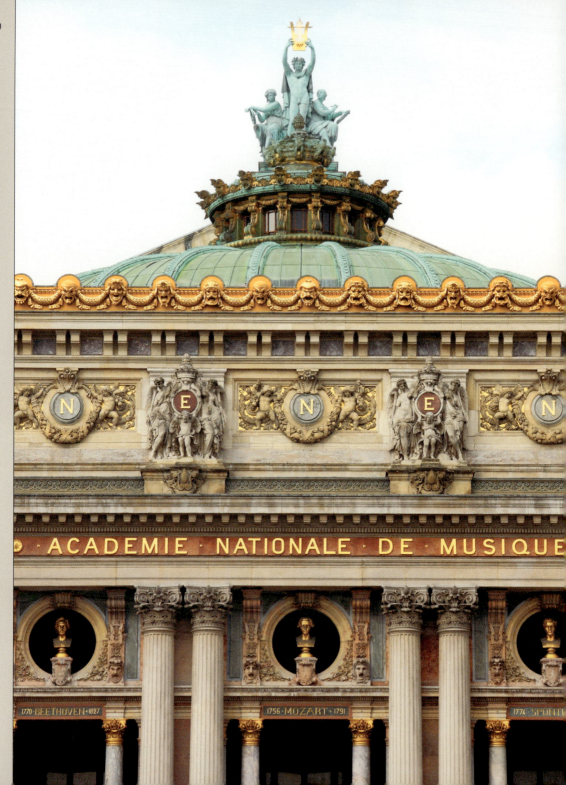

パリ歴史文化図鑑——パリの記念建造物の秘密と不思議

オペラ・ガルニエ宮
（1861-75年）

- 創建者：パリ市、ナポレオン3世
- 計画・目的：ある攻撃を逃れたあと、ナポレオン3世はより安全な観劇ホールを建てようとした。
- 建築家：シャルル・ガルニエ
- 革新的特徴：新しい折衷主義的な様式、通称「ナポレオン3世様式」ないし「第2帝政様式」の表現。
- 反響：批評家たちは建物外壁の過剰装飾を非難したが、ホールの美しさは称賛した。民衆はその全体に魅了された。
- 有名因：構造の複雑さと新機軸、さらに公演プログラムによる。
- 所在：オペラ広場（9区）
  最寄駅：地下鉄オペラ駅

シャルル・ガルニエの胸像、オペラ座の裏側。

　1850年代、新しいオペラ座の建設計画がささやかれていた。ル=ペルティエ通り【9区】のオペラ座【1821年こけら落とし】が狭く、老朽化しており、アクセスも不便だったからである。1858年1月14日、イタリア人のフェリーチェ・オルシーニ【1819-58。伯爵でリソルジメント（イタリア統一運動）を推進したカルボナリ党員】とその仲間たちがナポレオン3世【皇帝在位1852-70】を攻撃した。イタリア半島への軍事的介入に対する復讐で、これにより事態が一変する。テロリストたちはル=ペルティエ通りのオペラ座周辺で幾度となくみられる混雑を利用して、オペラ座に到着した皇帝夫妻の馬車に爆弾を投げつけたのである。その結果、8名が命を奪われ、142名が負傷した。夫妻は奇蹟的に難を逃れたが、衝撃を受けた。この事件の翌日、ナポレオン3世はより美しく、より安全な新オペラ座を、より良好な場所に建てることを決心した。
　こうして建設計画が公募される。これは君主が恣意的に建築家を選んでいた当時の慣行からすれば、きわめて驚くべきことだった。応募された計画案は171件。そのなかには皇后ウジェニー・ド・モンティジョ【1826-1920】自身とヴィオレ=ル=デュク【「ノートル=ダム」の項参照】の共同応募もあった。それはネオゴシック様式の劇場計画案だった。だが、審査員たちは作者名を伏せて提出されたひな型を検討し、当時まだ駆け出しで無名に近かったシャルル・ガルニエ【1825-98。1860年にパリ市の専属建築家となる】の計画案を採用した。

　その結果に地団駄を踏んだ皇后は、ガルニエの計画案を前にして、こう叫んだという。「この様式は一体なんですか？これは様式などというものでもない。ギリシアでもルイ14世でも、ルイ16世の様式でもないでしょう！」。それに対し、ガルニエは返答した。「いや、皇后陛下、それらの様式はその時代をつくったものです。これはナポレオン3世の様式であり、皇后陛下はそれを非難されておられるのですよ！」。かたわらにいた皇帝は、おそらく小声でガルニエに言った。「気にしないで。彼女はなにもわかってはいないのだから」。
　19世紀最大の、そしてもっとも複雑なこの壮大な

外部

建物のために、ガルニエは生涯の15年を捧げ、ならべればじつに33キロメートルにもおよぶ図面を引いた。基礎工事から装飾の細部にいたるまで監督もした。だが、歴史の皮肉と言うべきか、1875年1月5日の落成式当日、招待客のリストにその名前がなかったため、彼は3階ボックス席の席料を払わなければならなかった。この「無視」に近い扱いは、失脚した皇帝お抱えの建築家に対する新しい政府の軽蔑を表したものだった。そんな彼の慰めとなったのは、こけら落とし【プログラムはロッシーニの『ウィリアム・テル』ほか。マクマオン大統領、ロンドン市長、スペイン国王のアルフォンソ12世らが臨席した】のあと、観衆が彼に熱烈な喝采を送ってくれたことだった。

パリ・オペラ座は、こういってよければもっとも神話的な建物のひとつである。それは想像を超えるような伝説と結びつけられているだけでなく、とくにそのプログラムの質に由来する。その年間の座席利用率は96-97パーセント。これに匹敵する利用率を誇る劇場はほかにない。さらに、公演には75の職業的な団体に属する1500人を動員してもいる。彼らのなかには、オペラ座のおかげで生計がたてられている少数の専門家たちもいる。これら公演を支える陰の芸術家たちは、門外漢を惑わすような呼称（第1階下、第5セルヴィス、中2階など）——グリルや中庭、庭園、ホリゾントなどと名づけられた空間もある——がついた、13層からなる正真正銘の迷路を走りまわっているのだ。

皇帝の出入り用スロープ

暗殺未遂（本項序文参照）をかろうじて逃れたナポレオン3世は、新しいオペラ座の安全が最大限図られることを望んだ。こうした攻撃に対応するため、シャルル・ガルニエはオペラ座の裏手（スクリブ通り側）に、皇帝とその従者たちが馬車から降りることなく建物内に入れるような、二重のスロープを考えた。安全のために、悪天候を避ける待合所も設けた。この新しい創意のおかげで、4輪馬車は前桟敷（貴賓席）に通じる複数の部屋のからなる「皇帝のパヴィリオン」に直接入ることができた。

シャルル＝ガルニエ広場

支援者たちのパヴィリオン

「支援者たちのパヴィリオン」は、オペラ座の西側に位置する「皇帝のパヴィリオン」と対をなしている。それは後者のようなスロープを備えていないが、前記待合室に直接行くことができる。4輪馬車はそこに入りこみ、ドアの近くに乗客、つまり特権的な人々を降ろしていた。彼らはそこから「支援者たちのパヴィリオン」やフォワイエ・ド・ラ・ダンス【バレリーナが出番を待つ舞台裾の部屋】に入ることができた。一方、バレエ団のリハーサル室とよばれる個所は、かつては「週3日の予約客たち」に開放されていた。彼ら常連がバレリーナたちと

たやすく会えるようにするためである。

　これらの紳士たちはフォワイエ・ド・ラ・ダンスの上に突き出た通廊を歩きまわり、リハーサルに内密に立ち会ってもいた。そんな彼らがひとりのバレリーナを誘うのを妨げるものはなにもなかった（そこから「踊り子をものにする」という表現が生まれている）。見方を変えれば、そのリハーサル室からパトロンを物色したのはむしろ淑女たちだったとも考えられる。だが、こうした慣行も1930年代までだった。常連たちがフォワイエ・ド・ラ・ダンスや舞台裏に入ろうとしても断られるようになったからである。

ジャック＝ルシェ広場

強制わいせつ罪

　ガルニエはオペラ座を飾る画家やモザイク画家、彫刻家を自分自身で選んだ。そのうちのひとりである彫刻家のジャン＝バティスト・カルポー【1827-1875。ローマ大賞受賞者で、シャルル・ガルニエの胸像やリュクサンブール公園の泉に据えるための女性群像『世界の4部分』も制作している】は、群像『ラ・ダンス』を手がけることになった。

　だが、他の彫刻家たちとは反対に、彼はきわめて単純な造形で寓意的な人物像を表現した。前面にニンフたちの扇情的な裸体を配したのだ。それは世間の顰蹙を買った。第2帝政の厳格な社会にとって、あまりにも写実的で官能的だったからである。こうして抗議が相つぎ、新聞・雑誌もそれを非難した。女性や子どもたちがオペラ座の前を通るのを禁じられたほどだった。1869年8月27日には、だれかがこの偏向的な大理石の群像にインク壺を投げつけたりもした。ニンフたちの腰と手首についたインクのシミはいくら消そうとしても完全には消えなかった。

　カルポーがこれらの彫像を布で覆うことを拒むと、人々は群像を撤去するよう求めた。ガルニエはその要求を受けいれ、作品をオペラ座のファサードから撤去し、フォワイエ・ド・ラ・ダンスに移した。ところが、今度はバレエ団が要望書を出してそれに反対した。だが、1870年に普仏戦争が勃発してこのいざこざは棚上げとなり、1875年にはカルポーが他界して一切の論争が沙汰止みとなった。それから80年以上たった1960年頃、大理石の群像は大気汚染の浸食をこうむり、ポール・ベルモンド【1896-1982。古典的伝統の彫刻家・学士院会員。俳優のジャン＝ポール・ベルモンド（1930生）は息子】が制作した複製にとり替えられた。オリジナルはその染みとともにオルセー美術館にある。

裸の大通り

　辞書は建前を語る。それによれば、大通り（アヴェニュー）とは街路樹が1列ないし数列に植えられた幹線道路だという。だが、オペラ大通りは例外である。オペラ座が建てられてから開通したそれは、オスマンの大改造計画には入っていなかった。この大通りは、テュイルリー宮殿の居室からオペラ座まで快適かつ安全におもむくことを望んでいた、ナポレオン3世の注文で敷設されたからである。オスマンは

内部

他の大通りでおこなっていたように、オペラ大通りの両側に賃貸用建物と1列の街路樹を配した。

1870-71年に撮られたシャルル・マルヴィル【1813-79。オスマンによるパリの改造前と最中の街なみをカメラにおさめた写真家】の1葉の写真は、帝政の瓦解時になおも完成していなかったこの大通りの両端に、樹木が植えられたことを示している。ガルニエはそれを知ってオスマンに激しく抗議した。いうまでもなく、樹木の幹や葉によって、オペラ座が遠望できなくなるからだった。1873年にセーヌ県知事となったフェルディナン・デュヴァル【1829-96】が、ガルニエの抗議を受けいれ、街路樹をすべて伐採させた。

高所の巣箱群**

1982年、養蜂に情熱を傾けていたある小道具係が、オペラ座の屋根の一角に蜂の小さな巣箱を置いた。首脳陣はそのことを知らなかったが、この巣箱設置は一時的なものでしかなかった。農村部に移って分蜂する時期が迫っていたからである。しかし、1週間後にそこにもどった小道具係は驚く。巣箱から蜜がしたたり落ちていたのだ。あきらかにパリは蜜蜂たちにとって住みやすい地であった。寒がりのミツバチたちは理想的な微気候を享受できたからである。他所よりも風は弱く、温度も多少高い。開化の時期も早く、働きバチたちはより活発となる。さらにここでは殺虫剤の恐れもなく、捕食者に遭遇することも少ない。そして、きわめて多様な活動の場(花瓶、公園、ブドウ園、墓地など)に恵まれてもいる。

こうしたパリで働きバチたちはすばらしい日々が送れ、農地の隣人たちより3倍以上の生産性を発揮できる。このハチたちが集める花蜜は金色で水分が多く、多少スパイスが利き、シナノキの花の風味が強い。今日、このパイオニア的な巣箱は10個、大広間の屋根の上にあり、蜂蜜はオペラ座の土産物屋で売られている。ただ、今では他のモニュメントにもライバルが数多く現われている。

出し入れする宝石**

オペラ座で観劇する際、裕福な貴婦人たちは自宅から宝飾品をつけずにパリの街を横切ったものだった。オペア座に着くと、彼女たちは「支援者たちのパヴィリオン」のなかで4輪馬車を降り、ひとりないし複数の下女をつれて、ガルニエ宮から急ぎ足で地下道に入り、その先のソシエテ・ジェネラル銀行【1864年創設】に向かった。彼女たちの宝飾品が金庫に保管されていたからである。観劇が終わると、貴婦人たちはやってきた経路をもどり、金庫に宝飾品をしまいこんだ。この地下道は今も一部が残っている。一般人には閉じられている廊下には、オペラ座の地下室へ降りていく階段の扉があり、そこから地下道を通れば、ソシエテ・ジェ

ネラルの旧本社に出ることができた。

偽名の公爵夫人

オペラ座の大階段の下、一種の洞穴のなかに、ピティの泉水がある。ここに置かれているブロンズ製の影像は、芸能・芸術の神アポロンの神託をつかさどる巫女ピティを表したものである。「マルセロ(Marcello)」という署名が刻まれたこの影像は、実際にはカスティ

リオーネ＝コロンナ公爵夫人アデール・ダフロ【1836-79。スイス人彫刻家・画家。マルセロという偽名は1863年からもちいた】の作である。自由な精神の持ち主で、ナポレオン3世の友人かつ礼賛者でもあった彼女は、同時代人からさほど評価されていなかったが、才能に溢れた芸術家だった。そんな彼女が男性名で署名したのは、当時、上流階級の女性が彫刻に没頭すれば顰蹙を買ったからである。噴水の水盤はもとはスイレンで飾られ、噴き出る水が幕をつくっていた。

↑階と階をつなぐ階段は、凸段と凹段を半々に組み合わせ、踊り場だけが平らとなっている。

→大階段の手すりにもちいられた緑色大理石は、信じがたいほど多様な色合いをみせている。

宮殿の階段

ガルニエはとくに大階段を設けることに意欲を示していた。オペラの幕間に観客たちが散策する、つまり男たちが互いに語らいあったり、女性たちが気取って歩いたりする場所。ガルニエはそこを劇場のなかの劇場にしようと考えたのである。こうしてつくられた階段の上で、観客たちがそぞろ歩きをする。すでにそれ自体が出し物だった。少なくとも24色の大理石がもちいられたこの階段のラインは、すべてが曲線や反向曲線からなるみごとなものといえる。巧妙に凸段から凹段に移るその階段は、不思議な視覚効果を生み出してもいる――こうしたデザインの妙は他に類がない――。さらにそれは、女性たちが踝の輪郭をさほどむき出しにせずに上れるよう、意図的に低くおさえている。

準宝石の宝庫

シャルル・ガルニエとオスマン男爵の関係は、決して温かいものではなかった。当初若い建築家は、いやいやながら都市改造者からの要求に妥協しなければならなかった。たとえば、オペラ座である。陳腐で非均整、不格好で場所も悪く、水はけもよくない菱形の建物。かてて加えて、この不快な一角はとりわけ高いビルに囲まれており、オペラ座がその陰に入りかねない。だが、ガルニエはこうしたオスマンから課せられた強制に耐え、それに最大限順応した。しかし、前述したように、彼はオペラ大通りでの「街路樹闘争」では勝利した。オペラ座の装飾用に選んだ資材の多様さと豊かさにも、オスマンに対する巻き返しがみてとれる。

ガルニエはまたフランス国内外の最上の素材を追い求めもした。スウェーデンのヨンショーピング産緑色大理石、スコットランドのアバディーン産花崗岩、イタリアのアルティッシモ産紫角礫や白色顔料、シエナ産青大理石や黄色顔料、ジェノヴァ産緑色大理石、シチリア産角礫、そしてアルジェリア産の縞大理石、フィンランド産の赤斑岩、スペイン産の礫岩状大理石、さらにベルギーのディナン産黒大理石などである。入手可能なすべての石と大理石が、こうし

てオペラ座を建てるのにもちいられた。この驚くべきモニュメントこそが、「オスマン流都市改造の悲しみ」に立ち向かって、ガルニエが望んだものにほかならなかった。

ガスの時代

ガスによる照明が花開いた時代、オペラ座は舞台や楽屋、そして一般席を照らすこの新しいエネルギーの神殿となった。それはまたかつても今もきわめて象徴的なたたずまいを見せており、2階の「グラン・フォワイエ」（大ホール）にある頭上に柱をいただく4体の女性像は感嘆に値する。その細部のいくつかに目を向けるだけで、それらがロウソクやカンケ（オイル）、ガス、そして電気による照明の寓意であることが理解できる。たとえば「ガスの女性」は首にコックで飾られたガス管を巻いており、フチなし帽の代わりとして、しゃれたガスメーターをかぶっている。ガルニエはまた大燭台やシャンデリア、多灯式の枝形壁付き照明器具の設置も細心に研究した。大階段の各女像柱の足元では、火トカゲのブロンズ像がガス管（および現在では電気の配線）を隠している。

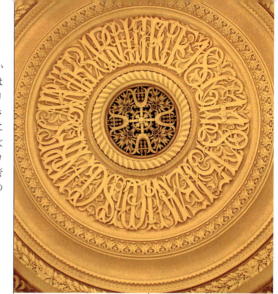

さりげない署名

かつて建築家がその作品に署名をするというのは、さほど一般的な慣行ではなかった。ガルニエはあえてそれをおこなった。ただ、それはかなり控えめなもので、「支援者たちのパヴィリオン」の天井の円花飾り中央に、文字を逆にしてこう署名している。「ルイ＝シャルル・ガルニエ、建築家、1861-1875」。この署名は、読むというより、むしろ解読するというべきだろうが、環状の錯綜した組み合わせ模様のなかに配されている。ガルニエの一部の協力者たちもまた、彼に内緒で、大ホール天井に据えられた2体の胸像に自分と妻の特徴を組みこむよう、彫刻家たちに注文した。さらに、同じ大ホールには、フラスコ画の角（ホール左側、壁画の右下）に男性3人の顔が見える。上段のガルニ

エ、中段の画家ジョルジュ・ジュール＝ヴィクトル・クレラン【1843-1919。オペラ座のほか、シェルブールやトゥールなどの劇場天井画を制作した】、そして下段の特定不能の人物である。

グラシエの間の丸天井

「グラシエの間」の丸天井は、他の装飾フレスコ画とはかなり異なった様式のフレスコ画で飾られている。1900年代の香りをただよわせているそれは、オペラ座竣工のあとの1878年に制作されたものである。牧神やバッカスの巫女が描かれたこの丸天井には、当時前衛的だったベル・エポックの精神が刻みこまれている。作者はガルニエの友人だったクレラン（前出）である。いずれも繊細なフレスコ画だが、長年のガス照明で多少黒ずんでしまっていた。だが、幸いなことに1976年に画面の洗浄がなされ、当初の新鮮さがもどった。タンバリンを手にした男性像の足元にみられる四角い黒ずみは、この洗浄前の状態を示している。

各自が自分の仕事に専念すれば、万事がうまくいく

「アヴァン＝フォワイエ」【大階段とグラン・フォワイエのあいだのホール】のアーケードの上には、有翼の寓意像がある。オペラ座建設に加わったあらゆる職人や芸術家たちに捧げられたもので、彼らが手にした道具——鏝、コンパス、ビュラン、ハンマーなど——から、その仕事が特定できる。

フレスコ画の描きなおし

画家のジュール＝ウジェーヌ・ルネヴー【1819-98。ローマのフランス学院長などもつとめたのち、パンテオンのジャンヌ＝ダルク像など大作を手がけた】が制作した大ホールの天井画は、ガス照明の煙ですみやかにそこなわれた。そこでさまざまな修復がなされたが、中途半端な作業のため、かえって状態が悪化してしまった。

1963年、ときの文化相アンドレ・マルロー【在任1960-69】は、オペラ座訪問客の数を増そうと、マルク・シャガールに新しい天井画の制作を依頼した。賭けは成功

だった。1964年【シャガール77歳】に完成した新しい天井画のおかげで、好奇心に突き動かされた訪問客の数が3倍になったからである。だれもがこのフレスコ画に無関心ではいられなかった。ある者にとっては崇高、ある者にとっては場違いで時代錯誤的と映ったのだった。

鮮やかな色の斑点で構成された円形の花束によって、それはオペラないしバレエの9作品を表し、そこにパリのさまざまなモニュメントをくわえた。ただし、シャガールはその原画の作者だが、仕上げたのは彼ではない。パリ南西部ムードンにあった彼のアトリエでこれを完成させたのは、舞台装飾家のロラン・ビエルジュ【1922-91】だった。その際、彼は師の指示で青より黄色を多少くわえた。銅板の上に描かれたもともとの天井画は手つかずだが、こうして新しいフレスコ画によってかくされている。

神話的なシャンデリア

19世紀末、照明は作品が上演されるあいだもちいられていた。観客と演者たちの視線のためである。重さ7-8キロのクリスタルのシャンデリアは、当時はガスで灯されていた。それを手入れするためには、ルネヴーの天井画の上の、とくに用意されていた空間にまで引き上げなければならなかった。この部屋の床は開いており、昇降装置が作動して、シャンデリアをそれを支えるシーリング・ローゼットともども引き上げていた。

1983年にオペラ座の芸術監督になったルドルフ・ヌレエフ【1938-93。ソ連出身の天才的バレエ・ダンサー】は、そのシャンデリアの昇降方向を逆にした。つまり、オーケストラ席のある階【1階の舞台真正面】の床まで降ろすことにした。そこでなら手入れがより簡単だからである。これによって屋根裏部屋が解放され、以後、そこは稽古にもちいられるようになった。だが、1896年5月20日、釣り合いを取っていた重りが壊れて、シャンデリアが客席に落下し、死者1名（オペラに夢中になっていた女性コンシェルジュ）と多数の怪我人を出した。この事故をもとに生まれた作品が、1910年にガストン・ルルー【1868-1927】の『オペラ座の怪人』である。

豪華さとついたて

見たり見られたりするために豪華ないで立ちでオペラ座に来たものの、なかには他の観客の眼差しから隠れたいと思う者もいた。こうした人目を避けたいという観客のために、折り畳み式のついたてが前桟敷の1階ボックス席と皇帝夫妻の貴賓席のなかに組みこまれた。現在はスライディング・パネルを立てるだけで、他人の目を気にせずに観劇することができるようになっている。

ボックス席と付属施設

かつてはボックス席ないしその一部を、年間あるいは3か月単位で借りることができた。これらボックス席のなかには、一種の玄関やいくつかのボックス席が共有するフェルト張りの廊下を備えているものもあった。予約者はこの場所で完全にくつろぐとともに、ボックス席が許容できるだけの人数を招待することもできた。予約者本人がいない場合、彼が自署したチケットが入場券の代わりとなった。

竪琴を探せ

シャルル・ガルニエはその傑作であるオペラ座の建設工事を細部にわたるまで監督した。こうした完璧さへのこだわりはドアのノブから排水渠の蓋板（建物裏手、中庭のなか）にいたるまで、さまざまなオブジェにみてとることができる。これらオブジェの裏側には、柱頭や暖炉の金網、床の

モザイクなどの装飾モチーフである竪琴が刻まれている。

アーガー・ハーンのエレベーター

オペラ座の顧客だったアーガー・ハーン【イスラーム・イスマーイール派の分派ニザーム派イマーム（指導者）の称号。ここでは3世のムハンマド・シャー（在位1885–1957）のこと】は、ボックス席を年間予約していた。1920年代、肥満だった

彼は大階段を登ることができなかった。そこで、彼の体形にあわせて、先端技術の粋を集めた専用のエレベーターを設置してもらった。それはセーヌの川水を動力とする水力システムを備えたものだった。だが、1970年代に廃用となり、2010年に修復されるまで40年間忘れ去られた。板張りはすっかり新しくなり、長年のあいだになくなっていた豪華な内部装飾や天井灯も、保存されていた文献にもとづいて当初と同じものにとり替えられた。水力システムも新しい油圧システムとなった。以後、アーガー・ハーンのこの歴史的エレベーターは、身体障害者が「支援者のパヴィリオン」から2階ロッジ席やグラン・フォワイエへのぼるためにもちいられている。

水たまりの伝説**

オペラ座の基礎を掘っている際、労働者たちはメニルモンタンの高台から雨水をあつめて流れ落ちる、1本の小川に由来する帯水層にしばしば落ちた。この現場を乾燥させるため、1年半ものあいだ、揚水ポンプを昼夜を問わず作動させた。だが、徒労だった。そこでガルニエは、二重ケーソン構造の基礎を築くことにした。この排水用ケーソンのあいだに高さ2メートルあまりの集水用のコンクリート・タンクで隙間をつくり、それを舞台とその周廊の下に設置したのである。これにより、やがて小川は枯渇した。以後、地下水が滲みだすことはなくなったが、1170平方メートルのタンクはなおも水で満杯状態となっている。これは毎月消防士たちが訓練でもちいる巨大な消火用水の排水管からくる水である。

1969年から、このタンクには消防士のひとりが持ちこんで繁殖した魚たちの群れが泳ぎまわるようになっている。ニシニゴダマシである。通常

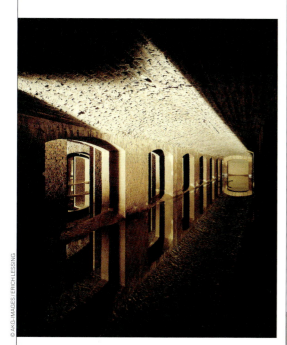

なら15年程度の寿命だが、ここでの彼らは、一定温度に保たれている水温と、消防士たちの訓練スケジュールに適合した健全な環境のおかげで、23年という例外的なまでの長寿を全うしているのだ。

死後の声

オペラ・ガルニエの事務局は「怪人」宛ての手紙を定期的に受け取っている。むろんこの神話的な亡霊は、映画作家や小説家、そして彼らの読者たちの想像のなかにしか存在していない。ただ、オペラ座の地下倉は扉が鋼板で補強された収納庫に一種の謎を長いあいだ閉じこめてきた。20世紀初頭のこと、大金持ちのアメリカ人実業家で、フランスの蓄音機会社も経営していたアルフレッド・クラーク【1873-1950。中国陶磁器の収集家としても知られた】は、著名人の声の「殿堂」をつくろうと夢見ていた。そこで彼はオペラ座の支配人ペドロ・ゲヤール【在職1884-91／1893-1907。オペラ歌手出身で、『オペラ座の怪人』にも登場する】に、当時のもっとも偉大なオペラ歌手の声を録音する手助けを依頼した。話を持ちかけただれもが、自分の声を不滅なものにしてくれるこの実験に賛同し、レコード盤が20枚ほどつくられることになる。

こうして1907年12月24日、クラークは共和国大統領や音楽アカデミーおよびジャーナリスト代表者たちが顔をそろえた厳粛な儀式のなかで、彼らの声を「缶詰にした（録音した）」。それからこれらのレコード盤を保護ガラス板のあいだに入れ、すべてを大型の炊飯器に似たふたつの鉛製容器に保存した。その際、レコード盤をそこないかねない空気の侵入を防ぐため、容器を密閉した。蓄音機や使い方にかんする説明書もまたレコード盤と一緒に収納庫に保管された。レコード盤の容

器は、クラークの意向に従って、100年後にはじめて開けられ、その時代の人々に以下の点を知ってもらうことになった。

――蓄音機の最初期の状態はどうだったか。この貴重な発明品が1世紀のあいだにどのように改良されたか。

――われわれの時代のおもな歌手たちの声はどうだったか。彼らはオペラやドラマのレパートリーのうち、もっとも有名な作品の一部をどのように解釈していたか。

やがて1989年12月、メンテナンス作業時に収納庫が開けられた。ところが、容器のひとつがこじ開けられてレコード盤が数枚持ちさられ、蓄音機も盗まれていた。容器の安全対策がこの場所ではあきらかに不十分であることを確信したオペラ座の支配人は、国立図書館の館長に残った容器のレコード盤を受けいれてくれるよう依頼した。こうしてレコード盤は国立図書館の視聴覚部門に移された。そして2008年、レコード盤をとりだして試聴したところ、音質はみごとなものだった。ただちにそれはデジタル化された。

シャイヨ宮と
トロカデロ宮
（1935-37年）

- 創建者：フランス国家。1937年の万国博のため。
- 計画・目的：旧トロカデロ宮をその土台にもちい（財政的な理由のため）、近接するエッフェル塔のことも考慮して再整備すること。
- 建築家：ジャック・カルリュ、ルイ＝イポリット・ボワロー、レオン・アゼマ
- 革新的特徴：1930年代に典型的だった簡素ながらも威厳のある新古典主義のファサード。シャイヨ宮はその時代の主要建造物とみなされている。
- 有名因：翼棟に大規模な国立博物館（人類博物館、海洋博物館【海軍博物館】、フランス文化財博物館）が入っているため。さらに、その広場はセーヌ川の対岸にそびえるエッフェル塔の引き立て役になってもいる。
- 所在：トロカデロ＝11月11日広場1番地（16区）
  最寄駅：地下鉄トロカデロ駅

聖母訪問女子修道院がフランス革命時に撤去された時期から、1878年にトロカデロ宮が建設された時期にかけて、シャイヨの丘は風が吹きすさむ荒地だった。この地の開拓は幾度か計画されたが、1811年、ナポレオン1世は生後ただちにローマ王となった嫡男【ナポレオン2世。1832年没】の誕生祝いに、宮殿を贈ろうとした。さらに1824年には、広大な建造物群を半円形の広場に集める計画が立案された。2年後の1826年には、兵舎建設の礎石が据えられたが、完成までには至らなかった。それ以後もほぼ10年おきにさまざまな計画が生まれては消えた。皇帝ナポレオンの墓所（1839年）、自由の女神像（1848年）、巨大な灯台ないし泉水（1858年）、「世界を照らす賢明なフランス」の寓意的な巨象（1868年）などである。だが、いずれの計画も素案の域を出なかった。

そうした事情は、1867年にシャン＝ド＝マルス（練兵場）で開催されることになった万国博の準備作業によって一変する。セーヌ川をはさんでこの平原の真向かいに位置するシャイヨの丘からは、やがて林立するであろう万国博のパヴィリオンを一望できる。そこで整地がなされ、地面も平坦にされた。1878年の万国博時にはさらに整備が進み、ムーア様式とネオ＝ビザンティン様式の宮殿が建てられた。ガブリエル・ダヴィウー【1823-81。ナポレオン3世時代に流行した折衷主義建築家の第一人者で、パリ市建築工事監察官】の名が刻まれたこの宮殿の下には、ジャン＝シャルル・アルファン【1817-91。グルノーブル出身の土木技師。オスマン時代にパリの美化を手がけ、「パリ緑地化の父」とよばれる】が設計した庭園が広がっていた。

トロカデロ宮と通称されたこの宮殿は、しかし60年間もちいられただけだった。1937年の万国博の際、現在のシャイヨ宮にとって代わられたからである。建築家のジャック・カルリュ【1890-1976。建築部門のローマ大賞受賞者で、国連宮殿（1959年）、現パリ大学ドーフィヌ校のなども設計した】は、最初の宮殿の骨組みの一部をもちいながら、地下構造を2倍深くして、両翼棟の湾曲する輪郭を保った。だが、当時、2基のミナレットを備えた丸屋根の中央棟は様式が不明だとして非難され、広場をつくる際に解体された。この広場は二重の特徴を帯びている。展望台としてのそこからはエッフェル塔が展望できると同時に、広場自体がシャイヨ劇場の屋根ともなっているのである。

外部

チップボールの要塞

パリの地名となったトロカデロは【トロカデロ広場の命名は1877年】、スペイン南部、アンダルシア地方のカディス港を守る要塞の名前である。1823年、玉座が自由革命軍の脅威にさらされていた国王フェルディナン7世【在位1808／1813-33。革命軍によってカディスに幽閉されていた】の要請を受けて、フランス軍がトロカデロ要塞を陥落させ、国王をカディスから解放した。この勝利を祝うため、1826年【1827年？】、シャイヨの丘は一風変わった再建の舞台となり、鉛製の玩具兵士の愛好者たちを喜ばせた。ここにチップボール（板紙）の要塞が築かれ、シャン＝ド＝マルスから出立した兵士たちが歓喜雀躍した民衆の喝采を浴びながら、要塞を奪取するという場面を嬉々として再現したのだった。それ以来、トロカデロはシャイヨともよばれるようになった。

無帽の元帥

1951年以降、トロカデロ広場には、長靴を履いて背筋を伸ばし、立派な軍服に身を包んだフォシュ元帥【1851-1929。パリの士官学校校長などを経て、1918年、総司令官として連合軍を勝利に導き、ヴェルサイユ条約締結後にアカデミー・フランセーズ会員に選ばれた】の騎馬像がたっている。だが、無帽である（！）。軍人の肖像としてはおそらく類例がないだろう。彫刻家のロベール・ヴレリク【1882-1944】が忘れたわけではない。じつは、そうすることで元帥の確固たる人格を表そうとしたのである。ケピ帽【目庇付きの軍帽】をかぶらせれば、その庇で顔に影ができ、彼の毅然とした雰囲気が隠れてしまう。ヴレリクはそう考えたのである。

こうした自由な発想は、しかし当時の軍司令部には不評だった。直立不動でズボンの縫い目に指を押しあてる。それがしかるべき軍人の姿だとする風潮があったからである。ただ、ヴレリクは第2次世界大戦で重傷を負った、セーヌ県議会副議長【アルベール・ベソン（1896—1965）。医師・細菌学者】の後押しを受けていた【この作品は彼の死によって未完だったが、のちに彫刻家レモン・マルタン（1910—92）によって完成された】

新旧の共存

　シャイヨ宮全体は、当初の宮殿（1878年）の上に置かれた多少とも分厚い「外皮」などではない。新しい層で旧い宮殿に「覆いをかけた」ジャック・カルリュの手法は、パリ市民にとって親しみのある「ファサード保存主義（ファサーディスム）」をはっきりと示している。建物の設計図やひな形がなければ、建物の当初の構造を読み解くことはむずかしいが、カルリュはガブリエル・ダヴィウーが建てた旧いファサードに沿って、ガラス窓を隠すようにより高いファサードを建てた。そのため、このガラス窓は通りから隠れ、管理事務局の窓からしか見えなくなっている。エッフェル塔の2階にのぼっても、それを確認することができない。ただ、建築文化財博物館（シテ・ド・ラルキテクチュール）の1階内部からなら、なおもそれを支える金属製の骨組みともども見ることはできる。

秘儀加入者たちの隠語

　シャイヨ宮内の博物館や劇場で働く係員たちは、地名にかかわる隠語をもちいている。たとえばある日、どこで会う約束をするかという際は、「パリのアブーで」とか「パシーのテットで」とか言ったりする。解読すれば、それぞれ「パリ翼棟」（プレジダン＝ウィルソン大通り沿い）【東側。建築文化財博物館、「パシー翼棟」（バンジャマン＝フランクラン通り）【西側。人類博物館と海洋博物館】で会うことを意味する。これら翼棟のおのおのは、セーヌ川に向かって相対するテット館（広場側）とアブー館（カルリュの用語）を擁している。

広場

建築文化財博物館。パリ翼棟のカルリュ・ギャラリー。

人権の象徴

トロカデロの広場は、シャイヨ宮に1946年から51年まで国際連合の最初の本部が置かれ、さらに48年にその国際連合で世界人権宣言が採択されたことから、「自由と人権の広場」とよばれている。セーヌ川の向こうに聳えるエッフェル塔しか眼中にない訪問者たちは、一日中広場を行ったり来たりしているが、その敷石にはめこまれた記念板を見ることはめったにない。この記念板にはフランソワ・ミッテランの署名が刻まれており、彼の提唱で1985年に上述の命名がなされている【1987年には人権団体の「ATD第4世界」創設者であるジョゼフ・ウレザンスキ（1917-88）の提唱で、広場の端にもう1枚の記念板が設置された】。ほかに、劇場の壁にも記念板が見られる。

ペニョ家の書体

カトル＝フレール＝ペニョ通りとシャイヨ宮にはどのような関係があるのだろうか。それには一族と文字の歴史がかかわっている。シャイヨ宮の破風にはポール・ヴァレリー【1781-1945】の詩句が金文字で刻まれている。その独特のフォントは1937年、ドゥベルニ＆ペニョ鋳造所の経営者だったシャルル・ペニョ【1987-1983】と、グラフィック・デザイナーのカサンドル【1917-88。本名アドルフ・ムーロン。画家・舞台芸術家・書体デザイナー】がデザインしたものである。「ペニョ（Peignot）」とは植字工たちの隠語で「幅をもたせた線」を意味する。この書体は1937年のパリ万国博【国際技芸展】で、その案内標識に正式に採用され、広く知られるところとなった。

シャルル・ペニョは有名な活字鋳造王朝の出だが、一族は第1次世界大戦で悲劇に見舞われている。1914年9月から16年6月にかけて、ペニョ兄弟（フレール）の4人——アンドレ、レミ、リュシアン、ジョルジュ（シャルルの父で、鋳造所支配人）——が相次いで戦死したのである。パリの15区には彼らを追悼する通りがある【カトル＝フレール＝ペニョとは「ペニョ家の4人の兄弟」の意】。

7体の女性像と1体の男性像

1937年の万国博の組織委員たちによれば、シャイヨ宮は建築家と彫刻家、さらに画家たちの融和の模範例でなければならなかった。この万国博の主たる目的が、重大な経済危機の時代に最大限の仕事と雇用を生み出すことにあったからである。とりわけ影響を受けた芸術家と職人たちは、この大規模な現場におもむいて、新しい息吹を見いだそうとした。非常に多くの芸術家を働かせることは、仕事の全体的な質を考えた場合、危険がないわけではなかったが、そこでは有名と無名を問わず、彫刻家57人が指名された。それはこの分野の多様性を示すも

のだった。

彼らが制作し、シャイヨ宮の広場をとりかこむように据えられた金色の彫像群は、同時期のものであるにもかかわらず、様式は多岐にわたっている。これら彫像群のうち7体は女性像で、裸体ないしゆったりとした衣装をつけ、立位ないし側臥位である。いずれも生き生きとした彫像で、両大戦間の装飾芸術に特徴的な表現を示している。1体だけある男性像はロベール・クテュリエ【1905–2008。サロン・ド・メの創設会員】の作品で、あきらかに成年を表したものである。裸体の美男子で、庭園の寓意であるじょうろを手にしている。

庭園

旧採石場の活用**

トロカデロ宮が建てられる前、大量の粗石灰岩が堆積するシャイヨの丘は採石場としてもちいられ、18世紀中はそこから堅固な建設資材が切りだされていた。だが、1813年にパリの地下開発が禁止されて、この採石場も閉鎖された。1878年、パリ万国博に向けての準備として、トロカデロ宮の地盤強化を目指した大規模な工事が始まる。それにともなって、当時7キロメートルも続いていたシャイヨ丘の地下坑道網が埋められた。ダヴィウーは旧採石場の上にその宮殿、とくに劇場を建てた(広場の下に劇場があることに気づいている者がどれほどいるか不明だが、そこは車両の進入禁止となっている)。

この地下採石場の別の一角は整備されてカフェ・カタコンブ【字義は「地下墓地カフェ」】となっていた。そこに行くには、デルセール大通りの北側壁面線をかたちづくる擁壁のなかに開けられた入口を通った(6番地・6番地3号。ただし、現在この入口はふさがれている)。スイスの渓谷を思わせる起伏に富んだ風景

1907年版のこの地図には、採石場の入り口が示されている。

が展開する庭園はパシー棟沿いにあり、かつての採石場を想いおこさせる。その設計者である技師のアルファン【264頁参照】は、起伏を利用して、この一角を「イギリス式庭園」に仕立てた。そこにはすべてが小ぶりだが、峡谷や懸崖、洞穴などがあり、彼自身が放棄された採石場につくったビュット＝ショーモン公園のスイス風渓谷に似ている。1936年、今度は建築家のカルリュが旧採石場の地質学的特徴を利用して、劇場の非常口を設けた。中庭側の舞台の下に位置するそれは、パシー側庭園のスロープの擁壁に通じている。

1900年の鉱山展示会**

1900年のパリ万国博のため、旧トロカデロ宮の下の地下巡回路が2本整備された。「地下世界」と命名された一方の行程は、驚くべき地下世界をたどるものだった。ミュケナイのアガメムノン墓やローマ時代のカタコンブ（地下墓地）、メンフィスのテティ【エジプト第6王朝の初代ファラオ（前2345頃−前2333頃）】のマスタバ、パディラク洞窟【フランス南西部】、イタリア南部カプリ島の青い洞窟、トンキンの地下寺院などである。訪問者たちはヴァルソヴィの泉の両側に通じるゆるやかな坂道からそこに行くことができた。

もう一方の行程は「地下鉱山展示会」と命名され、採掘のさまざまな技術を展示していた。そこにはマグドブール通りとプレジダン＝ウィルソン大通りの角に掘られた井戸を降りて行った。その案内板にはつぎのような説明文が記されていた。「訪問者はケージに乗り、坑道網の入り口を入ると、すぐに地下採掘機に気づきます。まずポンプ、それから少し進むと、続けざまに岩を叩く回転式削岩機の前に出ます。坑道の曲がり角には電動式のトロッコが待っています。そこには闇のなかできらきら輝くものがあります。岩塩の洞窟に入ったわけです。坑道はしだいに暗くなります。これこそが輝きも透明さもない灰色の岩を打つ真の黒褐色です。しかし、ここはトランスヴァール【1852年にボーア人が建国した共和国で、現在の南アフリカ共和国北部】の金鉱のひとつで、そこからは毎年大量の金が産出されています。数分後には、炭鉱や鉛の鉱脈、岩塩層、さらにトランスヴァールのリーフ（鉱脈）についてきわめて正確な考えを抱くことでしょう。トランスヴァール鉱山ほど周到に準備された実地教育の場はありません」。

この鉱山展示会の痕跡（ケーブルの支柱、検圧計、金属製横梁など）は、今もなおカタフィル【地下空間——墓地・採石場など——】の愛好家たちだけが目にしている。

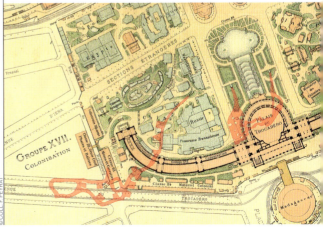

旧トロカデロ宮の地下採石場の坑道は、地下鉱山と地下世界を展示するためにもちいられた。

世界初の水族館

シャイヨの丘の運命とその施設の性格は、地下と密接に結びついている。放棄された採石場には最初はナポレオン軍の騎兵隊が一部駐屯していた。だが、湿気と馬糞がキノコの栽培に適している

ることがわかると、地下の坑道はキノコ栽培所としてもちいられるようになる。やがてそこが整備され、1878年のパリ万国博のいわば目玉企画のひとつとして、世界初の水族館が建てられた。そこにはフランス各地の河川から多様な淡水魚が集められ、2か所の池に分散された。一方は屋外で、トロカデロ宮の庭園内、もう一方は地下洞窟のアルコーヴ【湧泉や水流などによって生じる円形劇場状の窪み】である。ジュール・ヴェルヌはおそらくこうした水族館に着想をえて、SF冒険小説の『海底2万里』【1870年】を書いている。

このトロカデロ水族館は1937年の万国博のために改装され、老朽化のために閉鎖される1985年まで訪問者を受けいれた。そして2006年、全体が一新され、鳴り物入りの一大複合施設であるパリ水族館として生まれ変わっている。以前と同じなのは、戸外のキオスクと泉水だけである。

無名の廃墟

ドレセール大通り【トロカデロ丘の南麓】からさほど遠くないトロカデロ庭園内にある2基の石造アーチは、1871年のパリ・コミューン時に火事で破壊されて消失したパリの一角を想いおこさせる。仮面飾りと有翼の精で飾られた一方は、旧市庁舎（16世紀）のファサードの屋根窓を移したもの、セーヌ川に近いもう一方は、やはり破壊によって残骸が散逸した、旧テュイルリー宮殿1階の窓の枠である。残念なことに、いずれのアーチにも通行人にその由来を教えてくれる説明板はない。

間違い探し

最初の一瞥で感じたとは反対に、シャイヨ宮の両翼棟は同じ形をしていない。カルリュがダヴィウーの宮殿に1930年代に典型的だったきわめて重量感のあるたたずまいを与えたからである。そこではかつての列柱が大きな高窓に替えられた。その全貌を概観するために庭園の後方に下がり、カルリュの金属製の窓敷（異なる階のあいだの床の高さを吸収する装置）を観察すれば、その立ち上がりが異なっていることに気づくだろう。

パリ翼棟（右側）には2層がみてとれる。フランス文化財博物館の通廊がある1階と、現代建築の通廊の2階である。一方、パシー翼棟（左側）は3層からなる。海洋博物館の1階とその上にのっている人類博物館の2・3階である。こうしたあきらかな非対称さは、この建物が教育、文化、海洋関連の異なる3省によって管理されていることを物語っている。

劇場

民衆劇場

国立シャイヨ劇場【現在は国立ダンス劇場に改称】はシャイヨ宮より古く、1920年、国立民衆劇場の名でトロカデロ宮のなかに創設された。だが、それはかなりの不備を抱えていた。ホールの音響は悪く、舞台には機械装置やフット・ライト、照明器具や大道具などを支える支持枠もなかった。トロカデロ宮が新しいシャイヨ宮に模様替えしたとき、劇場もまた多少新しくなった。ボックス席も段差もなかったが、奥行きがより深くなったそれは、なによりも多目的なものをめざした。

国立民衆劇場という呼称が示すように、予約システムやあらゆる年齢層や社会階層に向けられた多様なプログラムをとおして、この劇場は人々を最大限よびこむという使命を帯びていた。1951年にジャン・ヴィラールを支配人に任じ、さらに席料の値下げや無料クロークの設置、チップの廃止などによって、こうした使命は強化された【ヴィラール（1912-71）は20世紀を代表する演劇人のひとり。1947年にアヴィニョン演劇祭を立ち上げ、1951年から63年までのこの劇場の支配人をつとめた】

RAL（カラーチャート）8019

写真はカルリュが塗料の色として選んだ「カルリュ褐色」の色見本である。シャイヨ宮の金属製の部分、つまり窓枠から手すりやドアのノブ、はてはフラワーボックスにいたるまで、写真にあるような濃褐色が塗られている。近くのエッフェル塔が数度塗料を変えているのに対し、1937年以降、宮殿全体は変わることなくこの色で統一されている。

欲望という名の地下鉄

意外なことに、エッフェル塔は地下鉄からのアクセスに恵まれていない。最寄駅であるビル゠アケムにしてもトロカデロにしても、かなり遠いのである。1937年の万国博の際、トロカデロ宮の庭園の麓、ヴァルソビ広場に新しい駅を新設することが予定された。設計図が証明しているように、この計画が確実なものと考えた建築家のカルリュは、劇場のメイン・エントランスを広場下手の庭園に向けた。そうすれば、観客たちは自然にそこに着くはずだった。そして、上演時に群衆が押し合いへし合いすることなく1階のイタリア風ホールのロビーに入れるよう、ファサードには金箔が施された9か所のドアが設けられた。

だが、財政上の理由で、この特別な地下鉄駅は具体化しなかった。万国博の予算がすでに大きく超過していたからである。こうして最終的に、劇場の入口を反対側につけなければならなくなった。これにより、正面玄関は理に反して建物の裏側の高台に設けられることになった。

鏡の働き

1937年から73年までもちいられた劇場の待合室とジャン・ヴィラール・ホールは、有名な数人の画家——ピエール・ボナール【1867-1947】、モーリス・ブリアンション【1899-1975】、ロジェ・シャプラン゠ミディ【1905-92】など——に注文した絵画で飾られていた。アール・デコ末期のきわめて典型的なこれらの装飾壁画は、1階後部席とバルコニーを備え

ていたイタリア風の旧ホールを、緩やかなスロープと階段席を有するホールに改築した1975年の工事によって、すべてが見えなくなった。

シャイヨ宮とトロカデロ宮

ただ、1937年当時の正式な入口はそのまま残されており、そこはあきらかに劇場内のもっとも不可思議な空間となっている。その装飾は細部にいたるまで細心に手入れがされており、今もなおカルリュが設計した間接照明や金箔を張った手すりのフォルム、ドアの格子細工は健在である。この新しい劇場には大理石の階段が9か所あり、それらはさながら合わせ鏡によって生み出された反復像のように完全に同じ形状でならんでいて、見るものを面くらわせる。

「バグ-その1」
　地下ホールにはガラス・ドアの階へと通じる数段の階段があり、さらにその向こうにはふたたびシャイヨ広場の下方へと降りる同じ段数の階段がある。このあきらかに無用と思える階段はなぜあるのか。今では乾燥しているが、かつて配水管が集まっていてしばしば水が溢れ、重力のために容易にそれがひかなかった昇降路を迂回するためである。卵形の高さ2メートルあまりのこの「水の廊下」は、宮殿や一帯の汚水を排水したり、泉水に澄んだ水を供給したりするためにもちいられていた。

エドワール・ヴュイヤール【1868-1940。ナビ派の画家で、シャイヨ宮の室内装飾を手がけた】のフレスコ画『コメディー』。裏張り布で補強した作品は、くり型の枠におさめられている。

上下逆の釣合

　宮殿内のすべての階段は、大きなフレスコ画やドア上部の装飾によって特徴づけられている。前世紀に流行した建築規範に逆らって、カルリュはフレスコ画の高さとドアのそれの釣合を逆にすることを選んだ。かつて扉はかなり高く、明光用の欄間はどちらかといえば小ぶりなフレスコ画で飾られていた。シャイヨ宮ではそれが正反対になっている。フレスコ画が主役で、ドアは意図的にできるかぎり控えめな脇役となっているのである。

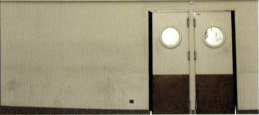

ガスの廊下*

　エッフェル塔に面した広場からの眺望を確保するため、カルリュは劇場のホールを宮殿の位置から25メートル以上下げたが、これによりそれは旧採石場の地床よりも低くなった。そして、1本の通廊を劇場の非常口に変え、第2次世界大戦中は、消極防御のための避難所にした。そこへは庭園ないし劇場から入った。「ジェミエ・ホール」の地下に位置するこの通廊は、「ガスの廊下」と名づけられた。そこには防水・気密ドアが備えつけられ、化学ガスが爆発しても、そのガスと悪臭の侵入を遮断することができた。このドアにはつぎのような文言が記され

ている。「ガス注意。一度にはドア1枚だけ開けること」、「採石場入口。細紐を握ること」

建築文化財博物館地下

旧トロカデロ宮の痕跡

　ダヴィウーの宮殿の痕跡でなおも目にできるものは少ない。建築文化財博物館（愛称CAPA）には、そのもっとも重要な痕跡が陳列されており、玄関広間にはダヴィウーがもちいたジュラ産大理石の円柱群がたっている。これらの円柱は1937年、カルリュによって布で覆われたが、2007年に実施されたCAPAの整備作業時に覆いが外された（当時、パシー棟のそれらはなおも「カルリュ流」で、つまりどっしりと立方体状に覆われていた）。柱頭を備えたこの近接する円柱群と典型的なアール・デコの階段は、他に例を見ないような珍しい組み合わせだった。

　さらに、一連の整備作業によって、カルリュの幾何学的な敷石の下に、ダヴィウーが1878年に敷いた舗装の一部が見つかっている。これはより明るく、より古い帯状の石組みである。建築家たちは傷んだ床面を大部分復元する作業に参加し、欠損部をかなり似通った敷石でふさいだ。本来の部分と近年の寄与を「調和させる」という、考古学的な手法によって床面の保存がなされたわけだが、こうしたオプス・インケルトゥム（乱石積み）による床張りは、ベランダ部分のダークグレイの帯状石組みに特徴づけられる幾何学的な舗装と好対照をなしている。

　だが、もっとも目を見張らせる痕跡は複製ギャラリーにある。建物の骨組みから切り取られた曲線状の鋼板トラスで、以前と同じように復元されたガラス窓をともなうそれらは、旧宮殿の構造と質量感を示している。壁に塗られた「ポンペイ壁画の装飾赤」は、ダヴィウーによる宮殿の一部ホールに塗られていたものと完全に同じ顔料である。

「バグ－その2」

カフェ・カルリュの半円形のテラスはヘラクレスのブロンズ像のすぐ前にあり、パリ棟を構成するテット館の下方に向いて広がっている。まさにこの場所に、かつて2度しかもちいられなかった泉水の水盤があった。1937年に営まれたシャイヨ宮の落成式の際、泉水の機械装置とポンプが呼吸困難になるほどの騒音を発したからである。そのため、劇場と数基あった泉水のいずれかを選

ばなければならなかった。こうして後者が断念された。

1980年代、これら泉水は修復され、ふたたび稼働するようになった。はたして騒音のことは忘れられていたのか。そのデシベルを下げられると考えられたのか。再稼働してまもなく、泉水群はふたたび停止した。なおも騒音がひどかったためで、ただちに撤去された。しかし、カルリュの信奉者たちはその水盤のひとつをみずから修復し、以後それはたえず水をたたえている。

海洋博物館

ダヴィウーのドーム

ダヴィウーが建てたアブー館の痕跡は、海洋博物館図書館の読書室（入館には予約が必要）にみられる。このパヴィリオンの痕跡として残っているのは、4本の中空の柱と、それをつないでいた4つのアーチだけである。ドームと金属製の骨組みは、カルリュによっておこなわれた改築時に姿を消している。このヴォールトの真下で話をすれば、丸天井の教会内におけるような、奇妙な反響が生まれる。

遠隔操作の大時計*

パシー棟6階にある海洋博物館の管理事務所を訪れる機会があれば、ドアの上部にあって、1943年以来一度も故障せずに動いている、控えめな電気仕掛けの大時計が出迎えてくれるだろう。壁にはめこまれたその装置は、博物館の中央制御室で遠隔操作・調整されている。管理事務所がそのテラスの上にあったパシー棟のアブー館は3階からなり、通りからは見えないが、1階は強靭な胸壁で守られていた。それは2層メゾネット形式の2つの部屋に分かれていて、当初は居室用だったが、のちに人類博物館と

海洋博物館の事務所となっている。

人類博物館

レジスタンスのホール**

通称「人類博物館グループ」は、フランス・レジスタンス運動の最初期に属する集団だった。1940年に組織されたそこには、ポール・リヴェ教授【1876-1958。医師・民族学者。6年にわたる南米調査後、1926年にパリ大学内に民族学研究所を設立し、教授となる。1928年、人類博物館の前身であるトロカデロ民族誌学博物館（1878年

ボリス・ヴィルデ、1939年。

創設）の館長となった】を中心として、学者（民族学者・人類学者・社会学者）や知識人、弁護士などが集まった。このグループは同じ対独抵抗運動組織である「フィリエール・デヴァジオン」【字義は「脱獄ルート」。人類博物館グループは1942年2月までこの組織の一翼をになった】と連携して、さまざまなパンフレットを配布し、各種の情報を集めてロンドンに送った。人類博物館の図書室（4階）は電話の中継地であり、集会の場として中核的な役割を果たした。そこにアクセスするには合言葉が必要だった。

人類博物館館長の旧居室（現在は管理事務所）には、ポール・リヴェの承諾のもとで、1940年7月から翌年3月まで、ロシア人の若い民族学者ボリス・ヴィルデが匿われていた【1908-42。レジスタンス活動家だった彼は、1941年3月、人類博物館グループのメンバーたちともどもゲシュタポに逮捕・投獄され、最終的にヴァレリヤンの丘で銃殺刑に処された】。今日「レジスタンスの部屋」ともよばれるこの部屋（ホールの舞台裏）には、ロネオ【タイプ孔版印刷機】が設置され、非合法の雑誌《レジスタンス》が印刷された【この雑誌は、ヴィルデや彼と同時に逮捕・処刑されたロシア出身の人類学者アナトール・レヴィツキーらが1940年2月に創刊し、彼らの逮捕まで出版された】。その印刷は講演のあいだになされた。質疑応答の激しいやりとりで印刷機の音をかき消すためだった。

ロートのダチョウ**

シャイヨ宮の壁画はなにか。たとえば、人類博物館の一般には非公開となっている、1階収蔵庫非常口の壁に点刻で強調されているダチョウの岩面画である。これらの点刻は、サハラ砂漠のタッシリ・ナジェールの岩面画を本格的に調査して世に知らしめた、先史学者

のアンリ・ロート【1903-91。人類博物館の先史学部門の研究員をつとめた。著書に『タッシリのフレスコ画発見』（1958年）などがある】によってなされたものである。現地で岩面画を大判のトレーシングペーパーに写し取ったあと、彼は博物館の自分の研究室に近い通廊に陣取り、壁にそのデッサンをグワッシュで描いた。このタッシリの岩面画は、1957年から58年にかけてパリの国立装飾芸術博物館を会場とする展覧会で、はじめて一般に公開されている。

パリ歴史文化図鑑──パリの記念建造物の秘密と不思議

サクレ＝クール大聖堂
（1875-1914年）

- 創建者：パリ大司教。最初はギベール枢機卿、ついでリシャール枢機卿とアメット枢機卿
- 計画・目的：国家の保全と教皇の釈放のために贖罪の教会を建立する。
- 建築家：ポール・アバディ
- 特殊性：東ではなく、西を向いている。
- 有名因：観光の象徴的なメッカであるそのイメージは、近接するテルトル広場の画家たちによって再生産され、全世界に知られるようになった。
- 所在：サクレ＝クール広場（18区）
最寄駅：地下鉄アンヴェール駅ないしアベス駅

サクレ＝クール大聖堂は、その誕生にいたるまでの状況によって、パリの神聖な風景からかけ離れた建物となった。それは他の多くの聖堂のように、あまりにも手狭で老朽化した教会の廃墟の上に建立されたわけではない。ありふれた君主の敬虔な誓願によるものでもない。政治や外交的な取引と結びついたこの大聖堂の歴史は、フランスが苦痛をともないながらも政教分離をおこなう準備をしていた転換期に組みこまれているのである。

　すべては第2帝政下でイエスの聖心（サクレ＝クール）信仰が発展したことに始まる。その炎を放つ心臓を描いたエンブレムは、カトリックの温床全体に広まった。1870年のセダンで敗北すると【フランス北東部、ベルギー国境のこの戦場（普仏戦争）で、フランス軍はプロイセン軍に敗れ、ナポレオン3世が捕虜となった】、当然のことながら、聖心に加護が求められるようになった。それからまもなく、フランス軍はローマをヴィットーリオ＝エマヌエーレ2世【1820-78。サルデーニャ王国最後の国王。イタリア統一戦争を終わらせ、イタリア王国初代国王（在位1861-78）となる】のイタリア軍に明け渡して撤退する。イタリア軍はヴァチカンを包囲し、孤立した教皇を捕虜とした。こうした状況に驚愕したフランスのカトリックたちは、贖罪の一環として聖心に捧げる教会を建立することにした。彼らによれば、この不幸は政治というより、むしろ霊的な原因（フランスの道徳的堕落）に由来するというのだった。そこで彼らは教皇の釈放と、アルザス＝ロレーヌ地方のフランスへの返還【普仏戦争の敗北でプロイセンに編入されていた】を祈った（その祈りはそれぞれ1929年と1918年にかなえられた）。

　だが、どこに教会を建てるか。そこでいっとき考えられたのが、未完成だったオペラ座を聖堂に変えるということだった。だが、当時のパリ大司教ジョゼフ・イポリット・ギベール【1802-86。1871年、パリ大司教に抜擢され、73年、教皇ピウス9世（在位1846-78年）から枢機卿に任じられた。サクレ＝クール大聖堂の定礎式は1875年6月16日】は、モンマルトルの丘の頂上を選んだ。深い谷が中腹を刻み、険しい坂と、1860年から放棄されていた採石場の井戸穴が開いていたそこは、夜ともなれば、浮浪者たちの隠れ家となっていた。周囲の一角ではブドウや穀類が栽培され、収穫された後者はロバの背に乗せて、丘の西と東の高台に設けられた風車に運ばれていた。近くのクリシー大通りとアベス通りのあいだでは、さまざまな野菜も栽培されていた。テンサイやジャガイモ、エンドウマメ、ソラマメ、アスパラガスなどである。とりわけアスパラガスは現在ルピク通りが走っている一帯の特産だった。

　ギベール大司教は聖ドニ【パリの初代司教。伝承によれば、258年頃、キリスト教徒を迫害していたローマ皇帝ヴァレリアヌス（在位252-260）の命により、モンマルトルの丘で斬首された彼は、首を刎ねられてもすぐには絶命せず、自分の首を持ってパリ郊外のサン＝ドニまで歩き、そこで倒れて絶命したとされる。同地の大聖堂はその故事にちなんで建立され、歴代フランス国王とその妃たちの墓所となった】の殉教地であるこの聖地にこだわった。カトリック復興の象徴的なモニュメントを建てるには、ここ以上に適当な場所はどこにもなかった。だが、ときの軍事大臣【エルネスト・クルトー・ド・シセ（在任1871-73／1874-76）】もまた、要塞を築くためにここを欲しがっていた。大司教はこれと激しく闘い、こう言ったという。「私の要塞を築かせて欲しい。それは貴職の要塞に匹敵するはずです」。そして1873年、国民議会は大聖堂の公共性と正当な価格を定めた収用委員会を介して土地を購入するという法令を採決する。

　設計者に選ばれた建築家のポール・アバディ【1812-84。パリのノートル＝ダム司教座聖堂やアングレームのサン＝ピエール教会堂などの修復も手がけた】は、コンスタンティノープルのハギア・ソフィア大聖堂やヴェネツィアのサン＝マルコ大聖堂、さらにフランス南西部ペリグーのサン＝フロン教会に触発されて、ローマ＝ビザンティン様式の聖堂を提唱した。しかし、彼には多くの技術的な困難が待ち受けていた。地下が採石場の井戸で浸食されていたため、そこを強化するために大量のコンクリートを流しこまなければならなかった。地下納骨所をつくるにも、かなりの資金が必要だった。こうして以後およそ30年ものあいだ、聖職者たちが資金援助を信徒たちによびかけることになる。

外部

例外的な向き

サクレ＝クール大聖堂は南北を向いている。この特殊性はさまざまな論争を引きおこした。教会の後陣を東（日の出、つまりキリストの象徴である光の方角）に向けることは、教義にこそなっていないが、敬虔さを示す慣行だったからである。だが、サクレ＝クールはパリの市街に向いている。首都から「見られる」と同時に首都を「見る」ためである。この大聖堂は小教区のための教会ではなく（そこでは小教区民の洗礼や結婚式、さらに葬儀も営まれていない）、巡礼のための神聖な教会なのである。公園側に面したそのポーチは大規模な行事、たとえばパリの祝別式に続く宗教行列の挙行を可能にした。

大聖堂の眼下に広がる公園は、建設計画の一部をなしており、大聖堂のファサードが西を向いていれば、それをつくることは不可能だった。古いサン＝ピエール＝ド＝モンマルトル小教区教会に視界が妨げられていたためである。とすれば、こうしたもともとの向きは、良識に基づく現実的な考えを示すものといえるだろう。

丘上でのいさかい

1870年の計画【普仏戦争直前まで実施されたオスマン男爵の都市改造計画】は、丘の下から上までとぎれることなく続く階段を予定していた。そうなれば、宗教行列が大規模になった際の効果は大きかっただろう。だが、この計画は、大聖堂の建立推進派ときわめて反教会的だった市当局との隠れた争いによって挫折した。これら両陣営の敵対はとくに1870-80年に激しくなった。パリ市の役人たちは公園中央の上手に池をつくり、それを2か所の砂利の階段で囲むよう強要した。この油断のならない策謀によって、彼らは宗教行列の高揚と整然とした隊列を断ち切ろうとしたのである。

一方、地下納骨所の入り口を、フルヴィエール【リヨン市内】やルルドと同様、大聖堂の前に設けることも計画された。だが、そこでもまたパリ市当局は建築家の邪魔をして、大聖堂のすぐ前まで道を1本通すことにした。その結果、アバディは計画を修正しなければならなくなった。今日、地下納骨所のなかには黒い大きな鉄柵がみられるが、おそらくそこは、当初の計画が反対されなかったなら、南側の小階段の下方を走る通りに通じる出入口になっていたはずだ。興味深いことに、こうしてはじめのうちは大聖堂に反発していたパリ市は、やがてその維持をになうようになる。それは1905年の政教分離法の結果だった。

外見はあてにしないこと

サン＝ピエール＝ド＝モンマルトル教会の後陣は、サクレ＝クール大聖堂の左側に湾曲している。おそらくもっとも古い形状はそうではなかった。たしかにこの教会はパリ最古の小教区教会のひとつであり、ベネディクト会系大修道院の唯一の名残である。12世紀に献堂されたそれは、説明板に記されているように、12世紀と15世紀、さらに17世紀にも修復がなされている。だが、それは情報としては不十分である。20世紀のことが書かれていないからだ。

大聖堂の建立時、この教会は廃墟も同然だった。それは予定通り解体され、代わりにサン＝ジャン教会がアベス通りに建てられることになった。だが、最終的にもとの教会は修復され（90パーセントの再建）、1910年にはネオロマン様式の鐘楼がくわえられた。したがって、かなり長い年月を経たような外見にもかかわらず、この鐘楼はサクレ＝クール大聖堂の球根状のドームより新しいのである。

永遠の白さの秘密

パリのモニュメントは、大々的に洗浄作業がおこなわれた際、その大部分が防水シートで覆われた。しかし、サクレ＝クール大聖堂は一度も洗浄されたことがなく、大気汚染にもかかわらず、なおも白さを誇っている。その秘密はなにか。建材にもちいられた石灰石、通称「シャトー＝ランドンの石」が、自浄性を帯びているからである。雨水にあたると、それは白い物質、すなわち雨と太陽の作用によって堅くなったり、白くなったりする特性をもつ石灰層を発出する。反対に、雨から守られている石材は黒ずんでしまう。シャトー＝ランドンの石はモ

ンマルトルの丘、とくにルイズ＝ミシェル小公園（泉水とサクレ＝クールに通じる階段）に顕著にみられる。この石はまた凱旋門やソルボンヌ、さらにノートル＝ダム橋やトゥルネル橋の建設にももちいられている。

顔のフリーズ

サクレ＝クール大聖堂のドームの下部にあるコーニス【壁体の各層を区切る装飾された水平帯】は、フリーズで支えられている。このフリーズには建設者たち、すなわち長期にわたる工事を受け継いだ4人のパリ大司教のほかに、建築家や「国民の誓願委員会」【サクレ＝クール大聖堂の建設を推進した】のメンバーの顔もみられる。これら穏やかな顔は、大聖堂の脇から突き出ているガルグイユ（樋嘴）の激しい獣のそれと対照的である。

小ドームの下の片すみには、もうひとつの人物像が彫られている。舌を出し、ガルグイユの獣像のように顔をしかめた像である。そのかたわらにはつぎのような文言が刻まれている。「彼が神らから赦されますように」。大聖堂史家のブノワ神父【1946-。1976年から85年までサクレ＝クール大聖堂の司祭をつとめた。主著に『モンマルトルのサクレ＝クール、1870年から現在まで』（1992

地下納骨所

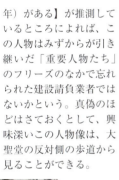

皮肉屋の精神が激した馬のガルグイユに乗り移っている。

年）がある】が推測しているところによれば、この人物はみずからが引き継いだ「重要人物たち」のフリーズのなかで忘れられた建設請負業者ではないかという。真偽のほどはさておくとして、興味深いこの人物像は、大聖堂の反対側の歩道から見ることができる。

床暖房

　教会には19世紀まで暖房がなかった。サクレ＝クール大聖堂はその恩恵にあずかった最初の聖堂のひとつである。ボイラーは地下2階、地下納骨所の下に設置され、当初は石炭、のちに石油、そして現在はガスを燃料とするようになっている。温風が身廊に広まるという点では効率的なシステムだが、埃まで巻き上げるという欠点もある。この埃は壁に付着しており、数十年おきに奥まで清掃しなければならない。

空の骨壺

「モール（死者たち）の小聖堂」の入口にある説明板によれば、左奥に安置された骨壺にはユベール・ロオー・ド・フルリ【1828-1910。画家・著作家。4巻本の『サクレ＝クール大聖堂の編年史』（1891-95年）などの著作がある】とともに、大聖堂建設計画の最初の提唱者だったアレクサンドル・ルジャンティ【1821-89。実業家】の心臓が納められているという。「国民の誓願」運動の指導者でもあった彼は、たしかに遺言書に自分の心臓を大聖堂内に安置するよう書き残してい

た。だが、現在、円柱の上に置かれたこの骨壺は空になっている。そこにはルジャンティの心臓も、死後、夫の遺骸に合葬されたはずの妻マリのそれもないのだ。じつはふたりの心臓は円柱の下に安置されており、それは大理石に刻まれた2本の十字によって標示されているのである。

組み立て式の横臥彫像

モールの小聖堂に入ってすぐ右手には、大理石とブロンズ製の横臥像が1体置かれている。アナトル・マルケ・ド・ヴァスロ【1840-1904。彫刻家・美術史家。著書に『ルネサンス期の彫刻史』（1882年）などがある】の作になる『墓のキリスト像』である。この彫像の特徴は組み立て式にな

っているところにあり、手足と腰布がとりはずせる。たとえば復活祭直前の聖金曜日、公園をモンマルトルの丘の下から頂上まで進む十字架の道行のあと、信者たちが崇敬できるよう、大聖堂内までキリスト像を運ぶのにきわめて便利だからである。この種の彫像は19世紀には広くみられた。

内部

どうか温かいお気持ちを！

大聖堂の建築資金を援助するため、人々の善意と虚栄心に訴える寄付金のよびかけがなされた。推進者たちはこうして集めたさまざまな寄付金に価値を与えるべく、奉加帳を公開して、それに見あうものをきわめて具体的に用意した。たとえば120フランの寄付金に対しては、大聖堂の内壁の内側に組みこむ切石、300フランには、イニシャル5文字を刻んで内壁の外側に配する切石（ただし、見えない場所）、500フランには、表面にイニシャル2文字を刻むか赤色で記した迫石（アーチやヴォールトないし楣を形成する面取りした切石）を受ける権利を与

えた。そして、もっとも多額な寄進者（1000-1万フラン）は、柱か円柱、破風、胴蛇腹、あるいは他の装飾要素が与えられた。1000フラン以上の各商品には、寄進者がモノグラムないし紋章を記すことができた。

これら寄進者のうちでもっとも貧しい人々は、もっとも人気のあった「サクレ＝クール大聖堂の地図」で満足しなければならなかった。1883年に刊行されたこの地図は1271枚に切り分けられ、その各片が10サンチームで売られた。つまり、全体ではほぼ120フランの切石1個に相当したことになる。一方、家族や同宗団、あるいは小教区の何人かが1個の切石を共同で買うこともできた。こうして1872年か

地下納骨堂で見ることができる石は、謙虚さを表に出したある女性【「官吏の未亡人」】の寛大さを想いおこさせる。

ら1925年にかけて、1000万近くの寄進者が4000万フラン金貨（約8000万ユーロ【約90億円】）を寄付したのである。むろん今日でもなお、大聖堂の維持のために寄付することはできる。

「リュの無名人」

浄財委員会事務所に届いた寄付金は、到着順に帳簿に記載された。その長いリストは「プレヴェール風の雑然とした目録」となった【ジャック・プレヴェール（1900-77）のシャンソンで、品物名ででたらめに列挙されていることにちなむ表現】。そこには所属結社や機関、教区、貴族の個人および一族、同宗団などの名前が書きこまれた。地下納骨所には、「フィアンセの柱」（フィアンセ・クラブの出資による）や、貴族家の名前が記された紋章などが交錯している。こうした人目をひく誇示は、ポーチの近く、ドームの拝観順路の出口にある文言、すな

わち「リュの無名人（アノニム・ド・リュ）」が示しているような、最大限の謙虚さとは裏腹なものといえる。これは定まった家をもたない無宿者のことではなく、その身分ないし正体を明かすことなく浄財を寄進した、北仏ピカルディ地方の町リュのある住民のことである。

未完のモニュメント

数多くの不測の事態（政治的・経済的…）のため、サクレ＝クール大聖堂の工事は長引き、ついに完成にはいたらなかった。そのことは多くの事例が示している。通称サン＝ピエール小聖堂の板張りの床や大聖堂内陣の足元、あるいは階上席の手すりや第2地下納骨所の階段などである。さらに、本来なら備わっているべきものも欠けている。祭壇や聖体拝領台がない地下納骨所のむき出しの寒さや、とりわけ飾りがいっさいない小聖堂の天井である。ただ、2か所の小聖堂は完成している。聖母被昇天の小聖堂（内陣）と、丸天井がモザイク画で覆われているイエズス会のそれである。本来なら、すべての天井がローマ＝ビザンティン様式のこの丸天井のようでなければならなかった。皮肉なことに、一般人が立ち入ることができる箇所には、こうした装飾がみられる（後述）。

聖母被昇天の小聖堂（内陣）の装飾された丸天井。

真の奇跡

サクレ＝クール大聖堂の入り口にたっている柱の上の説明板（左手柱間）には、1944年4月20日の夜から21日にかけて、大聖堂の周囲に13発の爆弾が投下されたが、犠牲者がひとりも出なかったと記されている。そこには大聖堂の場所と隣接地域、さらに爆弾の投下場所のデッサンも添えられている。アメリカ軍のパイロットたちはかなりの上空から北駅と東駅をふくむ広いラ・シャペル鉄道地域をねらっていた。だが、あきらかに彼らは爆弾を落とすのが遅すぎた。そのため、これらの爆弾は数珠つなぎとなって大聖堂東側の放置されていた帯状の土地に落下した。爆燃のため、大聖堂のすべてのステンドグラスと周辺家屋の窓ガラスが破れた。それゆえ、ステンドグラスはもともとのものではなく、1950年に復元されたものである。

神秘的なマラソン

サクレ＝クール大聖堂は常時聖体礼拝が営まれているパリで唯一、フラ

ンスでもまれな教会である。そこでは信者たちがつぎつぎと昼夜の別なく聖体の前で祈りを捧げている。だが、1885年に始まったこの常時礼拝は、第2次世界大戦の爆撃警報のあいだ、1ないし2度中断した。今日、夜に祈ろうとする信者たちはインターネットのアドレスwww.sacre-coeur-montmartre.com.に登録するだけでよくなっている。祈りの時間が終われば、彼ら志願者たちは大聖堂内の共同大食堂か個室で休むことができる。ただし、毎月第1金曜日の夜の祈りは「開かれた扉」であり、予備登録や徹夜の滞在を誓わなくても礼拝ができる。ドームの頂塔には常時礼拝をよびかけ、男女の礼拝者がいることを示す照明がとりつけられている。

頂塔

ラ・サヴォワヤルド**

サクレ゠クール大聖堂はさまざまな記録をもっている。後陣の天井を覆うモザイク画はフランス最大で（473メートル四方）、鐘楼で時を打つ鐘もまたフランス最大である。正式名フランソワズ゠マルグリト・デュ・サクレ゠クール、一般に「ラ・サヴォワヤルド」とよばれるこの鐘は、アヌシー【サヴォワ地方】で鋳造され、1895年にサヴォワ人たちによってパリ市に寄贈された。その大きさは称賛の的で、高さ約3メートル、周囲9.6メートル、重さ19トン近くあり、ノートル゠ダム司教座聖堂の大鐘（12.8トン）をはるかに凌ぐ。モンマルトルの丘の上にそれを引き上げるにあたっては、少なくとも28頭の馬がかりだされた。当初、それは一般の鐘と同じように、鐘楼の上に据えられるはずだった。だが、あまりにも重すぎて、それを先頂まで持ち上げることができなかったため、鐘楼の下に置かれた。

鐘が電動式になる両大戦間まで、この大鐘をゆすって鳴らすには16人の男手が必要だった。ただ、幸いに鐘を鳴らすのは復活祭と聖心の祝日【聖霊降臨の主日（復活祭後の第7日曜日）後の第3金曜日】だけだった。とはいえ、謙虚さを忘れてはならない。一度も鳴らされたことがないとはいえ、クレムリン宮殿にある世界最重量の「鐘の皇帝」（ツァーリ・コロコル）（約200トン）を前にしては、フランソワズ゠マルグリトも顔色を失ってしまう（！）からである。

二重のドーム**

サクレ゠クール大聖堂は二重のドームを擁しており、2つの丸天井のあいだには頂塔に通じる螺旋階段がある。大聖堂の設計者はここを一般に開放しようと考えていた。そのことはいくつかの要素が示している。出入口が別々に設けられていることや高度の標識（177.50メートル）、そしてなによりも『ヨハネの黙示録』からとりだした擬人的な生き物の表現などである。しかし、この

空間は施錠された金属製の扉によって展望のきく狭い通路と分けられている。

訳者あとがき

　本書は、2014年に初版が刊行されたドミニク・レスブロ著『パリのモニュメントの秘密と不思議』(Dominique Lesbos, *Secrets et curiosités des monuments de Paris*, Parigramme, Paris, 2016) の全訳である。

　2019年2月現在、パリには国家レベルおよび地域レベルで「歴史的記念建造物」(Monuments historiques) に指定された構造物が1838か所ある。本書はその代表的な建造物であるルーヴル宮殿やヴァンドーム広場、ノートル＝ダム司教座聖堂、パンテオン、エッフェル塔、コンコルド広場、凱旋門、オペラ・ガルニエ宮、シャイヨ宮とトロカデロ宮、サクレ＝クール大聖堂など22か所をとりあげ、それらの隠された、つまり一般にはほとんど知られていないような物語を仔細に紹介している。あらためて指摘するまでもなく、大文字の「歴史」(History) とは、小文字の「物語」(histories) の集積からなるが、本書で披瀝されたこれら建造物に仮託されたおびただしい物語から、あやまたずフランスの、そしてときに世界の歴史すら見えてくる。まことにパリは歴史の似合う都市である。

　それにしても、著者のパリに対するこだわりは尋常ではない。それを端的に示すのが、30点あまりの著書の大部分がパリにかかわっていることである。その著作の詳細は、拙訳による『街角の遺物・遺構から見たパリ歴史図鑑』(原書房、2012年/2015年) の「訳者あとがき」を参照されたいが、さらにより最近の『パリ、水辺の散歩』(*Paris : promenade au bord de l'eau, Parisgramme*, Paris, 2015) や『パリ、奇妙な建物』(*Paris, immeubles insolites*, ibid.)、『パリ百選』(*100 Paris en un*, ibid., 2016)、『謎めいたパリ』(*Paris bizarre*, ibid., 2017) もまた、パリに捧げられている。

　さらに特筆すべきは、おそらくそれはジャーナリストとしての感性と直観によるものだろうが、パリの街角の見なれた風景やオブジェに注目して、それが社会的・実用的・象徴的にいかなる意味と物語を帯びているかを、さながら考古学者や文化人類学者が遺物・遺構と向き合うかのように論じてみせるところにある。前記拙訳書の姉妹版とでもいうべき本書でも、著者は建築家や美術史家のように建造物と向き合い、さらにその内側に入りこんで、それぞれの建造物自体の技術的・造形的特徴と、そこに仮託された、あるいはそれらが演じるさまざまな物語を明らかにしている。ツーリズム

訳者あとがき

や食文化などの雑誌に数多くのエッセイを寄せ、テレビ局F3の番組「パナマ」の編成にもたずさわっているという著者の言葉をもちいれば、「建物の建築的・遺産的な側面」（序文）への注視ということになるのだろうが、まさにその側面こそが、「たゆたえど沈まず」を標語とする、まぎれもない世界都市パリの歴史と存在意義を過不足なく発信しているのであり、著者の眼差しはつねにそこにそそがれているのだ。

　こうしたこだわりの彼方には、本書がその重要な一部をなすであろう壮大な「パリ百科全書」の誕生が予期されるが、すくなくとも著者にとって、まちがいなくパリは愉しい発見と解読の場としてある。その発見と解読、そしてそれにともなう知的興奮を、著者は本書でおしげもなく読者に伝えてくれる。たんなる観光ではなく、万華鏡的なパリの深奥へと向かおうとする読者にとって、路傍のオブジェと大規模な建造物という取り扱う主題に違いはあるが、前著同様、本書もまたかっこうの手引き書となるはずである。なお、本書に登場するパリの地名については、ベルナール・ステファヌの大著『パリ地名大事典』（拙訳、原書房、2018年）を参照していただければ幸甚である。

＊　＊　＊

　最後に、本書訳出の機会をあたえてくれ、これまでのようにさまざまな配慮をかたじけなくした原書房第一編集部長の寿田英洋氏と編集部の廣井洋子氏に対し、深甚なる謝意を表したい。これで同社からの拙訳書（共訳書を含む）は20点を数えることになる。ありがたいかぎりである。また、日々おとろえていく訳者の心身を支えていただいている都立多摩総合医療センター総合内科部長の西田賢司先生、消化器内科の吉岡篤史先生にも心からの感謝を捧げたい。

　2019年晩冬

訳者識

◆著者略歴
ドミニク・レスブロ（Dominique Lesbros）
1974年、フランス南東部ガップ生。ジャーナリスト・作家。著書にいずれもパリグラム社からの刊行になる『パリの世界』、『神秘的・奇異的なパリ』（2巻）、『パリの村散歩』、『パリ周辺の奇異な発見』、『パリの奇異な博物館』、『パリを歩く』、『パリ、水辺の散歩』、『パリ、奇妙な建物』、『パリ百選』、『謎めいたパリ』、共著に『戦争を引き起こした男子トイレの狂った歴史』などがある。

◆訳者略歴
蔵持不三也（Fumiya Kuramochi）
1946年、栃木県今市市（現日光市）生。早稲田大学第1文学部仏文専攻卒、パリ第4大学（ソルボンヌ校）修士課程修了（比較文化専攻）、社会科学高等研究院博士課程修了（民族学専攻）。早稲田大学人間科学学術院教授やモンペリエ大学客員教授をへて、現在、早稲田大学名誉教授。著書に、『ワインの民族誌』（筑摩書房）、『シャリヴァリ──民衆文化の修辞学』（同文館）、『ペストの文化誌──ヨーロッパの民衆文化と疫病』（朝日新聞社）、『シャルラタン──歴史と諧謔の仕掛人たち』、『英雄の表徴』（以上、新評論）ほか。共・編著・監修に、『ヨーロッパの祝祭』（河出書房新社）、『神話・象徴・イメージ』（原書房）、『エコ・イマジネール──文化の生態系と人類学的眺望』、『医食の文化学』、『ヨーロッパ民衆文化の想像力』、『文化の遠近法』（以上、言叢社）ほか。翻訳・編訳・共訳書に、ミシェル・ダンセル『図説パリ歴史物語＋パリ歴史小事典』（2巻）、ベルナール・ステファヌ『図説パリの街路歴史物語』（2巻）、同『パリ地名大事典』、ドミニク・レスブロ『街角の遺物・遺構から見たパリ歴史図鑑』、ニコル・ルメートルほか『図説キリスト教文化事典』、フランソワ・イシェ『絵解き中世のヨーロッパ』、アンリ・タンクほか『ラルース世界宗教大図鑑』、キャロル・ヒレンブラント『図説イスラーム百科』、ミシェル・パストゥロー『赤の歴史文化図鑑』（以上、原書房）、マーティン・ライアンズ『本の歴史文化図鑑』、ダイアナ・ニューオールほか『世界の文様歴史文化図鑑』、フィリップ・パーカー『世界の交易ルート大図鑑』（以上、柊風舎）、エミール・バンヴェニスト『インド＝ヨーロッパ諸制度語彙集Ⅰ・Ⅱ』、A・ルロワ＝グーラン『世界の根源』（以上、言叢社）ほか。

◆翻訳協力
城谷民世（Tamiyo Shiroya）
北海道室蘭市生。早稲田大学人間科学部人間健康科学科卒、パリ第7大学前期博士課程（政治社会学専攻）修了、エクス＝アン＝プロヴァンス大学政治学院後期博士課程修了。博士（社会学）。共訳書に、ミシェル・パストゥロー『赤の歴史文化図鑑』（原書房）がある。

SECRETS ET CURIOSITÉS DES MONUMENTS DE PARIS (2016 EDITION)
by Dominique Lesbros
© 2014-2016 Parigramme/Compagnie parisienne du Livre, Paris
Toutes les photographies sont © Dominique Lesbros, sauf mentions.
Japanese translation rights arranged
with Compagnie Parisienne du Livre/Parigramme, Paris
though Tuttle-Mori Agency, Inc., Tokyo

パリ歴史文化図鑑
パリの記念建造物の秘密と不思議

●

2019年 3 月 31 日　第 1 刷

著者………ドミニク・レスブロ
訳者………蔵持不三也
装幀………川島進デザイン室
本文組版・印刷………株式会社ディグ
カバー印刷………株式会社明光社
製本………小髙製本株式会社

発行者………成瀬雅人
発行所………株式会社原書房
〒160-0022　東京都新宿区新宿1-25-13
電話・代表 03(3354)0685
http://www.harashobo.co.jp
振替・00150-6-151594
ISBN978-4-562-05631-6

©2019 FUMIYA KURAMOCHI, Printed in Japan